VOYAGE

AGRICOLE

EN FRANCE

PAR

LE C^TE DE GOURCY

ANNÉE 1854

PARIS

LIBRAIRIE AGRICOLE DE LA MAISON RUSTIQUE

26, RUE JACOB, 26

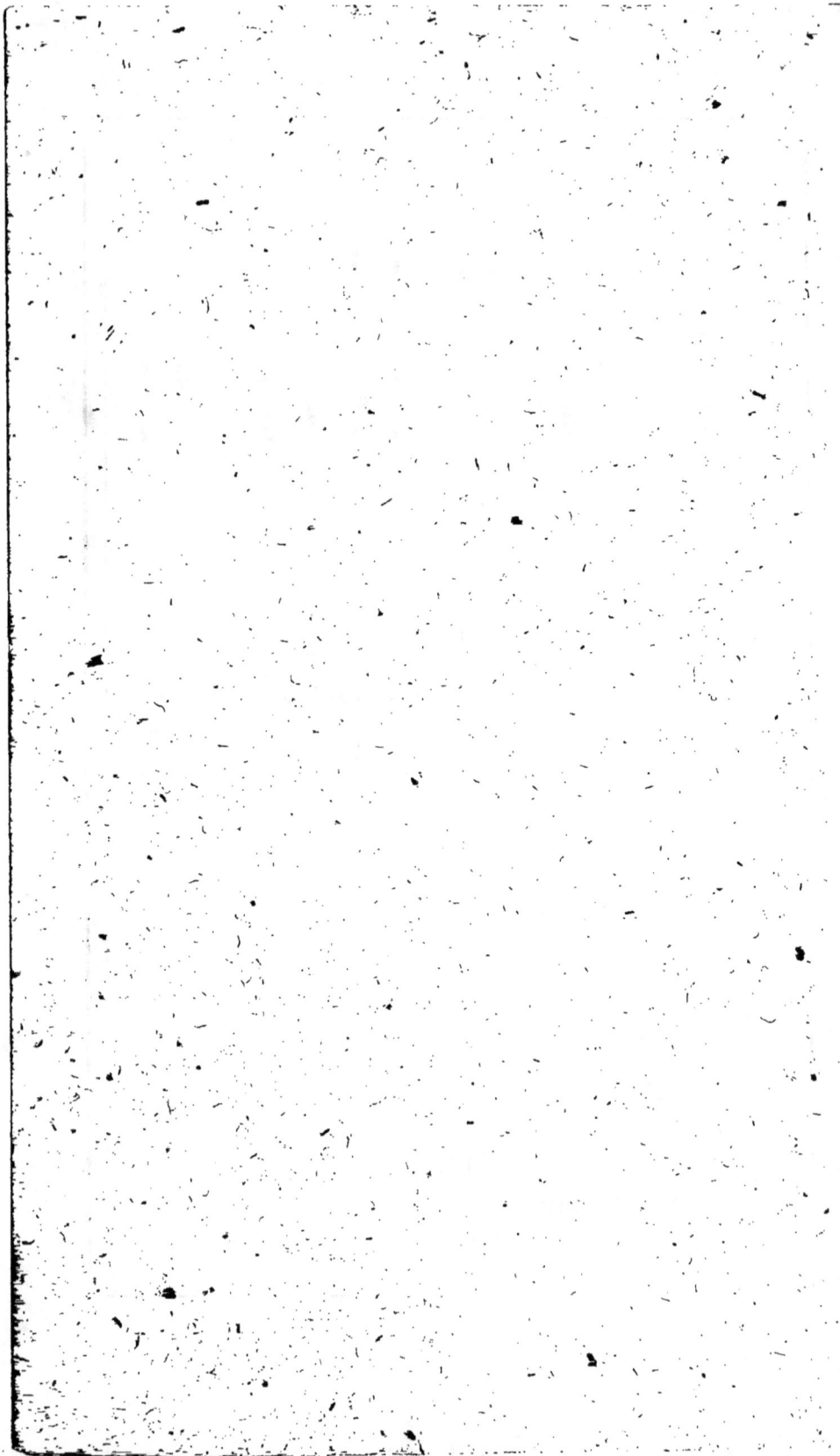

VOYAGE AGRICOLE

EN FRANCE

EN 1854

PARIS. — IMP. SIMON RAÇON ET COMP., RUE D'ERFURTH, 1.

VOYAGE AGRICOLE

EN FRANCE

PAR

LE Cte DE GOURCY

ANNÉE 1854

PARIS

LIBRAIRIE AGRICOLE DE LA MAISON RUSTIQUE

Rue Jacob, 26

1859

VOYAGE AGRICOLE

EN FRANCE EN 1854.

Ma première visite de l'année 1854 fut consacrée à M. Decauville, fermier à Égrenay,
sur la route de Paris à Fontainebleau, et
dont l'habitation est située à environ 4 kilomètres de la station de Combe-la-Ville, sur le
chemin de fer de Lyon. Sa ferme se compose de
220 hectares, loués chacun à raison de 75 fr.,
outre les impôts, qui sont à la charge du pre-
neur. Avant la fin du bail précédent, il a pris
de nouveaux engagements, et il a encore en
perspective à peu près onze années de jouissance.

M. Decauville, pendant la durée du bail,
qui n'est pas encore expiré, a drainé près de
150 hectares; une partie de ce drainage a été
appliquée à des prairies à sous-sol argileux.
La distance entre les drains a été fixée à 8 mètres. L'argile se trouvait à 1^m.05 de profondeur. Ce drainage lui a coûté environ 400 fr.
par hectare.

1

La disposition du sol n'est pas la même dans la plaine; ici le sous-sol, qui se compose d'une marne argileuse de couleur verte, et qui est imperméable, ne se rencontre généralement qu'à une profondeur de 2 et même 3 mètres. Les drains ont d'abord été mis à une distance de 20 mètres ; mais M. Decauville n'a pas tardé à s'apercevoir qu'en donnant à ses tranchées une profondeur proportionnellement plus considérable, il pouvait mettre entre ses lignes de drains une distance beaucoup plus grande. Il y a donc, dans son exploitation, des parties dont les drains sont espacés de 40, 60, 100 et même de 120 mètres; la profondeur des tranchées a été portée jusqu'à 2 mètres et 2^m.50. Il faut noter ici que la couche de terre imperméable se trouve précédée d'une autre couche de calcaire grossier, qui laisse facilement filtrer les eaux qui tombent à la surface ; dans ce cas, et avec les distances exceptionnelles que je viens d'indiquer, les résultats du drainage ont été un assainissement complet.

M. Decauville laboure entièrement à plat tous ceux de ses champs qui ont été soumis au drainage ; j'y ai marché sans m'enfoncer dans la terre, bien qu'il eût plu pendant une partie de la journée, tandis que dans les champs voisins, quoique labourés en planches, mais non drainés, j'avais eu la plus grande peine à me tirer d'affaire, tant la terre adhérait fortement à ma chaussure.

Le coût des rigoles de 2 mètres à 2^m.50 de profondeur est de 1 fr. à 1 fr. 50 c. le mètre courant, y compris le remplissage. Un homme de confiance reçoit 10 c. par mètre pour placer les tuyaux et en couvrir les joints avec des fragments de tuyaux brisés. Quant aux tuyaux mêmes, ils coûtent 22 fr. le mille, pris à la tuilerie de M. de Rothschild, située à Pont-Carré, près de Ferrière.

M. Decauville a dépensé jusqu'à ce jour 25,000 fr. pour le drainage de ses terres; il estime en outre à environ 12,000 fr. les récoltes que lui a fait perdre le temps consacré à cette opération. Son propriétaire s'est engagé à lui rembourser cette dernière somme à fin de bail, si, à dire d'experts, l'amélioration des terres est estimée à un taux équivalent.

M. Decauville est tellement satisfait des résultats du drainage, qu'il va apporter la même amélioration à une autre ferme de 120 hectares qu'il vient de louer, et qui est contiguë à celle qu'il occupe. S'il a laissé dans sa situation actuelle un lot de 30 hectares, c'est que le propriétaire de ce lot a refusé de renouveler son bail sans lui faire subir d'augmentation.

J'ai entendu répéter à M. Decauville, relativement au guano du Pérou, tout ce que m'en avaient dit les cultivateurs écossais, lorsque je visitai l'Écosse en 1851. Depuis que cet habile agriculteur a pu apprécier sa véritable valeur, il a renoncé à l'achat de toute autre espèce d'engrais. Il a cependant employé les tourteaux de colza qu'il a pu se procurer au prix de 8, 9 et 10 fr. les 100 kilogr.; mais, après des expériences comparatives faites entre les tourteaux et le guano, il trouve les premiers d'un prix trop élevé, aujourd'hui qu'on ne veut lui en fournir qu'à 13 fr. les 100 kil. Il n'en achète plus que pour la nourriture de ses moutons, auxquels il en donne 1/2 kil. par jour, et celle de ses vaches laitières, qui en consomment 2 kilogrammes.

M. Decauville a acheté cette année 40,000 kilogr. de guano; cet achat si considérable a eu pour motif la quantité anormale de froment que le prix élevé de cette denrée l'a décidé à semer; il a remplacé une bonne partie d'avoine par du blé, c'est-à-dire qu'il a semé du froment sur chaume de froment. Il a employé à cette occasion 300 à 400 kil. de guano par hectare. Il entre, du reste, dans ses habitudes de donner, au printemps, de 200 à 300 kil. de guano par hectare à ceux de ses blés qu'il ne trouve pas assez vigoureux à cette époque; il suit la même méthode quand quelqu'une de ses autres récoltes ne lui paraît pas dans une situation aussi belle que celle qu'il tient à avoir. Il possédait aussi de beaux colzas; cependant il avait été obligé d'en faire labourer une partie, parce que les froids de l'hiver leur avaient été nuisibles. Il s'était trouvé réduit à la même extrémité pour des seigles que les limaces avaient en partie dévorés au moment de leur levée.

M. Decauville ne possède, en prairies artificielles, que des luzernes et des sainfoins à deux coupes; il ne les laisse durer que trois ans, et ne les fait revenir sur la même pièce qu'après un intervalle de dix années. Il affirme que les récoltes de trèfle, de pois, de vesces, qu'on obtient dans l'intervalle, diminuent con-

sidérablement celle de la luzerne et du sainfoin, qui, cultivés de cette manière, produisent beaucoup, même dès la première année.

Il a défriché une assez grande étendue de
taillis qui ne lui donnaient qu'un rapport médiocre; il en a trouvé une partie empoisonnée
de chiendent. Une portion de cette dernière a
été emblavée en avoine sans engrais; une autre
a reçu la même céréale, mais après marnage;
la semence avait ici été pralinée au moyen
de 5 hectolitres de noir de raffinerie. La première partie n'a pas rendu la semence; la seconde n'a guère produit davantage. La marne
avait probablement annihilé l'effet du noir
animal, et l'abondance du chiendent a dû
aussi entrer pour une grande part dans ce résultat négatif. Dans le reste du défrichement, il
a d'abord obtenu une belle récolte d'avoine,
qui a été suivie de deux récoltes consécutives
de froment: les semences avaient été prali-
nées avec 5 hectolitr. de noir animal. Lorsque
la seconde récolte de froment ne paraissait
pas suffisamment belle au printemps, 200 kil.
de guano réparaient le mal et lui rendaient
toute sa vigueur.

La moyenne de la récolte de M. Decauville,
ville, en 1852, a été de 32 hectolitres de froment par hectare; en 1853, cette moyenne
s'est abaissée à 22 hectolitres pour les terres
drainées, et à 16 seulement pour celles qui
n'ont pas reçu cette amélioration. Cette année (1854), la moitié de ses terres a été ense-
mencée en blé d'hiver ou de printemps. Quoi
qu'il en soit de l'infériorité relative de la récolte de 1853, elle a cependant produit 1,650

hectolitres de froment, qui ont été vendus au prix de 32 fr. l'un.

Il vend assez de paille pour subvenir au payement du loyer de la ferme. On emploie au battage, dans les environs de Paris, pour obtenir la paille entière, des machines qui ne battent pas plus de 18 à 20 hectolitres de grain par jour, et encore à la condition d'atteler au manége trois ou quatre chevaux. En Écosse, au contraire, on se sert de machines qui, mises en mouvement par une force de vapeur de six ou huit chevaux, en battent autant en une heure. Nos lecteurs n'ont pas besoin que nous leur fassions toucher du doigt le désavantage de nos procédés.

Les écuries et étables de M. Decauville contiennent dix-huit chevaux de labour et une trentaine de vaches, tant flamandes que normandes, qui produisent du lait vendu sur place 10 c. le litre. Les vaches flamandes donnent, sur 365 jours, une moyenne de 8 litres de lait par jour; elles coûtent de 300 à 350 fr. la pièce. Les vaches normandes donnent moins de lait; elles coûtent cependant une centaine de francs de plus. Cette différence tient, d'une part, à ce qu'elles ont une plus grande aptitude à prendre la graisse lorsque leur lait se tarit; et, d'autre part, à ce qu'on est moins exposé à introduire dans ses étables la péripneumonie avec elles qu'avec les vaches flamandes. Celles-ci l'ont déjà apportée trois fois chez M. Decauville, dont la perte, dans ces circonstances, s'est élevée à bien près de 6,000 fr. Cependant les fermiers de ces parages n'ont pas encore adopté l'inoculation, parce qu'un des professeurs de l'école d'Alfort, dont un des parents habite la contrée, l'a engagé à ne pas adopter ce moyen préventif. Il nous semble cependant difficile de nier que l'inoculation a rendu les plus grands services dans le nord de la France et de l'Allemagne, ainsi qu'en Belgique et en Hollande. M. Decauville m'a dit que son frère, fermier à Petit-Bourg, avait été bien plus éprouvé que lui-même par cette désastreuse maladie.

Le troupeau de la ferme d'Égrenay se compose en été de 400 bêtes à laine; il en compte le double pendant l'hiver. Il est en grande partie formé de bêtes destinées à l'engraissement. Il n'y a, en dehors de cette catégorie, qu'une centaine de brebis et leurs agneaux, qui ont pour père, cette année, un bélier provenant du beau troupeau de M. Pluchet, de Trappes.

M. Decauville, de même que ses trois frères, qui tous cultivent de grandes fermes, se sert du rouleau Crosskill du plus grand modèle; le sien se compose de dix-huit disques. Il emploie un semoir au moyen duquel il sème non-seulement ses racines, mais même les céréales. Il a essayé cette année, pour la seconde fois, de semer ses froments en lignes.

Pour la nourriture de ses vaches, il a adopté la betterave globe jaune, bien que son frère, qui exploite une ferme à Petit-Bourg, prétende que la betterave à sucre lui donne un poids égal à celui que produisent les premières.

Il vient d'adopter l'usage suivi par ses frères depuis plusieurs années; il consiste à prendre, à chaque vingtième douzaine, une gerbe de blé que l'on fait battre immédiatement après la moisson ; le rendement de ces gerbes permet d'évaluer, à peu de chose près, le produit total de la récolte. Si cet usage était adopté dans toutes les fermes de la France, et si les fermiers consentaient à en publier exactement le résultat, il serait facile de connaître, peu de temps après la récolte, la quantité de blé fournie par la surface de la France, et rien ne serait plus aisé alors, pour le gouvernement comme pour le commerce, de prendre les mesures propres à assurer, en cas de nécessité, l'importation d'une quantité de céréales suffisante pour pourvoir à tous les besoins.

La consommation du guano est d'une grande importance chez les quatre frères Decauville. Celui de ces messieurs qui exploite une ferme à Petit-Bourg en a acheté cette année 25,000 kil., bien qu'il emploie également une grande quantité de tourteaux de colza comme engrais. Le guano se vendait cette année, à Melun ou à Lieusaint, 29 fr. les 100 kil., à six mois de terme, ou 28 fr. au comptant.

M. Decauville, de Petit-Bourg, a fait de nouveaux essais comparatifs sur la valeur relative, comme engrais, des tourteaux, des chiffons de laine pulvérisés par une machine, de la poudrette, du guano factice qu'on vend 15 fr. les 100 kil., des râpures de cornes, des os pulvérisés, du guano du Pérou; et il est arrivé à conclure que, pour une somme égale, c'est à ce dernier qu'il faut reconnaître la plus grande valeur productive.

Il vient de faire bâtir un hangar fermé de trois côtés par des murs qui existaient déjà ; la charpente en est très-légère, bien que s'étendant sur une grande surface, car elle n'a à supporter que le poids des feuilles de *papier goudronné* qui lui servent de couverture. Cette construction lui a coûté 2,800 fr.

Dans une autre excursion faite également dans les premiers mois de 1854, mes pas se sont dirigés vers la ferme de la sucrerie de Bresle (Oise). M. Hette est en même temps directeur de la sucrerie et de la culture dans cette vaste exploitation, qu'il dirige avec succès depuis 1848, et dans laquelle il a apporté des améliorations nombreuses et importantes. Il a engraissé cette année 7,000 bêtes à laine.

Dans une des bergeries de cet établissement, où se trouvent 500 moutons métis, on consomme chaque jour 400 kil. de pulpe de betteraves, 200 kil. de tourteaux de colza, 200 kil. de tourteaux d'œillette, 175 kil. de fourrage vert haché, 175 kil. de paille également hachée, 2,500 grammes de sel ; le tout mélangé. Le berger en chef achète et vend les bêtes ; ses gages sont de 800 fr. ; il est nourri ; ses profits peuvent être évalués à une somme équivalente. Les moutons ont coûté de 18 à 23 fr. pièce ; les brebis, de 13 à 20 fr. Le poids des toisons varie entre 3 kil. et 5^k.50.

Les moutons consomment au plus un demi-kilogramme de tourteau de colza ; ils mangent volontiers 1 kil. de tourteau d'œillette ; mais un mélange des deux espèces de tourteaux leur convient à merveille. Dans le com-

1.

mencement de l'engraissement, on ne leur
en donne qu'un huitième de kilogramme ;
vers la fin, la ration s'élève à sept huitièmes
de kilogramme. J'ai cru remarquer que, lorsqu'on leur donne leur nourriture, ils commencent par manger la pulpe de betteraves ; ils
arrivent ensuite au tourteau, puis enfin au
fourrage passé au hache-paille.

M. Hette vient d'acheter à M. Flaud, mécanicien, 27, rue Jean-Goujon, à Paris,
une machine à vapeur neuve, de la force de
dix chevaux, pour une somme de 2,500 fr.
Il possédait un générateur qui chômait avant
cette acquisition. Cette machine va faire mouvoir une machine à battre, munie de deux
tarares et d'un trieur Vachon, un moulin
destiné à moudre les farines nécessaires à
l'engraissement du bétail, un hache-paille,
un laveur de racines, une pompe, un concas-
seur de tourteaux, enfin un coupe-racine.
La vapeur surabondante sera employée à la
cuisson de la nourriture des quarante truies
que possède l'établissement et de leurs petits.

On a engraissé, dans le cours de l'année,
280 cochons, qui ont été abattus à l'âge de
huit mois à un an ; ils proviennent de diverses
races anglaises. Les toits des cochons à l'engrais sont garnis de planches à claire-voie,
ce qui dispense de leur donner de la litière
et les met à l'abri de toute humidité.

M. Hette emploie beaucoup de taureaux
comme bêtes d'attelage ; il est fort content des
services qu'ils lui rendent, et ils lui coûtent
moins cher que des bœufs de trait. Il fait bien
servir ses taureaux aussi bien aux charrois

qu'aux labours ; ils vont fort bien dans les limons de tombereaux.

Il a acheté cette année (1854) 23,000 kil. de guano du Pérou ; cet engrais lui rend les plus grands services dans son immense culture de betteraves, qui ne couvre pas moins de 200 hectares de terrain. Après avoir donné à ses champs une fumure de 75,000 kil. de fumier, il répand 200 kil. de guano ; puis il fait suivre la première récolte de betteraves d'une seconde récolte de la même racine, qui reçoit pour son compte 400 kil. du même engrais. Lorsqu'il met des betteraves dans un sol dont la fumure primitive remonte à trois années, il emploie alors 600 kil. de ce même guano. Ici, comme à Egrenay, lorsque les froments, au printemps, ne paraissent pas suffisamment beaux, on leur vient en aide avec 200 kil. de guano.

M. Hette se trouve aussi chargé de la direction de la ferme de Belassise, dont les terres, il y a dix-sept ans, étaient encore des bois. Ces terres, louées à un fermier qui habitait à 3 kilomètres de distance, ne communiquaient avec son exploitation que par des chemins impraticables, n'avaient reçu que bien peu d'engrais, et elles se trouvaient tellement épuisées qu'elles ne produisaient plus rien à la fin du bail. Après une jachère complète, M. Hette y fit mettre 400 kil. de guano par hectare, et cet engrais lui a permis de récolter, dans l'année 1853 de triste mémoire, 23 hectolitres de froment, également par hectare. Il y a aussi obtenu de belles betteraves, de bons rutabagas, des navets, après avoir consacré à cette terre 200 kil. d'os pulvérisés, qui, dans une manufacture de tabletterie, lui avaient coûté 7 fr. les 100 kil. La récolte qui a suivi l'application de cet engrais s'est élevée de 27,000 à 30,000 kil. de racines par hectare.

Malgré ses nombreuses occupations, M. Hette trouve encore le temps de diriger les cultures d'une grande ferme située à Frocourt, et qui appartient, comme la précédente, à M. Gibert, receveur général du département de l'Oise. C'est dans cette ferme que les premiers drainages de la contrée ont été pratiqués, et on les y continue avec un grand succès. On y entretient un troupeau de moutons qui, depuis 1851, a été soumis au croisement par deux beaux béliers southdown achetés chez M. Rigden, de Howe, près de Brighton, qui possède un des plus beaux troupeaux connus de cette excellente race. Il semblerait qu'une partie des jeunes animaux qui proviennent de ces croisements sont des southdown pur-sang.

M. Hette a établi de bons assolements dans les quatre exploitations dont la direction lui est confiée, et il les a dotées des meilleurs instruments de culture. Il sème une grande partie des froments au semoir ; celui auquel il donne la préférence est le semoir écossais, auquel M. Claes, de Lembecque, a apporté quelques modifications. Cet instrument, peu compliqué et très-solide, se fabrique à Beauvais, où il coûte 250 fr. ; avec son aide, on sème les céréales et les graines des récoltes sarclées. Il a des rouleaux Crosskill, des houes à cheval, qui, dirigées par un homme et atte-

lées d'un cheval, sarclent trois lignes de betteraves à la fois.

M. Hette emploie de 10 à 13 kil. de semence de betteraves par hectare. Lorsqu'au
lieu de cela on fait planter la graine à la
main, c'est-à-dire par poquets ou trous formés sur les lignes, dans chacun desquels une
femme dépose trois ou quatre graines ; on
économise une assez grande quantité de semence ; mais c'est là le moindre avantage de
cette méthode, qui permet une grande économie d'engrais, du moins quant à ce qui con-
cerne particulièrement la récolte des racines.
En faisant les trous à $0^m.33$ les uns des autres
sur la ligne, et en donnant aux lignes un
écartement de $0^m.50$, on obtient 6 racines
par mètre carré, soit 60,000 racines par hectare.
En leur supposant un poids moyen de 1 kil.,
on arrive à un produit de 60,000 kil. Défal-
quant de ce poids 10,000 kil. pour les racines
manquées, il nous restera un produit net de
50,000 kil. C'est là, à coup sûr, un très-beau
résultat, auquel arrivent bien peu de cultivateurs. Or, pour l'obtenir, il suffit de mettre,
au milieu de chaque intervalle qui sépare les
racines sur les lignes, 4 grammes de guano
du Pérou. L'emploi du guano doit avoir lieu
au moment du premier sarclage ; mais il faut
avoir soin de couvrir le guano de terre, pour
que l'ammoniaque qu'il contient ne se vola-
tilise pas.

Les trous dans lesquels on dépose les graines
doivent être préparés au moyen d'un plantoir qui en fait trois ou quatre à la fois, et
n'avoir pas plus de $0^m.05$ de profondeur.

Mais il est essentiel d'ajouter qu'aussitôt que les trois ou quatre graines viennent d'être déposées dans la fossette, une femme la remplit en y jetant une poignée d'un compost fertilisant qu'elle porte dans un panier; ce compost est préparé en mélangeant ensemble de la bonne terre réduite en poudre, des cendres, de la poudrette, de la suie ou d'autres matières fertilisantes. On peut également employer de la terre arrosée d'urine, ou, à défaut de tout cela, un mélange de terre et de guano, fait dans de telles proportions que chaque poignée du compost destinée à boucher les trous contienne environ 1 gramme de guano. Ce dernier mélange demande à être malaxé avec soin, pour éviter de brûler les graines, dont une proportion trop forte de cet engrais pourrait compromettre l'existence. En supposant que le champ soit destiné à produire 60,000 racines par hectare, on arrive à trouver qu'il faut employer en tout 300 kil. de guano, ou 5 grammes par racine.

Si le sol était très-maigre, on pourrait aller jusqu'à 7 ou 8 grammes par racine, et on arriverait alors à 500 kil. pour l'hectare: dans le premier cas, la dépense s'élèverait à 90 ou 100 fr.; dans le second, à 150 ou 160 fr. Une fumure ordinaire de 100 mètres cubes de fumier ne coûterait pas moins de 500 fr., sans compter les frais de transport; mais, comme l'effet du fumier serait d'une plus longue durée que celle du guano, il serait juste, à mon avis, de porter au compte des betteraves une somme de 250 fr. au lieu de 500 fr., et on n'en aurait pas moins, suivant le cas, économisé 100 ou 150 fr., en suivant la méthode que nous venons d'indiquer. Quant à l'augmentation de dépense occasionnée par ce genre de semaille, l'économie d'engrais y pourvoirait grandement.

Je suis parti de Paris le 9 juin. J'ai trouvé les froments généralement beaux; au contraire, les prairies artificielles sont presque toutes d'une pauvre apparence jusqu'à Orléans; mais leur aspect s'améliore à partir de Jargeau, Saint-Denis-sur-Loire, et surtout dans la grande et remarquable culture de M. Bobé, au château de Chenailles. Cet excellent cultivateur, qui exploite depuis plus de vingt ans, a transformé de mauvaises terres et une énorme quantité de bruyères, en champs couverts de froments, de méteils, de seigles, d'avoines plus beaux que ce que j'avais vu entre Étampes et Orléans, et comparables aux meilleurs champs de céréales de la vallée de la Loire, près d'Orléans et de Jargeau.

M. Bobé a formé beaucoup de nouvelles prairies sur des terres en pente, qui, restées en pâtures à moutons, étaient garnies de joncs et de touffes de bois. La plus grande partie de ces herbages est couverte d'une belle récolte de foin; il les irrigue avec l'eau d'un étang. J'ai pu aussi admirer un grand champ semé, l'an dernier, d'un mélange formé de sainfoin, de luzerne et de trèfle; quoique le sol ne fût qu'un sable caillouteux, on l'avait marné, bien fumé, et on y avait répandu 60 hectolitres par hectare de cendres lessivées; ces cendres revenaient à 2 fr. l'hectolitre.

M. Bobé hiverne 2,000 mérinos, dont la laine s'est vendue, l'an dernier, 2 fr. 70 c. le kil. Il a 600 superbes agneaux.

Entre Chenailles et Gien, j'ai vu souvent des céréales d'un bel aspect, quelquefois de beaux champs de trèfle rouge, incarnat et de vesces.

J'ai visité, le 10, la colonie d'enfants pauvres ou orphelins que M. l'abbé Tallereau a fondée, il y a quelques années, à environ dix kilomètres de Gien, sur la route de Bourges; cette colonie possède 150 hectares d'excellentes bruyères, qu'il a payées 300 fr. l'hect. Les nombreux fossés ouverts récemment m'ont permis de juger de la qualité du sol, qui, après un drainage et un marnage convenables, formera une terre très-fertile.

Le directeur était absent; un jeune et intelligent chef de main-d'œuvre me fit visiter une bonne partie des terres défrichées, dont l'étendue est d'environ le tiers de la propriété. J'y ai vu de fort beaux seigles venus sur premier labour de bruyère; ceux de deuxième année, seigle après seigle, réussissent également bien; chaque récolte a reçu de 4 à 5 hectolitres de noir animal mélangé à la semence. Les avoines, ainsi qu'un petit champ d'escourgeon, étaient fort belles; du ray-grass d'Italie, semé après marnage sur un terrain labouré en planches bombées, donnait de belles espérances; du ray-grass anglais mêlé de thymoty, également semé sur marnage, mais labouré à plat, n'était bien venu qu'aux endroits où le terrain était le plus élevé.

Le bétail se compose de quatre bons che-

vaux, qu'on attelle à une charrue Dombasle à
avant-train pour défricher les bruyères, opération qui se fait avec succès, et de huit vaches ou génisses. On possédait il y a quelque
temps une centaine de brebis ; mais on a été
obligé de les abattre, car la cachexie avait envahi le troupeau. On y trouve aussi des porcs,
dont j'ai oublié le nombre.

La colonie se compose de cinq bâtiments,
dont deux couverts en ardoises ; les trois autres, qui forment la grange, la bergerie et celui où se trouvent l'écurie, l'étable, la porcherie et un hangar, sont couverts en papier goudronné, qu'on a saupoudré de sable de rivière.

Les dortoirs sont convenables et bien tenus ; on peut y loger 40 enfants ; mais ils sont
loin d'être au complet. On m'a dit que ceux
qui venaient des hospices de Paris étaient les
moins dociles.

Il y a des marnières à 3 kilomètres de la
colonie. Le pain donné aux colons m'a paru
fort bon.

Je pense que, lorsque les 150 hectares seront défrichés, marnés ou chaulés, drainés et
bien fumés, ils pourront subvenir à l'existence
de cette œuvre de charité, pourvu que la culture en soit bien dirigée, et que l'on achète,
lorsque l'effet du noir animal sera arrivé à
son terme, c'est-à-dire après trois ou quatre
récoltes obtenues avec lui ; pourvu, dis-je, que
l'on se procure tout le guano nécessaire pour
que les emblavures reçoivent, tant en fumier
qu'en guano, tout l'engrais qu'elles peuvent
supporter sans verser.

Les froments qui bordaient la route entre

la colonie et Gien étaient fortement rouillés ;
les prés avaient été submergés par les inondations de la Loire et de divers cours d'eau.

Je me rendis le même jour à la terre de la
Joanne, propriété de plus de 1000 hectares,
que M. Goetz, ancien maître de poste de Sa-
verne, a achetée il y a une douzaine d'années.

M. Goetz n'habite cette grande propriété
que depuis environ deux ans ; il l'avait presque entièrement semée en pins maritimes,
et avait vainement tenté de la cultiver de loin ;
il était notablement en perte. Ses terres avaient
reçu plusieurs labours pour les débarrasser
du chiendent ; elles avaient été ensemencées
en sarrasin, en colza et autres plantes destinées à être enfouies, pour assurer la réussite
des semis d'arbres résineux, parmi lesquels se
trouvent des pins sylvestres. Il avait semé
en même temps de la graine de foin, prise
dans les greniers des régiments de cavalerie
les plus rapprochés, espérant ainsi améliorer
le sol et y conserver la fraîcheur. Les meilleures parties de la terre, qu'il prévoyait devoir cultiver plus tard, furent semées très-
épais, afin d'obtenir plus de feuilles et d'avoir
plus de jeunes pins à éclaircir ; il fait faire
cette opération dans ses semis, la troisième
ou quatrième année après les semailles, ainsi
qu'à la sixième ou septième année, et elle est
pratiquée de manière à ce que les branches
restant ne puissent se croiser. On laisse pourrir sur la terre les arbres coupés, afin d'améliorer le sol par leurs détritus. Dès que les
feuilles en sont détachées, on ramasse ceux
qui sont trop forts pour se décomposer promp-

tement, et on en forme des tas auxquels on met le feu.

Toutes ces précautions ont eu pour résultat de produire des bois de pins plus beaux que ceux que j'ai rencontrés dans mes nombreux voyages. Cela ne m'étonne nullement, car les procédés que je viens de mentionner rentrent complétement dans le système de M. Burmans, sous-inspecteur des eaux et forêts à Aix-la-Chapelle, qui, depuis vingt-cinq ans, a démontré à toute l'Allemagne, à la Belgique et au Piémont, où l'on suit ses préceptes, que les arbres ont besoin de leurs branches et de leurs feuilles aussi bien que de leurs racines, et qu'il est nécessaire, pour qu'ils prospèrent, qu'ils puissent jouir de l'air et des rayons du soleil. Pour arriver à ce résultat, M. Burmans plante ses bois en lignes ayant au moins 2^{m}.66 d'intervalle, et intercale entre les lignes des arbres qui poussent plus vite, et qui atteignent leur croissance profitable à une époque où les autres arbres auront besoin de plus d'espace. On enlève les premiers, les mélèzes, par exemple, à vingt-cinq ou trente ans; les autres continuent à prospérer, parce qu'ils ont, pour étendre leurs branches et leurs racines, plus d'air et de jour qu'on ne leur en accorde ordinairement.

Ces éclaircies ont encore un autre avantage pour M. Goetz : elles permettent à l'herbe de pousser; on trouve en abondance dans ces bois, entre autres herbes, le lotier corniculé, qui convient infiniment à son nombreux troupeau de vaches bretonnes blanches et noires de la petite espèce, qu'il a fait venir du Morbihan l'automne et le printemps derniers. Les premières ont déjà bien profité chez lui ; les secondes sont encore fatiguées du voyage et de leur premier vélage ; car, bien qu'elles soient très-petites, elles viennent de donner leur premier veau. Elles sont nourries d'une manière très-économique ; car elles passent matin et soir deux heures dans les sapins, plus une heure chaque fois dans des pâturages, ou bien sur les 50 hectares de prés que M. Goetz a créés dans de petites vallées qui contiennent beaucoup de sources qui surgissent à travers des monticules de tourbe. Cette nourriture économique n'empêche pas son vacher, qui est Bernois, de faire tous les jours un fort beau fromage de Gruyère avec la traite des 35 vaches arrivées en automne ; il prétend que leur lait est si gras qu'il prévoit que ses fromages finiront par crever ; si ses prévisions se réalisent, il sera obligé à l'avenir d'écrémer tout ou partie du lait provenant de la traite du soir. Cet hiver, ces petites bêtes, quoique ne mangeant que des herbes de marais, qu'on avait fanées pour en faire de la litière, donnaient du lait dont il faisait d'excellent beurre d'une belle couleur jaune, bien qu'il n'y eût ajouté aucune teinture.

M. Goetz espère pouvoir créer 200 hectares de prés dans les nombreuses vallées qui entrecoupent sa propriété ; il cultive ces terres basses après avoir drainé les sources, qui sont ensuite bouchées. Lorsque les gazons sont complétement détruits et le fonds purgé de chiendent et autres mauvaises herbes, il y sème des résidus de greniers à foin, pris dans des pays où ceux-ci sont d'une bonne qualité. Lorsque les semis sont bien levés, il les couvre de fumier décomposé ou de compost; mais, dans des terres aussi maigres, il faut renouveler ces fumures bien des fois avant que le sol soit suffisamment engazonné. Aussi, sur environ 120 hectares préparés pour former des prés, n'y en a-t-il encore que 50 qui aient donné des produits susceptibles d'être fauchés; il faudrait, pour arriver au but, y répandre beaucoup de guano.

Les terres environnant les trois métairies qu'il conserve en fermes sont cultivées en betteraves, en carottes, en rutabagas et en navets; il les fume, autant que possible, en *poquets*, c'est-à-dire en déposant les graines sur des mottes de fumier recouvertes d'un compost d'argile et de sable; je pense qu'il serait utile de faire entrer la chaux dans ces composts. M. Goetz ajoutera à chacune de ses trois fermes environ 60 hectares de prés, 30 à 40 hectares de terres cultivées en racines, bien fumées, et 200 hectares ou plus de bois, qu'il a l'intention d'éclaircir à mesure qu'ils grandiront, de manière à améliorer le pâturage qui viendra entre les arbres.

Il a disposé les autres bâtiments de ses fermes en *locatures*, où il a établi des familles alsaciennes, dont il compte petit à petit porter le nombre à vingt-quatre, en construisant pour cela les maisons nécessaires. Il leur donne une cuisine et une ou deux chambres, suivant le nombre des membres de la famille. Pour rendre les chambres plus saines, il les a fait planchéier, et les planches sont à 0^m.30 du sol. Il accorde à ces familles, outre le jardin, 20 ares de pré et autant de terre pour chaque individu en état de travailler. Il assure de l'ouvrage à tout ce monde, et leur livre les objets de consommation au prix de revient.

M. Goetz m'a dit avoir essayé les divers engrais factices, sans en avoir obtenu de bons résultats.

Il est en instance près d'une maison religieuse de Bourgogne pour avoir des Frères qui se chargeraient de l'école des garçons de la population qu'il établit sur sa terre; il demande aussi des Sœurs pour instruire les filles et soigner les malades.

J'ai remarqué avec plaisir des jardins de locatures fort bien cultivés par ces familles alsaciennes.

Je me suis rendu, le 11, chez M. Vilmorin, dans sa terre des Barres, près de Nogent-sur-Vernisson. Ce domaine devrait être visité par tous les amateurs de sylviculture, afin d'y examiner une école d'arbres résineux que M. Vilmorin a commencé à former en 1820 ou 1822; il y a rassemblé depuis lors une énorme quantité d'arbres verts, qui sont plantés en lignes parallèles dans les terres argilo-siliceuses, aussi bien que dans la partie calcaire de sa propriété. Il fait surtout grand cas des diverses espèces de pins laricios, qui sont: ceux de Calabre, de Corse, de Tauride, de Caramanie, qui ressemble au précédent, d'Autriche et des Pyrénées. On y voit aussi celui qui a reçu le nom de Minotaure.

Il a de fort belles lignes de pins dits de Riga, dont on se sert pour la construction des vaisseaux, et dont la graine lui est venue de cette ville, ainsi que de la Volhinie et d'autres lieux. Le plus beau des pins, après celui de Riga, est celui de Haguenau, qui est bien plus droit que les autres pins sylvestres. Comme arbres d'agrément, M. Vilmorin m'a fait remarquer le *pinus excelsa* du Népaul, les *abies pinsapo* et *Douglasii*, le *cryptomeria Japonica*, le *taxodium sempervirens*, les *pinus Lambertiana, Sabiniana, Gerardiana, Sinensis, Coulteri, montana, monticola, macrocarpa, australis* ou *palustris, insignis, ponderosa, Hartwegii, Benthamiana, Russelliana;* les *abies Morinda, Smithiana, Frazeri, nobilis, Cephalonica, Pindrow;* le *pinus Montezumæ;* des *cupressus;* le *cephalotaxus Fortunei;* les cèdres du Liban et de l'Algérie; le *cedrus Deodara*, le *sequoia*. Parmi les nombreux arbres d'Amérique que j'ai vus dans la plantation, se trouvent les *quercus rubra, tinctoria, heterophylla, falcata* et *salicifolia*. J'y ai trouvé encore le *banisteria*, arbuste qui se couvre chaque année d'une immense quantité de petits glands, et qui a le mérite de prospérer en mauvaise terre et sous les arbres en futaies; l'aune de Calabre, l'érable de Naples; l'acacia sans épines, qui vient de bouture; le peuplier à gros bourgeons, bel arbre qui a l'avantage de prospérer à côté d'autres espèces de peupliers tout rabougris; le bouleau à canots, etc., etc.

Je me suis rendu, le 12 juin, chez M. Anselmier, directeur de la ferme-école de Montbernaume, à 6 kilomètres de Pithiviers. Sa culture s'étend sur 230 hectares de terres calcaires, qu'il a louées pour dix-huit ans, en partie à raison de 60 fr., et en grande majorité au prix de 30 fr. l'hectare. Il n'a que 25 jeunes gens au lieu de 33, nombre accordé à cette ferme-école. Il paraît que les fermiers de ce département ne comprennent pas encore tout l'avantage que leurs fils pourraient retirer d'une instruction agricole acquise sous un directeur aussi habile.

Les grains d'hiver, qui occupent 75 hectares; l'orge, qui en couvre 40, et l'avoine, qui en a reçu 30 pour sa part, sont fort beaux.

Les prairies artificielles, formées d'un mélange de sainfoin, de luzerne et de trèfle, sont en partie fort médiocres; la luzerne a été gelée.

M. Anselmier n'a que neuf chevaux; mais il va acheter des bœufs, qu'il engraissera en hiver.

Il a un beau taureau et trois vaches durham pur sang; le reste de sa vacherie est composé de vaches cotentines et hollandaises, et d'élèves provenant de croisements durham.

Son troupeau, qui, en hiver, compte 800 têtes, contient 300 brebis métis mérinos de grande taille. Il a essayé de croiser une partie de ses brebis avec un bélier de la Charmoise; les agneaux qui sont issus de ce croisement ont été vendus 15 fr., à l'âge de deux mois, pour le marché de la Vallée à Paris.

M. Anselmier cultive des topinambours qu'il fume tous les ans; il est fort content de leur produit. Il a été obligé de labourer une partie de son maïs semé pour fourrage, les mulots en ayant dévoré la semence. Ne pourrait-on pas, avant les semailles, la tremper dans une substance qui en éloignerait les mulots et les vers sans en détruire la faculté germinative, comme dans l'eau de suie, par exemple ?

Il élève en ce moment plusieurs veaux de pur sang durham, ainsi que des génisses de demi-sang ; il vend des veaux gras à l'âge de deux mois ; il attribue au lait qui sert à leur nourriture une valeur de 10 à 12 centimes le litre ; ce prix n'est ordinairement que de 8 centimes.

Je me rendis le lendemain chez M. Nouel, neveu et élève de feu M. Malingié ; il cultive, à 8 kilomètres d'Orléans, la ferme de l'Isle, qui est, je dois le dire, tenue de manière à faire honneur à la ferme-école de la Charmoise.

Les terres de la ferme de l'Isle, dont l'étendue est de 100 hectares, sont en grande partie formées de sables d'alluvion; environ un quart se compose d'excellente terre, ayant de la consistance, et qui convient particulièrement au froment et aux féverolles. M. Nouel cultive les féverolles d'hiver, qui sont cette année tout aussi belles que celles que j'ai tant admirées l'an dernier. Les colzas de 1853 étaient plus beaux que ceux de 1854. Mais ce qui m'a le plus frappé dans ces cultures, ce sont des trèfles incarnats tardifs de $0^m.60$ à $0^m.80$ de hauteur, d'une épaisseur extrême et d'un feuillage vert foncé, surmonté de longues et très-belles fleurs. Il faut mettre dans la même catégorie 15 hectares de bizailles, connues dans le Nord sous le nom d'hivernage. M. Nouel

fait un mélange des graines suivantes pour
obtenir ce magnifique fourrage : vesces, pois
et gesces d'hiver ; celle-ci est connue dans ce
pays sous le nom de *jarode*, et convient particulièrement aux terres sableuses. Il augmente
la proportion des vesces dans ses meilleurs
sables, celle des pois dans les intermédiaires,
et enfin celle de la jarode dans les terres les
plus légères, que ses voisins ont semées en
pins maritimes, tant ils les trouvaient mauvaises. Il ajoute à ces trois légumineuses un
peu de seigle, d'escourgeon ou d'orge d'hiver
du nord, et un peu d'avoine aussi d'hiver.
Si une partie de ces graines ne prospère pas,
les autres les remplacent. Ce mélange donne
une nourriture excellente et très-abondante,
même cette année, où je n'ai encore vu presque
partout que de pauvres prairies artificielles.

Les froments semés en terre légère sont médiocres ; mais les orges et les avoines sont de
toute beauté ; je n'ai pas vu les trèfles,
mais on les dit fort beaux. J'ai vu du maïs-
fourrage mêlé de pois qui levait et d'autre qu'on venait de semer. On doit encore
semer de cet excellent fourrage, qui vient en
deuxième récolte sur les trèfles incarnats, hâtif et tardif.

Les sainfoins et les luzernes sont déjà en
meulons, prêts à être rentrés.

J'ai vu beaucoup d'ouvriers occupés à sarcler les betteraves et les carottes ; cette besogne se fait à la tâche ; ils reçoivent 100 fr.
par hectare pour faire la semaille en lignes,
et déposent quelques graines à chaque intervalle de $0^m.15$ à $0^m.18$; ils sarclent aussi sou-

vent qu'il est nécessaire pour détruire les mauvaises herbes, éclaircissent le plant, arrachent
les betteraves à l'époque de la récolte, les
chargent dans les tombereaux, et les mettent
en silos.

J'ai vu faire une grande plantation de choux
branchus de Poitou; on les prend en pépinière, et on les repique moyennant 1 fr. le
1000 ; on en emploie de 17 à 18,000 plants
par hectare.

M. Nouel, après avoir perdu son troupeau
de race charmoise par le sang de rate, maladie qui a été apportée sur la rive gauche de la
Loire par des troupeaux venus de la Beauce,
et qu'on y avait mis en pension pour les
soustraire à ce fléau, qui s'est malheureusement perpétué sur cette rive du fleuve,
même après le départ des troupeaux infec-
tés; M. Nouel, dis-je, s'était mis à engraisser
des moutons solognots ; mais, depuis un an,
il trouve plus de bénéfice à engraisser des vaches, qui pour la plupart sont d'origine nor-
mande; elles lui coûtent en moyenne 240 fr. ;
leur nourriture actuelle se compose par jour
d'environ 35 kilogr. de trèfle incarnat vert,
passé au hache-paille, de 2 kilogr. de tourteaux
de colza, et de 4 kilogr. de farine d'orge ou
de sarrasin. Cette nourriture lui coûte, y compris les soins, 1 fr. par tête et par vingt-quatre heures. Un homme soigne 20 vaches ; il en
a habituellement une cinquantaine, sans compter une demi-douzaine de vaches laitières, qui
sont nourries de même. Sa vacherie lui a
produit jusqu'à cette heure, en moyenne, un
bénéfice net de 50 centimes par bête et par

jour, sans compter l'excellent et abondant fumier qu'elle produit.

Sa culture de choux mérite une mention particulière. M. Nouel fait le plus grand cas des choux à vaches; il en sème donc chaque année à trois époques différentes : la première, de manière à avoir du plant propre à être mis en jauge lorsque la gelée commence; tant qu'elle dure, on en préserve le jeune plant en le recouvrant de fumier long; on le repique aussitôt que l'hiver est passé, et les choux sont bons à consommer vers la fin de juin ou au commencement de juillet. Le deuxième semis a lieu au printemps; on repique à la mi-juin, et les choux sont à point à l'époque où la chaleur et la sécheresse privent les cultivateurs de fourrage à faucher. Le troisième semis est pratiqué de manière à donner un plant bon à repiquer dans le courant d'août. Cette troisième récolte passe l'hiver en terre, et est bonne à consommer en mars et avril. Lorsqu'elle est montée en fleurs, les brebis la mangent sur pied, et cette nourriture leur donne beaucoup de lait, dont les agneaux profitent.

En quittant l'exploitation de M. Nouel, je me rendis au château de Dampierre, où M. de Béhague venait d'arriver la veille. Le lendemain matin, je visitai avec lui sa belle vacherie, qui contient dans ce moment huit vaches, deux taureaux et quelques élèves pur sang durham, à part un grand nombre d'autres bêtes provenant de deuxième et de troisième croisement de ce sang avec des vaches charollaises et cotentines.

Les boxes pour l'élève des jeunes animaux,

construites avec la plus grande simplicité,
sont doubles. On a utilisé les murs du parc
pour économiser une *bassegoute*. Chaque boxe
a sa petite cour, entourée par des poteaux
auxquels sont attachés des fils de fer galva-
nisé. Les jeunes bêtes s'y trouvent par couples,
et y prospèrent d'une manière remarquable.
Les veaux y sont placés au moment du sevrage. Avant la construction de ces boxes,
on les tenait dans celles qui avoisinent la vacherie; chacun d'eux en occupait une.

M. de Béhague vient de faire bâtir une jumenterie qui contient treize boxes pour juments et poulains; il en existe ailleurs huit
autres, avec cour, pour les chevaux. Toute la
charpente de ces bâtiments a été fournie par
du bois de pins, pris dans les vastes plantations ou semis qu'a exécutés cet habile et actif
agriculteur. Les murs sont formés de torchis
placés entre deux rangées de jeunes pins, qui
sont cloués horizontalement des deux côtés
des poteaux qui supportent la toiture. Cette
toiture est faite avec de la bruyère, et l'emploi de cette matière, tout en étant fort économique, a cependant sur beaucoup d'autres
l'avantage de donner à ces bâtiments plus de
fraîcheur pendant l'été et d'y conserver la
chaleur en hiver. Les cloisons qui séparent
les boxes sont faites avec de jeunes pins
écorcés.

Ce bâtiment contient de fort belles juments
pur sang, dont quelques-unes appartiennent
à M. d'Hédouville; il paye pour elles, par jour,
pour logement, soins et nourriture, 3 fr. J'y
ai vu aussi des pouliches de deux ans qui m'ont

2.

paru fort belles. Enfin on y trouve des élèves
qui sont issus de juments de labour percheronnes et de l'étalon pur-sang *Va-nu-pieds*,
propriété de M. de Béhague.

Le troupeau de bêtes ovines de cette grande
exploitation se compose en partie de brebis
mérinos, restes de l'ancien troupeau, et de
brebis berrichonnes. On les fait couvrir par
des béliers de race southdown, achetés en Angleterre en 1851, en même temps que quelques brebis de cette race recommandable.
M. de Béhague possède aujourd'hui environ
80 agneaux southdown mérinos et 400 agneaux
southdown berrichons. Il a déjà vendu plusieurs béliers ; ceux de pure race southdown
lui ont rapporté 250 fr. ; ceux de race croisée
ne se sont élevés qu'à la moitié de ce prix,
soit 125 fr.

La race porcine est représentée ici par des
individus de l'espèce de New-Leicester ; on
en a déjà vendu un grand nombre, après le
sevrage, à 60 fr. la paire.

M. de Béhague a fait venir d'Angers une
grande machine Clayton, pour la fabrication
des tuyaux de drainage. Les ouvriers qui la
mettent en œuvre sont de simples journaliers,
payés à la journée ; ils ne fabriquent dans ce
moment que 2,000 tuyaux par jour, mais ils
en sont encore à l'apprentissage. Ces tuyaux,
de 0m.035 de diamètre et d'une longueur de
0m.33, sont très-bien faits et excellents. M. de
Béhague a déjà drainé une grande étendue
de prés et de terres ; il s'en trouve parfaitement.

Un des MM. Simon, irrigateurs bien con-

nus, a été appelé par M. de Béhague pour
transformer en prairie un ancien étang d'une
grande étendue; lorsque cette opération sera
terminée, les prés de réserve seront doublés.

Cette exploitation présente un grand nombre de récoltes sarclées, betteraves, carottes,
topinambours, colzas, etc.; l'apparence des
récoltes de céréales d'hiver et d'été est des
plus satisfaisantes; les vesces sont magnifiques, les trèfles excellents. Enfin une assez
grande étendue de terrain a été consacrée aux
pommes de terre; car la fabrication de fécule
va recommencer.

M. de Béhague vient de reprendre deux
fermes situées dans le val de la Loire; une
partie des terres qui les composent sont d'une
grande fertilité; le surplus consiste en sables
d'alluvion, qui, soumis à une culture intelli-
gente, deviendront aussi productifs. On remet les bâtiments à neuf. On y a fait beaucoup de récoltes sarclées, parmi lesquelles je
dois mentionner des fèves de printemps de la
plus belle apparence. J'y ai vu également des
pièces de ray-grass d'Italie et de fléole des
prés (*thymoty* des Américains) qui donneront une belle récolte.

Ici tous les fourrages secs sont soumis au
hache-paille avant d'être donnés aux bestiaux, mais l'usage n'est pas encore introduit
de faire subir la même préparation aux fourrages verts.

Comme il est presque impossible de trouver dans ces pays, dont la culture est très-
arriérée, de bons fermiers possédant un capital suffisant pour exploiter d'une manière

convenable, **M.** de Béhague a déjà plusieurs fois, pour suppléer à cette absence, choisi, parmi ses laboureurs les plus intelligents élevés à son école, des hommes dont il a fait des gardes-bestiaux ; il leur accorde les conditions suivantes : Il leur assure chaque année une somme de 500, 600 et même 700 fr., selon l'étendue de la ferme qui leur est confiée. Il leur fournit les bœufs qu'exigent les travaux de culture, et leur avance l'argent dont ils ont besoin pour acheter autant de vaches qu'ils en peuvent nourrir. Le garde-bestiaux paye, outre l'intérêt du capital, une somme de 50 fr. par tête de vache dont la nourriture est fournie par la ferme. Les journaliers sont aux frais de **M.** de Béhague, les personnes chargées des soins de la vacherie sont payées par le garde-bestiaux, auquel les produits de l'étable appartiennent. Les récoltes autres que les fourrages sont pour le propriétaire ; le croît des troupeaux de bêtes ovines, lorsqu'il y en a sur la ferme, lui appartient également.

La terre de Dampierre s'étend sur environ 2,500 hectares, et la marne, encore d'une qualité assez médiocre, ne s'y trouvant que sur un seul point, on ne l'emploie qu'à proximité de la marnière ; ailleurs on la remplace par de la chaux, qui est fabriquée dans un four placé dans une carrière de pierres calcaires achetée par M. de Béhague, près de la ville de Gien, qui n'est éloignée de Dampierre que d'environ 10 kilomètres.

Sur les 2,500 hectares dont se compose le domaine, 700 environ ont été semés ou

plantés en bois, presque en totalité par **M.** de
Béhague

On y compte environ 30 locatures, et on
construit les bâtiments nécessaires pour en
établir une dizaine de nouvelles près des
fermes du val de la Loire. Ces nouvelles habitations, accolées deux par deux, se composent d'une grande chambre, d'un cabinet,
d'une étable pour une vache et son veau,
d'un toit à porcs et d'une petite grange. Les
locataires payeront 150 fr. de loyer, et auront la jouissance de 25 ares de jardin et de
75 ares de terre arable, qu'ils fumeront avec
le fumier de leur vache et avec les vidanges
du ménage. Ils enverront leur bête au pâturage avec celles de la ferme, et on leur fournira ce qui sera nécessaire à sa nourriture
pendant la mauvaise saison. Ils seront chargés de tous les travaux de la ferme, et rece-
vront, à titre de salaire, 15 cent. par heure
de travail pendant les huit mois d'automne,
d'hiver et de printemps, et 20 centimes pour
le même temps pendant les quatre mois
d'été. Dans les moments où on ne pourra pas
les occuper à la journée, on les emploiera
soit à des terrassements, soit aux travaux à
faire dans les bois; dans ce cas, ils seront à
la tâche. Il n'y aura dans chaque ferme
qu'un bouvier célibataire, qui couchera dans
l'étable.

Ce rapide exposé suffira, sans doute, pour
faire comprendre tout ce que les agriculteurs
ont à gagner en visitant les belles cultures de
M. de Béhague. Ils auront sous les yeux un
exemple frappant de ce que peut obtenir un

propriétaire habile, lorsqu'à la fortune il joint la capacité et la persévérance.

De la propriété de M. de Béhague, je revins à Orléans; j'y trouvai M. Bobé, dont la première pensée fut de me dire que le drainage que j'avais vu commencer chez lui faisait merveilles, et qu'il se proposait d'entreprendre cette amélioration sur une grande échelle. Ce travail, en mettant les drains à une distance de 12 mètres et à une profondeur de 1^m.20, lui coûte 180 fr. par hectare; mais il faut dire que son sous-sol est tellement compacte qu'on ne peut l'entamer qu'à l'aide du pic.

Il est décidé à acheter un taureau durham et à former une belle vacherie.

Les produits de sa culture, qui a une étendue de 500 hectares, et des bois, lui ont rapporté cette année 75,000 fr. La terre de Chenailles, qui a coûté, en 1807, un peu plus de 400,000 fr., vaut aujourd'hui cinq fois son prix d'acquisition; mais on a transformé en bois toutes les anciennes terres, qui étaient de nature sablonneuse et complétement usées. On a défriché les pâturaux et les bruyères, très-nombreuses alors. Cette terre a une étendue de près de 2,000 hectares, dont M. Bobé est propriétaire pour moitié; le surplus appartient à sa sœur. Elle ne contenait guère qu'une centaine d'hectares de bois en 1807; elle en compte aujourd'hui dix fois plus, semés ou plantés par MM. Bobé père et fils.

Il a perdu l'année dernière, par le sang de rate, plus de 250 têtes de son beau trou-

peau de mérinos pur sang ; cependant presque
toutes ses terres sont d'une nature argilo-sili-
ceuse, et le sous-sol d'une grande partie est
imperméable. Cette terrible maladie a été apportée dans la contrée par les troupeaux venus
de la Beauce, et qu'on avait mis en
pension chez divers cultivateurs pour les préserver ou les guérir des atteintes du fléau.

Je suis arrivé le 18 chez M. Vignat, régisseur associé de la terre des Bordes, située à
8 kilomètres de Beaugency et de la Loire.
Elle ne contenait pas d'habitation de maître,
il y a une dizaine d'années, ce qui n'a pas
empêché le possesseur actuel de l'acheter au
prix de 600 fr. l'hectare. M. Vignat, qui en
dirige la culture depuis plus de quatre ans,
s'est donné pour tâche d'améliorer ces terres
sablonneuses et complétement usées de Sologne ; pour arriver à son but, il marne et
fume à raison de 100 mètres cubes de chaque
à l'hectare ; il ne cultive que les portions qui
ont reçu cette double et très-énergique amélioration ; le reste est abandonné au pâturage
des troupeaux, à l'exception cependant d'une
cinquantaine d'hectares de bruyères, qu'il a
fait écobuer afin de se procurer de la paille.
Les premières récoltes de seigle n'ont guère
produit qu'une douzaine d'hectolitres par
hectare ; l'avoine d'hiver qui a suivi le seigle
en a donné environ le double. L'année dernière, ayant fumé à raison de 40 mètres cubes
par hectare et ayant ajouté 20 hectolitres de
chaux, les parties qui ont reçu cette amélioration portent cette année de belles vesces
d'hiver. Quant aux vieilles terres améliorées

par le marnage et la fumure dont j'ai parlé
plus haut, elles ont donné d'abord une belle
récolte de racines, suivie d'un magnifique
froment, de l'espèce nommée *froment-seigle,*
qui convient particulièrement aux terres sableuses ; la troisième année a été consacrée
en partie à des trèfles, en partie à des vesces
d'hiver, qui ont donné de forts beaux produits. Cette année, qui est la quatrième, cette
même terre porte, sans nouvelle fumure, un
froment aussi beau qu'on peut le désirer; on
peut, sans exagération, le dire magnifique.

L'étable de M. Vignat se compose de 65 vaches, 9 génisses et 2 taureaux hollandais; les
vaches sont presque toutes de race cottentine;
il s'y en trouve cependant aussi de flamandes
et de hollandaises. C'est une réunion de fort
belles bêtes. Leur nourriture se compose actuellement de luzerne, à laquelle on ajoute
chaque jour 5 kilogr. de son. La traite des
vaches a lieu trois fois par jour ; on obtient
ainsi plus de lait que quand on ne trait que
deux fois : des expériences faites avec soin
ont démontré ce fait jusqu'à l'évidence. La
moyenne du lait obtenu dans les 365 jours de
l'année est de 7 litres 1/5 par tête. Ce lait,
rendu par l'établissement à la gare du chemin de fer, à Beaugency, d'où il est amené
à Paris, est vendu 10 centimes le litre.

Pendant une année, M. Vignat avait ajouté
à la nourriture dont nous venons de parler
3/4 de kilog. de tourteaux et 2 kilog. 1/2 de
son ; le rendement en lait était alors de plus
de 9 litres par jour en moyenne; mais le propriétaire n'a pas consenti à ce qu'on continuât

cette augmentation de provende, quoique l'amélioration du fumier et l'augmentation du produit en lait payassent largement le surplus de la dépense.

M. Vignat a 400 brebis, dont les mères, solognotes, avaient été montées par des béliers southdown-solognots. Il a actuellement des béliers southdown achetés à Grignon, où ils ont coûté 120 fr. pièce. Les brebis ayant déjà un quart de sang anglais, le résultat a été satisfaisant. Les agneaux, rendus à la gare de Beaugency, ont été vendus 10 fr.; ils étaient destinés au marché de la Vallée, à Paris. M. Vignat n'a réservé que 15 agneaux femelles qui avaient pour père des béliers southdown, et un pareil nombre issus de pères de la race de la Charmoise. Ceux-ci n'avaient coûté que 100 fr.; car il les avait choisis parmi les moins beaux du troupeau. Les produits de ce croisement ne sont pas préférables à ceux qu'ont donnés les béliers southdown.

Sur les 400 hectares qui composent la totalité de la ferme, 150 ont été vigoureusement marnés et fumés, car ils n'ont pas reçu moins de 100 mètres cubes de marne et autant de fumier par hectare; 50 hectares de bruyères ont été défrichés par écobuage, comme nous l'avons dit; il n'y a donc encore que la moitié des terres en rapport, mais elles sont couvertes de froment ou d'autres céréales d'un aspect supérieur, ou tout au moins égal à ce que j'ai vu de mieux depuis mon départ de Paris. On aurait peine à croire qu'on pût arriver à un résultat aussi satisfaisant sur les sables usés de la Sologne, surtout en se rap-

pelant que ce froment constitue la quatrième
récolte obtenue sur la première fumure. Mais
pour bien se rendre compte des effets obtenus
par ce marnage et cette fumure énergiques, il
faut jeter un coup d'œil sur les parties du
terrain qui n'ont pas encore reçu cette amélioration : à peine les plantations de bois qu'on
y a faites trouvent-elles une maigre nourriture
qui les laisse toutes souffreteuses.

Les récoltes sarclées, telles que betteraves,
carottes, pommes de terre, rutabagas, maïs
pour fourrage, promettent de forts beaux produits, toujours sur la fumure dont je ne puis
me lasser de proclamer les étonnants effets.

De l'exploitation de M. Vignat je me suis
rendu à la ferme d'Huppemeau, qu'un ancien
notaire de Beaugency dirige depuis douze ans;
le bail a encore vingt-huit années à courir.
M. Ménard, tel est le nom du fermier, s'est
fait bâtir, sur ses terres, une grande et commode habitation; il s'occupe dans ce moment
de la construction de six belles locatures, afin
d'avoir sous la main une partie des ouvriers
dont son exploitation exige le concours. Ils
ont aujourd'hui environ 8 kilomètres à parcourir tant pour venir le matin que pour retourner le soir chez eux, et ce long trajet absorbe en pure perte un temps et des forces
dont il est possible de tirer un meilleur
parti. A fin de bail, et à dire d'experts, le propriétaire, qui est M. le duc de Lorge, rem-
boursera à M. Ménard la valeur des constructions que ce dernier a faites; en attendant, il
lui paye l'intérêt du capital déboursé pour ces
bâtiments.

La ferme d'Huppemeau présente de belles récoltes en froment, orge, avoine, etc. ; les colzas surtout sont superbes, mais on s'explique plus facilement ce résultat ici que chez M. Vignat, car M. Ménard opère sur des terres qui, primitivement en bruyères, sont défrichées depuis dix ou douze ans. Les anciennes terres cultivées de la ferme ont été semées en pins qui paraissent venir fort bien; on a, au contraire, rendu à la culture les terrains mis en bois après défrichements; car, bien que ces terrains eussent été soumis à la culture pendant quelques années après l'opération, la bruyère en avait repris possession avec une telle vigueur, qu'elle arrêtait le développement des jeunes pins des Landes qui y avaient été semés.

Le produit net, c'est-à-dire défalcation faite des frais de semailles et autres, de la coupe d'un hectare de pins âgés de 12 à 13 ans, varie entre 250 à 260 fr. Ces bois, transformés en échalas, en fagots ou en cordes à charbon, sont généralement achetés par les vignerons des bords de la Loire, dont l'exploitation de M. Ménard n'est éloignée que de 12 kilomètres, qu'une bonne route rend faciles à parcourir. Cet intelligent agriculteur, pour faciliter le travail de ses ouvriers, a imaginé et fait exécuter un levier armé d'un crochet en fer, au moyen duquel quatre hommes peuvent aisément, soit arracher les jeunes pins tout d'une pièce sans les abattre, soit enlever les souches lorsque la coupe a été effectuée. Ce levier ne lui revient qu'à 40 fr.

M. Ménard, qui est partisan de la stabula-

tion permanente, possède environ 50 vaches
de races diverses. On fait chez lui, avec le
lait de ces vaches, d'excellents petits fromages, qui lui ont rapporté l'année dernière
15,000 fr. Ils sont vendus en gros 3 fr. la douzaine. Chaque fromage emploie 2 litres de lait,
ce qui lui assure un produit net de 10 centimes par litre. Il en expédie jusqu'à Bordeaux.

C'est à l'emploi du fumier qu'il produit et
des cendres lessivées que M. Ménard doit là
beauté de ses récoltes ; les cendres lui viennent
de la Beauce ; il les paye 1 fr. 20 l'hectolitre,
rendues dans sa cour. Il donne à ses cultures
de 80 à 100 mètres cubes de fumier par hectare ; la proportion de cendres, pour la même
étendue, s'élève à environ 60 hectolitres. Avec
cette quantité il obtient, sur premier labour
de bruyère, de fort belles récoltes d'avoine
de printemps ; ces labours de défrichement
exigent l'emploi de quatre bons chevaux ; ils
s'opèrent tantôt en été, tantôt en hiver. Dans
cette dernière saison, un hectare demande
trois jours de travail ; deux jours suffisent
pendant l'été. Les déboursés à faire pour cette
première récolte, qui produit en moyenne
30 hectolitres d'avoine, sont évalués par
M. Ménard à environ 220 fr. La récolte d'a-
voine est suivie d'un colza qui ne reçoit que
40 hectolitres de cendres ; vient ensuite (3e récolte) un seigle qui ne reçoit ni fumure ni
amendement. La quatrième consiste en betteraves, qui sont semées après une fumure de
100 mètres cubes de fumier d'étable ; après
elles vient un froment (5e récolte), auquel
succède le trèfle, qui termine la rotation.

Les murs des celliers, qui ont près de 1 mètre d'épaisseur, sont faits avec de la terre mélangée de bruyère hachée. On ménage un sentier entre les tas de racines, afin d'éviter, d'une part, d'en former des masses trop considérables, et, d'autre part, afin de pouvoir les examiner aisément, et apporter remède aux échauffements qui pourraient survenir. Les celliers sont recouverts de chaume, de bruyère, de fagots de branches de pin; les racines s'y conservent parfaitement.

M. Ménard a mis en pratique, dans le cours de l'année 1853, la méthode de fanage usitée dans les pays montagneux du sud de l'Allemagne, où il pleut fréquemment, et dont il avait trouvé la description dans le *Journal d'Agriculture pratique ;* il lui a été possible de rentrer ainsi, quoique le temps fût très-pluvieux, près de 75,000 kilogr. d'excellent fourrage. Aussi s'est-il empressé, l'hiver dernier, de faire établir un grand nombre de chevalets, pour la construction desquels il emploie de jeunes pins. Il pourra maintenant faner de la même manière toute sa récolte fourragère de cette année, qui ne sera pas beaucoup moindre de 200,000 kilogr. A l'époque de ma visite, il avait déjà rentré, grâce à ce procédé, la coupe de six hectares de luzernières, qui étaient en fort bon état, tandis que les récoltes similaires de ses voisins, qui n'ont pas encore adopté le même usage, avaient toutes été plus ou moins avariées par les pluies. M. Ménard ne suit pas rigoureusement la méthode allemande : il ne met pas son foin sur les chevalets immédiatement après la fauchaison ; il le laisse en ondains, le fait retourner si le temps est favorable, et n'emploie le chevalet que lorsque l'herbe est à moitié fanée. J'ai tout lieu de croire, d'après ce que j'ai vu dans mon voyage en Allemagne, dans l'année 1850, que cette modification n'est pas heureuse, et qu'il vaut mieux suivre de tous points le procédé allemand. En effet, si, après être à moitié desséchée, l'herbe vient à être mouillée, sa qualité s'altère ; lorsqu'au contraire elle est mise immédiatement sur le chevalet, elle n'a pas le temps de blanchir sous l'influence de la pluie ou de la rosée, si ce n'est à la superficie du meulon creux formé sur le chevalet, et cette surface est peu considérable. De plus, l'herbe n'étant maniée qu'une seule fois, et immédiatement après avoir été fauchée, on n'a pas à craindre que les feuilles se détachent de la tige. Quant à la dépense qu'entraîne ce fanage perfectionné, beaucoup de cultivateurs expérimentés du pays de Bade, du Würtemberg, de la Bavière, de la haute Autriche, m'ont affirmé qu'il ne coûtait pas plus qu'un fanage ordinaire bien fait, dès que les ouvriers ont acquis un peu l'habitude. En effet, la besogne à l'aide des chevalets est faite une fois pour toutes, tandis qu'avec la méthode ordinaire on est obligé, chaque soir, de relever le foin en *viliettes*, pour le répandre le lendemain lorsque la rosée a disparu.

Pour être sûr que ses vaches sont bien soignées et qu'on les trait aussi radicalement que possible, voici les conditions que M. Mé-

nard a faites à son vacher : il le nourrit, ainsi
que ses trois aides, et il le paye à raison de
1 centime par litre de lait. Les 50 vaches
ayant donné, pendant les 365 jours de l'année dernière, 6 litres et une fraction de lait
par jour, le vacher a reçu 1,100 fr.; sur cette
somme, il a dû solder ses jeunes aides, auxquels il a remis 500 fr.; il lui est donc resté
net, pour sa part, 600 fr. Les résultats de
cet arrangement sont que le vacher est inté-
ressé à surveiller attentivement ses aides, de
manière à ce qu'ils ne laissent pas de lait
dans le pis, qu'ils donnent aux vaches les
soins nécessaires, qu'ils les étrillent et les
pansent avec exactitude, enfin qu'ils leur ad-
ministrent leurs repas à des heures réglées.
Les aides-vachers vont chercher le fourrage
vert dans les champs; c'est le taureau, qu'on
attelle pour cela à une charrette, qui est
chargé de ce service.

Les semis d'arbres verts qu'a faits M. Ménard sont peuplés d'une énorme quantité de
cerfs, de chevreuils, de lièvres, et surtout de
lapins; mais ce qui ferait la joie de beaucoup de chasseurs de notre connaissance est
loin de lui donner de la satisfaction. Tout ce
gibier fait des dégâts sur ses cultures; il a été
obligé de retourner une bonne partie de ses
colzas, que la dent de ses hôtes incommo-
des avait détruits; parmi ceux qu'il a conservés, les uns sont en fleurs, tandis que les
autres sont bons à récolter, parce que ceux
qui avaient été mangés d'abord se sont pris à
fleurir au moment où les autres formaient
leurs siliques. En résumé, M. Ménard estime

que ce gibier lui coûte cette année plus de
8,000 fr.

Le domaine d'Huppemeau n'a pas de troupeau de bêtes ovines; les terres sont trop humides pour favoriser ce genre d'élèves; tous
les fourrages sont consacrés aux vaches.

M. Ménard est décidé à acheter une machine à vapeur; cette machine, de la force de
5 chevaux, doit lui venir de la fabrique de
M. Flaud, mécanicien de Paris, dont nous
avons déjà parlé précédemment; elle lui coûtera, le générateur à part, 1,500 fr., et fera
mouvoir, indépendamment de la machine à
battre, une paire de meules, un hache-paille,
un brise-tourteaux, et un lavoir à racines; la
vapeur non utilisée sera employée à la cuisson des soupes pour les vaches et les cochons.

Je tiens de M. Ménard une petite anecdote,
tout agricole du reste, qu'il ne me semble
pas inutile de consigner ici; elle fera voir
comment il est possible quelquefois de se
tirer d'une mauvaise affaire sans qu'il en
coûte rien à personne. Un fermier des environs se trouvait très-endetté vis-à-vis de son
propriétaire et de son frère. Ce frère, soit
qu'il sût que M. Ménard était un ancien notaire, soit qu'il eût entendu parler de son ha-
bileté en agriculture, vint consulter celui-ci,
lui exposa la situation, et le pria de lui donner
son avis sur la manière de se tirer de ce mauvais pas avec le moins de dommage possible.
La ferme qu'exploitait le fermier malheureux
se composait, d'une part, de beaucoup de
mauvaises terres foncièrement usées, et d'une
grande étendue de bruyères d'une bonne qua-

lité. Le conseil que donna M. Ménard fut
d'engager le fermier à proposer au propriétaire de lui céder tous les ans une étendue
de terres épuisées équivalente à celle des
bruyères dont lui, fermier, pourrait opérer le
défrichement ; le marnage de ces dernières
aurait lieu aux frais du propriétaire, qui
pourrait semer en chênes et en pins la portion que le fermier lui aurait rétrocédée. Il fut
fort difficile de faire entendre raison au fermier et à sa femme, qui ne voulaient pas
croire que ce fût là le seul moyen d'éviter
une ruine complète. Ayant enfin accepté la
proposition, et le propriétaire, de son côté,
ayant consenti à cet arrangement, il en est
résulté que ce dernier se trouve aujourd'hui
en possession de bois dont l'avenir paraît assuré, et que le fermier a obtenu sur ses
bruyères défrichées des récoltes qui, en peu
d'années, lui ont permis d'éteindre ses dettes.
Il n'a plus aujourd'hui qu'un embarras : c'est
de pouvoir loger son bétail, dont la quantité
et la qualité ont doublé depuis le moment où
il a acquiescé au sage conseil que lui avait
donné son voisin.

M. Ménard a trop d'expérience agricole
pour ne pas tendre à faire disparaître de son
domaine toutes les bruyères. Lorsque l'éloignement est un obstacle à une culture profitable, il se décide à les transformer en bois
de pins. Mais, avant de les consacrer à cet
usage, il les cultive pendant six années, et
leur fait produire pendant ce laps de temps,
au moyen de deux, quelquefois de trois fumures, chacune de 60 hectolitres de cendres

lessivées, deux récoltes d'avoine, deux de
colza, et deux de seigle.

M. Ménard m'a conduit chez M. Gustave
Salvat, à la Blondellerie, propriété située derrière le parc de Chambord. Ce jeune et excellent cultivateur nous montra d'abord son étable, garnie d'une vingtaine de fort belles vaches, dont trois sont pur sang durham. Il venait
de vendre deux taureaux ; le plus beau, âgé de
trois ans, lui a été payé 1,000 fr. par M. Ma-
nuel, ancien agent de change ; le second,
moins remarquable, a été acquis pour la colonie agricole de Mettray par M. Minangoin,
moyennant 500 fr., et M. Gustave vient d'a-
cheter de son frère, M. Adolphe Salvat, un
fort beau taureau. Afin de ne pas trop rester
dans l'*in and in*, il a en outre plusieurs élèves pur sang durham ; le surplus de son troupeau de bêtes à cornes se compose d'animaux
de deuxième et troisième croisement du même
sang. Il vend habituellement 50 fr., à l'âge de
six semaines, les veaux croisés durham qu'il
ne juge pas à propos de conserver.

M. Salvat a deux cents brebis ; la moitié de
ce troupeau provient de brebis solognotes fé-
condées par des béliers southdown. Dès ce
premier croisement, il y a eu une grande
amélioration, et les bêtes qui en sont issues
sont supérieures, sous le rapport des formes,
de la taille et de la toison, aux brebis de Sologne.

La race porcine est représentée dans cette
exploitation par un verrat et une truie du
Berkshire, qui ont été achetés à Grignon ; les
produits en sont vendus, à l'âge de deux à
trois mois, 45 fr. la paire.

Les froments, les avoines et les vesces de la ferme de M. Salvat sont d'une rare beauté. Il fait repiquer beaucoup de betteraves, de choux cabus et de Poitou; il a de belles carottes, et compte semer sur une grande échelle des navets d'Éteules, auxquels il se propose de donner 300 kilog. de guano par hectare. C'est à M. Salvat père qu'est due la première importation de guano dans cette partie de la France; elle remonte à douze ans; depuis ce moment, on n'a pas cessé d'en faire usage sur les domaines des deux frères, et cela toujours avec succès.

M. Salvat vient de faire, à Orléans, l'acquisition d'une machine à battre de Cumming. Ce fabricant en avait exposé une du même modèle au Concours qui a eu lieu à Paris. Cette machine, qui coûte 1,800 fr., marche au moyen d'un manége à quatre chevaux. Avant de faire cette acquisition, il avait déjà installé un petit manége destiné à mettre en mouvement un hache-paille, un coupe-racines et un brise-tourteaux.

Un petit pâtre, en s'amusant à creuser un trou de 0^m.50 de profondeur sur environ 0^m.66 de diamètre, a fait découvrir une marnière dans la propriété; il n'y a guère plus de 0^m.15 de terre au-dessus de la marne. Ce champ n'avait jamais été labouré depuis que la famille Salvat exploite cette propriété, sans quoi la charrue aurait infailliblement ramené de la marne à la surface du sol.

M. Salvat voulut bien me faire conduire, le 20 juin, chez son frère, M. Adolphe Salvat, qui habite le château de Nozieu, situé à 8 kilomètres de Blois. Dans le trajet, je vis d'abord·deux fermes appartenant à **M.** le marquis de Durfort. Les fermiers qui les exploitent ont adopté l'usage du marnage, et ils obtiennent maintenant des froments et des trèfles sur des sables à sous-sol argileux, dont la maigreur avant cette opération ne leur permettait pas de tirer un bon parti.

Nous traversâmes ensuite les terres dépendantes de château de Bois-Renard; elles portaient de fort belles récoltes de froment et d'avoine : une partie du sol se compose de terres cultivées anciennement; l'autre consiste en bruyères défrichées depuis peu d'années; le marnage et une bonne fumure ont totalement changé la nature de ces terrains.

Toutes les récoltes pendantes que j'ai pu voir en me rendant à ma destination avaient la plus belle apparence. Les sainfoins, les luzernes, les trèfles, les vesces se montraient en abondance; les trèfles incarnats, en partie déjà récoltés, avaient fait place à d'autres plantes, dont le semis venait d'avoir lieu.

M. Adolphe Salvat voulut bien me servir de guide à travers ses cultures, qui ne s'étendent d'ailleurs que sur environ 30 hectares; tout cela est bien tenu et promet une fort belle récolte; les froments, à en juger d'après l'apparence, ne produiront guère moins de 35 à 40 hectolitres par hectare. J'ai remarqué une récolte de froment-seigle, qui occupe 2 hectares placés entre des champs de seigle; le froment a acquis une hauteur bien plus considérable que ce dernier, et les épis en sont magnifiques. Cette variété, qui s'accommode mieux que toutes les autres des terrains d'une nature siliceuse, est maintenant cultivée par un grand nombre de petits propriétaires et de fermiers des environs; car on trouve dans ce pays, à côté de terres d'alluvion d'une haute fertilité, des sables où le froment ordinaire ne pouvait pas être cultivé. L'introduction du froment-seigle a permis d'en tirer un meilleur parti. Ce n'est pas cependant que ces terres légères soient dépourvues de valeur; car une société de spéculateurs de Blois vient d'en acheter, à raison de 3,000 fr. l'un, 30 hectares qu'elle compte revendre en détail.

Au moment de ma visite on était occupé à repiquer des choux cavaliers, que M. Salvat préfère à tous les autres pour la nourriture de ses vaches; cette plantation se faisait sur un champ de vesces d'hiver, dont le fanage avait eu lieu si nouvellement, que la récolte était encore en partie sur le sol. Les ouvriers repiquaient le jeune plant de deux en deux tranches du labour, ce qui donnait entre chaque rangée de choux un intervalle de $0^m.85$; la distance sur la ligne même était de $0^m.75$. Le sol avait été fumé avant le labour.

On repique aussi la betterave, sur les terrains qui ont fourni des fourrages consommés en vert; l'an dernier on a pu récolter 30,000 kilogr. de racines repiquées après une vesce d'hiver, dont le produit, après dessiccation, s'était élevé à 5,000 kilogr. à l'hectare. Il y a quelques années, j'avais remis à MM. Salvat de la graine de betterave dont m'avait fait présent M. Degheldère, excellent cultivateur de Thourout, en Belgique; cette graine provenait d'une hybridation, faite avec intention, de la grande betterave jaune d'Allemagne avec la betterave disette. Le produit de cette graine a été si abondant, que ces messieurs la cultivent maintenant sur une grande échelle.

M. Adolphe Salvat s'étant décidé, l'hiver dernier, à ne conserver désormais dans ses étables que des animaux de pure race durham, il a vendu tous ses produits croisés. Je vais indiquer, d'après un relevé fait sur son livre de vacherie, le prix qu'il a obtenu de quelques-unes de ses bêtes. Vache durham, hors d'âge, 600 fr.; génisse durham de 4 ans, stérile, 635 fr.; taureau durham déjà vieux, 725 fr.; vache durham mancelle, de 5 ans, 400 fr.; vache durham bretonne, de 7 ans, 440 fr.; sept bœufs gras, ensemble 5,820 fr., soit, en moyenne, 831 fr. 50 cent. par tête.

Le troupeau de bêtes à cornes de M. Salvat se compose en ce moment d'un taureau blanc, âgé de deux ans, qui vient d'arriver d'Angleterre, accompagné d'une génisse prête à vêler; ces deux animaux, achetés près de Burton-on-Trent, chez M. Hallen, m'ont paru bien choisis; du reste, ils ont obtenu l'année dernière les deux premières primes décernées par la société agricole du Nord-Staffordshire; c'est dire qu'ils doivent être remarquables. Il possède en outre 8 vaches et une génisse prête à vêler, 9 génisses de un à deux ans, et 4 veaux, dont trois mâles. L'un de ceux-ci, amené avec sa mère au concours d'agriculture au Champ-de-

Mars à Paris, avait trouvé acheteur au prix de 500 fr.; mais M. Salvat, le destinant à la reproduction, n'a pas voulu s'en défaire. La mère a été primée au concours dont nous venons de parler. Nous avons encore trouvé dans la même étable trois jeunes bœufs, également de pur sang durham, dont deux sont destinés au concours de Poissy de cette année (1855); le troisième y figurera l'année prochaine. Un taureau âgé de trois mois, né à Nozien, vient d'être vendu, moyennant 300 fr., au régisseur de la terre de Valençais.

Les bœufs destinés au concours de Poissy sont nourris exclusivement pendant l'été avec des fourrages verts; l'hiver, ils sont soumis au même régime que les vaches. Voici la composition des aliments pendant cette saison : on prend, pour 20 têtes de bétail, 40 kilogr. de paille d'avoine hachée, qu'on arrose avec une certaine quantité d'eau dans laquelle on a fait, au préalable, détremper 30 kilogr. de tourteaux de lin. Outre la part proportionnelle de cette préparation, chaque animal reçoit 20 kilogr. de betteraves et $2^k.50$ de trèfle incarnat sec. Au mois d'octobre qui précède le concours de Poissy, les bœufs destinés à y paraître reçoivent des choux cabus, jusqu'au moment de la récolte du chou quintal; car ce dernier, beaucoup plus productif que ses congénères, est aussi bien plus tardif. On leur donne en outre des pommes de terre avariées, après les avoir soumises à la cuisson, et un kilogr. de tourteau. En décembre, on leur fournit des carottes et des betteraves

à discrétion, et leur consommation ne s'é-
loigne guère de 80 kilogr. par jour. On ajoute
aux tourteaux 1 litre de graine de lin mou-
lue et 1 litre de seigle cuit, dont le mesurage
s'opère avant d'être bouilli. Si, lorsqu'ils sont
arrivés à un embonpoint considérable, l'appétit semble leur faire défaut, on l'excite à
l'aide de la farine d'orge. Une quinzaine de
jours avant de se mettre en route pour
Poissy, on diminue la proportion des racines
et on double la ration de foin, c'est-à-dire
qu'on en donne deux bottes au lieu d'une;
on ajoute à l'alimentation ordinaire de l'a-
voine, pour que les bœufs fondent moins
pendant le trajet. Dorénavant les bœufs destinés à l'exposition, au lieu de rester attachés
jusqu'au dernier moment, comme on l'a fait
jusqu'ici, seront, six mois à l'avance, mis
dans des boxes qui leur permettront un peu
plus de liberté. Quant aux jeunes bœufs, ils
ne quittent l'étable des vaches qu'après le
départ des bœufs de concours.

M. Salvat a fait venir de Nantes la machine à battre de Lotz; le manége de cette
machine est disposé de telle sorte que les
deux chevaux qui la mettent en mouvement
tournent tout autour; elle bat de 30 à 40 hectolitres de froment par jour. Cette machine
est doublement utile dans ce pays, où on cultive beaucoup de chanvre; car on peut l'employer à le broyer, sans avoir besoin de le
faire passer au four.

J'ai passé la journée du 21 chez M. Duquesnoy, à la Quézardière, près de Saint-
Aignan (Loir-et-Cher). Il a cultivé cette an-

née 16 hectares en pommes de terre Schaw et 3 en betteraves, pour alimenter sa distillerie, dont l'établissement remonte à une vingtaine d'années. Bien qu'elle ne produise qu'environ 1 hectolitre d'alcool par jour, les résidus pourront suffire à l'engraissement d'environ 150 vaches et d'une certaine quantité de moutons, destinés à la consommation du pays.

Les récoltes sarclées ont ici une fort belle apparence; les céréales promettent un rendement satisfaisant; mais il ne me paraît pas douteux qu'une partie des froments auraient donné une dizaine d'hectolitres de plus par hectare, s'ils avaient reçu au printemps dernier de 100 à 200 kilogr. de guano du Pérou, au moment du hersage. La dépense de 30 à 60 fr. qu'aurait entraînée cette fumure aurait produit un fort joli bénéfice, quand bien même mon évaluation devrait être diminuée de moitié.

Ce que j'ai le plus admiré à la Quézardière, ce sont une vingtaine de planches, de la contenance approximative d'un are chacune, qui avaient été employées à la culture de 20 variétés de froments anglais. Ces froments rapportés par moi en 1851, lors de mon voyage en Écosse, n'avaient pu être semés chez M. Duquesnoy qu'en 1852. Il les avait fait sarcler avec soin, récolter séparément, et battre aussitôt la récolte, afin d'éviter de les mélanger. Le semis avait été fait en lignes, dans des trous espacés en tous sens de $0^m.20$, à raison de 2 à 3 grains par trou. Voici les noms de ces diverses espèces

de froment : 1. fr. blanc à balles rouges ;
2. fr. Hunter ; 3. fr. de Fentou-Barn ; 4. fr.
de York, rouge, portant des épis à six rangs ;
5. fr. Hopounet ; 6. fr. anglais de M. Massé
de la Guerche ; 7. fr. du Mesnil-Saint-Fir-
min ; 8. fr. à paille rouge ; 9. fr. Essex blanc ;
10. fr. Spalding rouge, très-productif, mais
moins beau que les précédents ; 11. fr. Clo-
ver ; 12. fr. Arnauter ; 13. fr. Mummy ;
14. fr. Brodie ; 15. fr. de M. Constantin ;
16. fr. Westdown. Les six premières espèces
ne versent que très-difficilement ; toutes, ou
presque toutes, avaient des pailles de $1^m.60$
de hauteur, et les épis étaient d'une beauté
remarquable.

En quittant M. Duquesnoy, j'allai chez
mon frère, qui habite les environs, et qui a
également semé les variétés de froment que
je viens d'énumérer, qui sont de même fort
beaux. On récolte les colzas chez lui et chez
un de ses voisins.

On remarque ici sur les épis de froment
des taches jaunes que je n'avais pas encore
aperçues jusqu'ici ; par le temps de maladies
qui règne, on craint que ce n'en soit une
nouvelle, et on s'en effraye. Les seigles portent des épis bien fournis ; mais la paille en
est courte.

Un des fermiers belges de mon frère,
nommé Salmin, nous a fait voir un champ
qui, il y a quelques années, avait été employé à faire une plantation de pins, tant le
sol en était usé et improductif. Mon frère,
trouvant que les pins ne venaient pas d'une
manière satisfaisante, les fit arracher, et con-

fia la culture de cette terre à M. Salmin, qui l'a si bien améliorée, qu'elle porte cette année du froment-seigle qui ne laisse rien à désirer. Les trèfles n'ont pas aussi bien répondu à son attente; aussi l'ai-je engagé à donner une bonne fumure à ses trèfles, lorsqu'ils ne sont pas suffisamment beaux, comme je l'ai vu faire à beaucoup de cultivateurs expérimentés, tant en France qu'en Angleterre. Cette fumure, non-seulement assure une bonne récolte de fourrage, mais encore une bonne récolte de froment. Ce fait s'explique par la quantité de racines que poussent les trèfles vigoureux, qui, se décomposant après le labour de la pièce, forment, pour la récolte suivante, un engrais d'une excellente qualité. Des expériences faites avec soin en Angleterre ont constaté d'abord, qu'un trèfle fauché deux fois produit beaucoup plus de racines que celui qui n'a été fauché qu'une fois et pâturé ensuite; et, en second lieu, que ce dernier a encore l'avantage, sous ce rapport, sur celui qui n'a servi qu'au pâturage.

M. Salmin, le métayer belge dont je viens de parler, possède un taureau de 3/4 sang durham et un bélier de la Charmoise.

Entre Blois et Saint-Aignan, qui sont à une distance de 36 kilomètres, toutes les récoltes ont la plus belle apparence; mais celles qui entourent la Bâsme et le bourg de Contre m'ont paru l'emporter sur les autres.

De Blois, je me suis rendu le 26 à la Maison-Rouge, chez M. Laburte, gendre de M. Malingié; sa ferme, placée sur la rive gauche de la Loire, est à 8 kilomètres de

Blois ; il l'occupe depuis deux ans et demi, et a fait un bail de 18 ans. Elle se compose de 90 hectares, dont 6 en prés. Ce sont en général d'excellentes terres d'alluvion, qu'il loue 60 fr. l'hectare. Il a trouvé une habitation de maître, qu'il a fait approprier à ses besoins ; mais il a dû faire construire des étables et des bergeries considérables, et il a dépensé à ces constructions une somme importante. Heureusement, ces terres sont d'une grande fertilité, d'une culture facile, et les frais d'exploitation seront bien moins élevés que dans la plupart des fermes que j'ai eu l'occasion de visiter.

Toutes les récoltes de M. Laburte sont admirables ; ses luzernières ont une grande étendue. Cette ferme, malgré tous ses avantages, a aussi ses inconvénients : elle est exposée à des inondations. Quelquefois elles ne sont que partielles, et sont alors occasionnées soit par les eaux mêmes du Cosson, petite rivière du voisinage, soit par celles de la Loire, qui remontent, lors des grandes crues, par l'embouchure du Cosson, qui n'est qu'à une faible distance de la Maison-Rouge. En 1846, l'inondation s'est étendue sur toutes les terres de la ferme, qui étaient couvertes d'un mètre d'eau. Les bâtiments eux-mêmes étaient envahis, sauf une petite grange placée sur la levée de la Loire. Mais au moins, dans ce pays, l'inondation n'entraîne pas les ensablements. Les eaux n'ont point de courant rapide, et elles laissent en se retirant un dépôt limoneux qui donne au sol une grande fertilité.

Dans l'origine de son exploitation, M. Laburte avait commencé à se composer un troupeau de brebis croisées avec des béliers de la
Charmoise; les agneaux issus de ce croisement, engraissés jusqu'à l'âge de quatre mois,
se vendaient à Blois de 15 à 16 fr. pour le
marché de la Vallée à Paris; mais ayant pris
en pension des agneaux provenant du troupeau de M. Nouel, son cousin, qui exploite la
ferme de l'Isle, près d'Orléans, et qui espérait ainsi les préserver du sang de rate, maladie dont ses bergeries étaient infectées, les
brebis de M. Laburte furent attaquées de ce
terrible fléau : il se défit de tout son troupeau, et racheta de nouvelles brebis berrichonnes; mais la maladie reparut. Depuis
cette dernière tentative, les bêtes à laine de
la ferme de la Maison-Rouge sont unique-
ment des moutons solognots destinés à l'engraissement.

Les agneaux vendus pour la Vallée avaient
consommé pour 2 fr. 50 cent. de foin et de
drèche par tête.

M. Laburte a suivi le bon exemple donné
par M. Nouel; il engraisse des vaches, et paraît s'en trouver fort bien. Il donne à chacune, en trois repas, 3 décalitres d'un mélange de son et de drèche avec une certaine quantité d'hivernage passé au hache-
paille. Cet engraissement, commencé il y a
six mois, lui a rapporté, jusqu'à présent, plus
de 0^f.50 de bénéfice par tête et par jour,
tous frais déduits, et à part la valeur du fumier, qui doit entrer en ligne decompte.

M. Laburte est autorisé, par une des clauses

de son bail, à labourer ses prairies, mais à la
condition de les rétablir trois ans au moins·
avant la fin de son exploitation. Il a profité de
cette permission, entraîné qu'il était par l'exemple d'un de ses voisins, qui, ayant acheté un
pré attenant au sien moyennant 1,800 fr.
l'hectare et l'ayant labouré, y a obtenu d'abord
deux magnifiques récoltes d'avoine, suivies
immédiatement, sans jachère ni fumure, de
trois froments, dont le dernier, que je viens
de voir encore sur pied, a une apparence remarquable. Du reste, les prés de la ferme de
M. Laburte ne donnaient que des produits
dont l'abondance n'était nullement en rapport avec la richesse du sol qu'ils occupaient.
Parmi les prés défrichés, il s'en trouve un
dont la récolte était si minime qu'on l'avait
planté en peupliers; il était entouré d'un
vaste fossé, dont les larges ados étaient couverts d'épines noires. M. Laburte a fait arracher tout cela, combler les fossés, et ce champ
porte aujourd'hui un superbe froment de
Kent, dont M. Malingié avait, il y a une
quinzaine d'années, rapporté quelques épis.
Ce froment venait de la ferme de M. Richard
Goord, fermier dont on a souvent par erreur
fait sir Richard Goord, ce qui faisait supposer
que c'était un baronet.

Ma journée du lendemain fut consacrée à
visiter la ferme de la Bassecour, qui dépend
du château de la Bellangerie; elle est située à
environ 8 kilomètres de la station du chemin
de fer qui passe à Vouvray et à une distance
à peu près égale de Tours. Cette terre appartient à M. Bordes. M. Hingot, son régisseur,

qui est Belge et qui dirige cette ferme depuis sept ans, voulut bien me montrer sa très-remarquable culture ; elle occupe 72 hectares, dans lesquels il n'y a point de prairie. A en juger par les récoltes d'un autre fermier de la même propriété, dont l'exploitation touche celle que dirige M. Hingot, on pourrait croire que le sol n'est pas naturellement fertile ; cependant les terres de la ferme de Basse-cour sont couvertes de fort belles récoltes.

Les 72 hectares sont partagés en trois soles : La première, après avoir reçu par hectare une fumure de 100 mètres cubes de fumier de bêtes à l'engrais, a été semée en betteraves et en carottes. La seconde sole porte un froment de la plus belle venue ; dès qu'il sera enlevé, on labourera, et on sèmera sur une partie du seigle pour fourrage, une autre partie en trèfle incarnat hâtif et tardif ; le surplus sera emblavé en gesces, que l'on connaît dans le centre de la France sous les noms de *jarousse* et de *pois cornus de la Beauce*. On mêle à ces gesces de l'avoine d'hiver. On fauche ces gesces tant qu'elles sont vertes, pour servir à la nourriture de 100 bœufs à l'engrais, de 6 ou 8 vaches à lait et des chevaux de travail, qui sont au nombre de 7. Lorsque la jarousse est arrivée à maturité, on la fauche pour en faire du fourrage sec. On remplace ces fourrages, à mesure qu'ils sont consommés, par des vesces de printemps mêlées d'avoine, et par du maïs accompagné d'un peu de pois ou vesces. Tous ces semis se font à la volée, sur une fumure de 40 à 50 mètres cubes, et après un labour qui a servi à couvrir cette demi-

fumure; mais la plus grande partie des gesces
est remplacée par une plantation de choux
de Poitou. On obtient ainsi de la troisième
sole deux abondantes récoltes de fourrages
verts.

Outre les fourrages, les bœufs reçoivent,
en été comme en hiver, un double décalitre
de son, dans lequel on mêle de la drèche
lorsqu'on peut s'en procurer. En hiver, on
donne aux bœufs de la paille hachée, à laquelle on ajoute, outre le son, des betteraves
et des carottes coupées par petits morceaux.
Le tout est arrosé d'une eau salée qui contient pour environ 10 centimes de sel par
tête de bétail, et donné après avoir un peu
fermenté. Chaque tête obtient 35 kilos de racines dans ce mélange.

On se sert ici pour litière d'un sable rouge
qui contient 55 pour 100 de calcaire; au moment où on vient de le jeter dans l'étable, on
y passe un râteau, afin de le débarrasser des
pierres, des mottes, en un mot, de tout ce qui
pourrait gêner les bêtes lorsqu'elles se couchent.

A la tête de chacun des bœufs à l'engrais
est attachée à un clou fiché dans le mur une
ardoise à couverture, portant d'un côté la
date et le prix d'achat de l'animal, de l'autre
côté, lorsqu'il est parvenu à un engraissement suffisant, le prix qu'on en veut obtenir.
Les bouchers, après leurs achats, laissent
souvent en pension les animaux qu'ils ne
veulent pas abattre de suite; le prix de
cette pension est, en temps ordinaire, de
1 fr. 20 cent. par jour; il a été élevé depuis

quelque temps à 1 fr. 40 cent., à cause de la
cherté du son.

M. Hingot ne pouvant que difficilement s'ab-
senter, il fait acheter ses bœufs par un com-
missionnaire qui reçoit une prime de 5 fr.
par tête; il en a toujours une centaine à la
crèche, et le nombre de ceux qu'il engraisse
dans le cours d'une année s'élève de 3 à 4
cents.

La charrue Dombasle avec avant-train est
employée dans cette ferme; on y attelle
quatre bœufs, que l'on prend parmi les derniers venus, afin de pouvoir labourer profondément; et, pour ne pas trop les fatiguer, on
ne leur fait faire qu'une attelée par jour.

Le hache-paille, mû par un manége à deux
chevaux, est en activité pendant trois heures
chaque jour; il est desservi par les cinq hommes chargés de soigner les bœufs.

Je me suis rendu le lendemain 28 à Mettray,
chez M. Minangoin, l'habile directeur de la
culture de cette grande colonie d'enfants repris de justice, qui y sont maintenant au nombre de plus de 650. M. Minangoin, malgré une
pluie souvent très-forte, a eu l'extrême complaisance de m'accompagner dans la visite que
j'ai faite d'une bonne partie de son importante
culture. Ses froments sont de toute beauté dans
ses bonnes comme dans ses mauvaises terres.
Il m'a dit que cela était dû à l'emploi du guano,
à raison de 100 à 200 kilos par hectare. On vient
ainsi au secours des froments qui ne sont point
assez beaux au printemps, avant de les sarcler
à la main; cette dernière opération se fait sur
60 hectares de blé.

4

On sème aussi la luzerne et le trèfle avant
ce sarclage, et on pioche à cette époque les
rigoles restées ouvertes entre les planches.
Ces planches ont 4 mètres de largeur. La terre
meuble provenant du piochage est jetée à la
pelle sur les planches, et sert ainsi à rechausser
les plantes de froment qui se trouvent souvent
arrachées en partie par les gelées et dégels
alternatifs du printemps. Cette terre couvre
en même temps les graines de prairies artificielles et le guano. L'assolement adopté par
M. Minangoin commence par une première
sole en betteraves, carottes et féveroles, fumées à raison de 70 mètres cubes par hectare.
On intercale entre les troisièmes lignes de
racines, des choux moelliers ou du maïs pour
graine. La deuxième sole porte du froment
qui reçoit, partout où il n'est pas assez vigoureux au printemps, de 100 à 200 kil. de
guano. Le troisième sole est en trèfle plâtré.
La quatrième sole reçoit du froment traité
comme le précédent. La cinquième sole porte
du colza repiqué, en lignes espacées de $0^m.50$
et distant dans la ligne de $0^m.30$. On arrose
chaque pied, après le sarclage du printemps,
avec un tiers de litre de vidange, ce qui exige
200 hectolitres par hectare. On donne aussi
de la vidange aux choux-vaches intercalés
parmi les racines, et ils ne sont récoltés qu'au
printemps, étant en pleine fleur. La sixième
sole porte un froment qui a reçu 20 mètres
de fumier. La septième sole est encore du
colza avec 200 hectolitres de vidange. Enfin,
la huitième sole est un froment avec guano
partout où cela paraît utile. Il y a deux soles

en luzerne, ou 40 hectares; une dizaine d'hectares de terres formant le fond d'un vallon sont cultivés habituellement en récoltes sarclées hors de l'assolement. Les jardins potagers et vergers de la colonie couvrent une grande étendue; on y cultive, entre autres choses, 2 hectares en garance et autant en artichauts.

M. Minangoin a acheté le second taureau de M. Gustave Salvat; il l'a payé 500 fr. Il a encore deux autres taureaux de la race sans cornes, et un du Cotentin; un tiers de ses vaches sont de la race sans cornes, il compte leur donner le durham. M. Minangoin a beaucoup de ces belles petites vaches bretonnes, noires et blanches, ainsi que des élèves de toutes les races, parmi lesquelles je ne dois pas oublier de mentionner des génisses hollandaises et cotentines. On ne tient que 150 moutons à l'engrais; il y a 14 chevaux de travail, et enfin plus ou moins de bœufs de labour, suivant les exigences des travaux.

M. Minangoin a drainé 5 hectares, et va continuer cette première de toutes les améliorations pour les terres à sous-sol imperméable. Ce drainage, fait à 10 mètres de distance, entre les rigoles et à une profondeur de 1^{m}.25, a coûté environ 200 fr. l'hectare.

Je suis parti le lendemain pour Port-Boulet, station du chemin de fer entre Tours et Saumur, et me suis rendu ensuite, à pied, à la Chapelle-sur-Loire, station que j'avais dépassée sans m'en apercevoir. La route que je suivais, étant placée sur la levée qui longe la Loire, est tellement bordée de magnifiques noyers et autres arbres, qu'on ne voit que fort rarement la campagne, si riche et en même temps très-bien cultivée. Les bonnes terres s'y vendent en détail 6,000 francs, et vont quelquefois jusqu'à 8,000 fr. l'hectare. Les parties qui ont été ensablées par les grandes crues, qui de temps à autre crèvent les levées, valent encore de 15 à 1,800 fr. l'hectare. La boisselée de cette localité, qui est de 5 ares 5 centiares, se loue en moyenne 15 fr.; il y en a qui sont louées 18 et même 20 fr. : ce sont donc des loyers de 306 fr. 50 c., 357 fr. et jusqu'à 396 fr. l'hectare; mais il y a des défrichements de ces excellents prés en terres d'alluvion qui sont loués jusqu'à 600 fr., m'a-t-il été assuré par diverses personnes séparément. La partie de cette commune nommée les Trois-Vollets paraît être la mieux cultivée, et la commune de Restigny, qui est à une lieue de la Chappelle, est presque complétement transformée en jardins. On m'a dit qu'une boisselée donnait en moyenne pour 55 fr. de chanvre bon à filer, et 30 fr. à prendre sur pied.

Une boisselée de froment donne en moyenne 150 litres, et arrive à produire jusqu'à 2 hectolitres; ce qui porte le produit d'un hectare à 27 ou 36 hectolitres. Il n'y a guère qu'une trentaine d'années qu'on a commencé à cultiver le chanvre sur les bords de la Loire; cette plante a, dit-on, fait la fortune des trois quarts des petits cultivateurs de ce pays, qui, pour la plupart, ne cultivent qu'un hectare par personne adulte composant le ménage; toute culture s'exécutant à la bèche, on n'y a d'autres bêtes d'attelage que des vaches, qui ne servent qu'au transport des fumiers et des récoltes; on se sert aussi d'ânes pour les mêmes ouvrages.

Je me suis rendu dans la commune de Beaulieu, dont une partie avait été ensablée en 1690 par une brèche qui se forma dans la digue ou levée, au point de recouvrir d'excellentes terres d'une épaisseur de $0^m.66$ à 1 mètre de sable de rivière ; on a cherché à l'utiliser depuis lors en y plantant des vignes. Elles ne produisent depuis longtemps que fort peu. A l'époque où l'on a construit le chemin de fer qui traverse la commune, la Compagnie ayant besoin de sable, acheta, à raison de 250 fr. par 5 ares 5 centiares, le droit d'enlever tout le sable qui recouvrait ce terrain. Quand le chemin de fer eut enlevé le sable, les cultivateurs s'aperçurent qu'il y avait une excellente terre sous le sable, et comme elle était très-compacte, ils la béchèrent en y mêlant une certaine quantité de sable; depuis lors beaucoup de petits et quelques riches propriétaires se sont mis à l'enlever ou à le faire enlever, pour rentrer en jouissance de cette excellente couche de terre restée si longtemps enfouie. Voici comme l'on s'y prend pour opérer cette immense amélioration, qui demande une énorme avance pour ceux qui la font exécuter à la tâche ; car on paye par boisselée de $5^a.05$ jusqu'à 150 fr., ce qui porte la dépense faite pour 1 hectare à près de 3,000 fr. On commence par enlever le sable, qui a 60 à 80 centimètres d'épaisseur, et on le dépose sur une des extrémités de la tranchée, laquelle a environ 1 mètre et demi de

4.

largeur; on sort et l'on dépose sur le côté
extérieur de la tranchée la bonne terre, ordinairement d'une nature assez compacte, elle
a jusqu'à 1 mètre et plus d'épaisseur; on jette
ensuite au fond de celle-ci le sable qu'on re-
tire d'une nouvelle tranchée, bordant la première; on enlève la bonne terre du fond de
la seconde tranchée, et on la dépose sur le
sable enfoui, dont on a réservé environ 0^m.30
d'épaisseur pour le mélanger à la surface de la
bonne terre, afin de la rendre plus maniable;
on continue ainsi jusqu'à la fin du champ.
Arrivé là, on est obligé de ramener d'abord le
sable extrait de la première tranchée et ensuite la bonne terre, afin de remplir la dernière tranchée restée ouverte, dont le déblai
a servi à remplir l'avant-dernière tranchée. Le
résultat de ce travail gigantesque, qui est revenu à mille écus peut-être, est qu'on récoltera, pendant plusieurs années consécutives,
chanvre, froment, sans aucun engrais, et que
la valeur de la terre ensablée, qui a beaucoup
augmenté depuis qu'on a découvert le trésor
qu'elle contient, valeur qui se monte de 15
à 1,800 fr., se trouve quadruple, si on veut
la vendre.

On m'a dit que même des petits fermiers
font, à temps perdu, cette opération sur des
terres louées, si leur propriétaire consent à
leur donner, pour les y encourager, une pro-
longation de bail suffisante.

Pendant que je causais avec des ouvriers qui
ont entrepris pour un propriétaire, à raison de
près de 3,000 fr. l'hectare, un travail si coûteux
mais si profitable, quelques ouvriers ou cul-

tivateurs passant par là, s'arrêtèrent et en-
trèrent en conversation avec nous ; l'un deux,
qui était pieds nus et qui portait sa marre sur
l'épaule, venant de travailler dans un de ses
champs, me dit, entre autres choses, que s'é-
tant marié sans avoir la moindre épargne de
son côté ni de celui de sa femme, il était parvenu, à l'âge de 54 ans, à force de travail et
d'économie, à posséder deux petites maisons
et des terres, le tout pouvant valoir au moins
12,000 fr.; sa culture qui se fait tout à bras,
s'étend sur une cinquantaine de boisselées de
5ª.05 ; elles ont été couvertes cette année, savoir : 17 boisselées en froment, 7 en chanvre,
12 en pommes de terre, betteraves, citrouilles,
haricots et pois, enfin en maïs, dont une
partie pour fourrage ; 7 en trèfle et autant en
orge; il a deux vaches.

Un autre de mes interlocuteurs me dit
qu'il était arrivé à peu près au double de cette
petite fortune si bien acquise, après s'être
marié avec la servante de la maison dans laquelle il était domestique et n'ayant à eux
deux que leur habillement et un lit ; mais il
avait été chargé, par un marchand de chanvre, de la garde de son magasin en hiver, ce
qui n'empêchait pas ses travaux de culture.

Ces braves gens me dirent que le chanvre avait augmenté de 12 fr. les 100 kil. depuis la guerre, et qu'il valait maintenant
100 francs.

Pendant cette course, j'ai vu des champs
couverts de froments très-épais et ayant de
longs épis, et de superbes chanvres de plus de
2 mètres de hauteur, qui étaient venus sur

ces terres ramenées du sous-sol. Il y avait,
dans les parties ensablées, des vignes en lignes
séparées par des planches couvertes de sarrasin, orge ou récolte sarclées.

Je me rendis le soir à Saumur, et de là, le
lendemain matin, à la maison centrale de
Fontevrault; car j'avais appris que M. Eugène
Marquet, frère du directeur de l'établissement, était un excellent cultivateur qui, depuis douze ans, cultivait une ferme du nom
de Mestre, située à 4 kilomètres des bords de
la Loire, avec un remarquable succès, en
employant des jeunes garçons détenus dans
cette maison, laquelle en contient environ
600, et dont le personnel se monte à plus de
2,000 individus. On m'a dit à cet endroit
que je trouverais M. le directeur de la culture
dans une des trois fermes, dont les noms sont
Boulard, Chanteloup et Belair. Je le trouvai
dans la première, qui est la plus considérable
en bâtiments; ils ont été construits par une
société qui s'est formée à Angers, pour faire
l'acquisition d'une partie de la forêt de Fontevrault, lorsque le Gouvernement l'a mise en
vente avec permission de défrichement. Cette
société ayant défriché la plus grande partie
des 400 hectares qu'elle a achetés, y a construit ces trois fermes et quelques locatures,
espérant trouver à les vendre avec avantage
ou du moins à les bien louer; mais n'ayant
pas réussi dans cette entreprise, elle vient de
louer, il y a un an, le tout à la maison centrale de Fontevrault, à raison de 6,000 fr.
pour dix-huit ans.

M. Ernest Marquet a bien voulu me faire

parcourir cette grande propriété, qui est encore en grande partie un désert. Les terres seraient naturellement assez bonnes, si elles n'avaient pas l'immense inconvénient de se trouver en grande partie pavées de roches très-dures qu'il faut absolument extraire pour pouvoir tirer un bon parti du terrain ; mais elles sont trop volumineuses pour pouvoir être transportées à bras, même par huit hommes, et si rapprochées dans le sol qu'on ne trouve pas assez de place pour les enterrer dans le sous-sol, de manière à ne plus empêcher les labours. M. Marquet commence ses défrichements par un labour à la bêche, de la profondeur de $0^{m}.40$; on découvre alors les roches qui pourraient par la suite gêner la charrue, et on les mine pour les faire sauter par la poudre : sur 1 hectare, à la vérité le plus garni de roches qu'on ait encore trouvé, il a fallu faire plus de 120 trous de mine dans la pierre, tellement dure que deux hommes ne peuvent faire dans une journée que quatre trous. Quand les roches sont réduites en fragments, que des hommes très-forts peuvent transporter sur des civières, on les met en grands tas, à côté desquels on construit un hangar qui peut se démonter et être reporté ailleurs, lorsque cela est utile. Cet abri long et étroit sert, lorsqu'il pleut trop fort pour pouvoir travailler dehors, à placer les ouvriers sur un rang ; ils ont les pierres à portée, et il les réduisent à coups de marteau en morceaux, qui sont vendus d'avance pour l'entretien des routes.

M. Marquet m'a conduit à sa ferme la plus

éloignée, dont le nom est Belair ; elle est située sur une hauteur ; on y loge 50 hommes
de la Maison centrale, dont le temps de réclu-
sion est près d'expirer, et 50 autres hommes
de la même catégorie, faute de logement suffisant, couchent à la Maison centrale, et
viennent tous les matins à Belair, quoique
cette ferme soit éloignée de 6 kilomètres de
Fontevrault. Depuis quinze ou seize mois que
ces hommes sont employés à la culture de
cette ferme, où ils sont en liberté, un seul a
cherché à s'évader, et il a été repris le lendemain. Ces gens sont commandés par trois anciens sous-officiers. J'ai vu avec satisfaction
de fort belles récoltes de colzas et froments,
principalement sur des bruyères nouvellement
défrichées ; celles qui avoisinent ces champs
annoncent la bonne qualité de la terre par la
hauteur et la vigueur, ainsi que par l'épaisseur des bruyères et des ajoncs. Partout où
ces plantes manquent, on voit des herbes
abondantes couvrir le sol. Il n'en est pas de
même sur les pentes des coteaux de ce pays
très-accidenté que sur les plateaux, les terres
y sont plus légères et quelquefois très-peu
fertiles.

A la ferme de Belair, toute la culture se fait à
la bêche et par défoncement, lorsqu'on cultive
pour la première fois. Ces terres sont si bien
arrangées sous l'habile direction de M. Ernest
Marquet, qu'elles deviendront en grande partie
très-productives ; il serait donc bien à regretter,
que la guerre actuelle empêchât le Gouvernement de profiter du droit qu'il s'est réservé en
louant, d'acquérir, à un prix fixé d'avance,

cette propriété dans le cours des trois premières années du bail, car à la fin des dix-
huit années, elle aura triplé ou quadruplé de
valeur par les travaux remarquables qui s'y
exécutent, ceux de défoncement entre autres,
qui seraient trop dispendieux si l'on ne dis-
posait pas, comme ici, d'une main-d'œuvre
surabondante.

M. E. Marquet est un ancien élève de
M. Bazin, du Ménil-Saint-Firmin. Il fait
assurément honneur à l'école d'agriculture
dont il est sorti.

L'assolement qu'il compte suivre sur ses
trois nouvelles fermes est le suivant : 1re sole,
récoltes sarclées, fumées à raison de 80 mètres
cubes de fumier ; 2e, froment, car il est dé-
fendu d'employer du seigle dans le pain de la
maison centrale ; 3e, trèfle ; 4e, froment ;
5e, colza fumé ; 6e, froment.

A Belair, on ne tient que du jeune bétail
mâle, qui y est envoyé des autres fermes dès
que les veaux ont été bien sevrés. Les vaches
placées dans les deux autres fermes, sont de
l'espèce principalement connue sous le nom de
race de Cholet ; on leur donne un taureau durham, qui a été acheté par le comice agricole
de Saumur. Celui-ci l'a prêté à M. Marquet,
après avoir vu que les cultivateurs des environs de cette ville ne voulaient pas l'employer.

M. Marquet a reçu de la ferme de la maison
centrale de Gaillon deux jeunes taureaux fla-
mands et deux hollandais ; il compte garder
le plus beau de chaque espèce ; il a aussi un
taureau et quelques vaches sans cornes, ainsi
que des vaches normandes. Cette vacherie,

bien soignée et possédant 4 taureaux de diverses bonnes races, et aussi plusieurs espèces
de vaches, pourra servir de vacherie expéri-
mentale. Dans les autres fermes on laboure
les terres, mais on défonce à la bèche celles
qui contiennent de grosses pierres. On a défriché ainsi une vingtaine d'hectares, en les
défonçant à 0^m.40, à bras, dans le courant de
la première année ; mais on défriche les
bruyères, dont le fond ne contient point de
grosses pierres, avec la charrue n° 2 de la
collection des charrues, de la manufacture
d'instruments aratoires de M. Bourdin, à la
ferme-école près de Rennes ; on n'y met que
quatre fortes bêtes, chevaux ou bœufs, et on
emploie le n° 4 pour les labours ordinaires,
avec deux bêtes. M. Marquet ne disposant
pas d'un capital suffisant pour monter comme
il le désirerait les cheptels de ses fermes récemment louées, élève tous les veaux bien
conformés, mâles ou femelles, afin de peupler
le plus tôt possible ses étables. Il n'a pu encore se procurer de troupeau de bêtes à laine ;
mais il compte acheter des brebis habituées
aux pâturages de bruyères ; il leur donnera
des béliers southdown ; il essayera comparativement des béliers charmoises. J'ai remarqué
dans ces trois fermes des champs considérables de betteraves, carottes, pommes de terre,
choux, rutabagas, navets et féveroles, le tout
semé en lignes, quoiqu'on n'ait pas encore de
semoir, et fort bien sarclé. Il a 14 bons et
fort beaux chevaux bretons, payés, il y a deux
ans, de 4 à 500 fr. J'ai oublié le nombre des
bœufs de trait.

M. Eugène Marquet emploie dans les fermes de Boulard, Chanteloup, et dans son ancienne culture de Mestré, 200 garçons, choisis dans les 600 de la Maison centrale, dans laquelle il se trouve même des enfants de l'âge de cinq ou six ans. On tient toute cette malheureuse jeunesse bien séparée des adultes. M. Marquet dit qu'il obtient de son personnel presque autant d'ouvrage que de journaliers, et ajoute que les uns et les autres ont besoin d'être surveillés de près ; aussi leur donne-t-il le plus possible des tâches, et il s'en trouve très-bien. Il a commencé à cultiver la ferme de Mestré, il y a douze ans révolus, et il vient d'en renouveler le bail pour un terme pareil, à raison de 100 fr. l'hectare ; il y en a 60. Elle paye donc autant de loyer que les 400 hectares des trois nouvelles fermes ; cependant elle n'était guère en meilleur état lorsqu'il l'a prise, du moins il s'y trouvait plus de moitié d'étendue en bruyères farcies de grosses pierres ; il les a toutes défrichées par défoncement, excepté environ 1 hectare, qu'il est en train d'améliorer. Celui-ci m'a donné le moyen de juger des difficultés vaincues. Cette ferme contient 30 hectares de bonnes luzernières, en partie récemment semées, afin de venir en aide aux autres fermes qui ne contiennent point de prés.

J'ai vu sur le reste des terres de cette ferme une bonne vigne, dont M. Marquet m'a fait goûter les produits en vins rouge et blanc ; ils m'ont paru fort bons ; de superbes froments, des prés irrigués, et enfin des jardins maraîchers fort considérables, qui fournissent tous

5

les légumes consommés par la maison centrale.

La culture maraîchère, qui est dirigée par
un bon jardinier, emploie une cinquantaine
de garçons, dont on forme des jardiniers lé-
gumiers.

Il y a sur les lieux un moulin, qui n'est
occupé que de la fourniture des farines consommées dans la maison centrale. M. Marquet
a trouvé près de cette ferme de belles caves
creusées dans le tuf calcaire ; il les a depuis
singulièrement augmentées avec les enfants, lorsqu'ils ne pouvaient travailler dans
les champs. Elles servent principalement à la
conservation des légumes et des racines pour
le bétail. Les débris de tuf ont été employés
en guise de marne avec de bons résultats,
quoique contenant beaucoup de sable.

M. Marquet m'a dit que, après une expérience de plus de douze ans, il était convaincu
que le travail des champs est un grand moyen
de moralisation.

Je n'avais jamais entendu parler des excellents et très-remarquables travaux d'amélioration agricole exécutés depuis si longtemps
par M. Eugène Marquet; je ne comprends pas
comment une culture aussi bien conduite n'a
pas encore été décrite, ou du moins citée par
nos journaux d'agriculture.

Étant arrivé le 2 juillet à Angers, je fis
aussitôt une visite à M. André Leroy, qui est,
je crois, le plus grand pépiniériste d'Europe,
car il a autour de la ville une centaine d'hectares en pépinières, et il a acheté, il n'y a pas
longtemps, 40 autres hectares de terres calcai-

res à quelques lieues d'ici, afin de pouvoir disposer d'une espèce de sol qui conviendrait
mieux que celui qu'il avait déjà, pour différentes espèces d'arbres et arbustes qui ne se plai-
sent pas assez chez lui.

Sés terres, qui avoisinent immédiatement
Angers, ont une grande valeur, d'abord
comme jardins et pépinières, mais aussi
comme terrains à constructions, car la ville
s'étend du côté de la station du chemin de
fer. M. Leroy fait un immense commerce
avec bien des pays, et principalement avec
l'Amérique du Nord : il y envoie chaque
année des millions de jeunes cognassiers
âgés de deux ans, et venus de boutures qui
ont été repiquées; les boutures ont d'abord
passé une année en lignes séparées par 33 centimètres, si serrées dans les lignes qu'elles
se touchaient presque. Il exporte autant de
jeunes poiriers venus de pepins de poires à
cidre, qu'il fait venir de Normandie, et dont
il paye chaque année une centaine de kilogr.
de 7 à 8 fr. le kilogramme; il y expédie même
de jeunes arbres dont il tire la graine d'Amérique. M. Leroy m'a dit avoir des échantillons
d'environ 700 variétés de poiriers, dont il n'en
trouve que 100 qui soient bonnes, et dont il
n'en conseillerait même que le tiers à une personne qui le consulterait sur la plantation
d'un jardin accompagné d'un verger. Il m'a
fait remarquer des pêchers et abricotiers auxquels on avait retranché, par un simple trait
de scie, des branches grosses comme le bras, il
y a trois et quatre ans, et qui, loin d'avoir
souffert de la gomme, avaient poussé des

branches très-vigoureuses, couvertes de beaux fruits. Cela tient à ce que cette opération doit seulement être faite dans les mois de juin et de juillet, pour tout arbre portant des fruits à noyaux. Il m'a dit que la prune anglaise, dont le nom est *cohé*, donne des pruneaux plus gros et meilleurs même que ceux d'Agen, et qu'il en avait déjà beaucoup répandu l'espèce sur les bords de la Loire, pour y remplacer la sainte-catberine, dont les pruneaux ne sont plus si estimés qu'ils l'étaient avant que ceux d'Agen fussent connus.

M. Leroy m'a dit que la meilleure espèce de noyers est celle de saint-jean : comme elle ne feuille et ne fleurit que fort tard, elle n'est pas sujette à être gelée, et son fruit est plein. Il estime aussi le noyer *fertile*, qui croît très-vite et porte des fruits quelquefois deux années après la plantation de la noix. Lui ayant demandé quel était le meilleur marronnier, il répondit que celui de Lyon était le plus connu ; que le marron franc du Limousin le vaut, et qu'il a, de plus, le mérite de se reproduire par le semis, sans avoir besoin d'être greffé. Ayant remarqué des quenouilles dont les branches n'avaient guère plus de $0^{m}.20$ de longueur sur une tige élancée, j'appris que les espèces peu vigoureuses gagnent à être taillées très-court, ce qui les amène à fruit. Cette taille est connue sous le nom de fuseau ou colonne.

J'ai vu une collection considérable de groseilliers dont les meilleurs sont : le fertile, celui de Verrière à fruits blancs ; vient ensuite la groseille-cerise. J'ai trouvé ici bien des co-

nifères que je ne connaissais pas; j'ai seulement pris les noms de ceux qui sont, suivant
M. Leroy, bons pour les forêts : *Abies Pin-
drous, idem Morenda, idem Douglasis, idem
Cephalonica, idem cephallotaxus Fortuney,
Cupressus corcorus, Libo cedrus, pinus Mon-
tezuma*; un joli arbuste à fleurs, l'indigotier,
qui a un charmant feuillage et des fleurs roses.
J'ai beaucoup admiré plusieurs variétés de
clématites, et particulièrement celles de Chine
et du Népaul, qui ont de très-grandes fleurs.
Les ronces à fleurs doubles roses et blanches
méritent d'être cultivées plus qu'elles ne le
sont. J'ai trouvé ici les deux ajoncs sans épines, de France et d'Irlande; ils piquent cependant tous deux un peu; ils viennent facilement de boutures, lorsqu'on les a faites à la fin
d'août ou au commencement de septembre;
et comme cette plante peut donner de bons
produits comme fourrage vert d'hiver pendant vingt ou trente ans, si on la sarcle et
qu'on en éloigne la dent du bétail, on ne doit
pas reculer devant ces soins d'une plantation
qui, pendant un temps si prolongé, fournit,
dans un très-bon sol tous les ans, et sur terre
maigre tous les deux ans, une énorme provision du meilleur fourrage vert d'hiver qu'on
puisse désirer ; il convient on ne peut plus
aux chevaux, aux bêtes à cornes et aux bêtes
ovines. Les vaches produisent beaucoup d'excellent lait lorsqu'on leur alloue au moins
moitié de leur ration en ajoncs.

Il se trouve aussi à Angers un jardinier
fleuriste fort distingué ; son nom est M. Rous-
seau.

M. Leroy a eu l'obligeance de me faire
faire la connaissance de M. Boutton-Lévèque,
qui nous a mené le lendemain matin dans
une terre d'environ 200 hectares, qu'il possède sur les bords de la Loire, près du Pont-
de-Cé. Il est grand amateur de chevaux.

Il élève depuis longtemps des chevaux de
course, et vient encore de remporter le derby
de l'Ouest, qui lui a valu 9,400 fr. Il possède
2 étalons, 9 poulinières, et je ne sais combien
d'élèves de pur sang. M. Boutton-Lévèque
croisait depuis plusieurs années de belles vaches, dont 2 hollandaises, avec 1 taureau
durham : il en est résulté 7 fort belles vaches
croisées, dont une tient aussi du sang ayrshire ;
les 2 vaches hollandaises existent encore, et
on vient d'ajouter à ce bon fonds, 8 vaches
durham venues l'hiver dernier d'Angleterre,
dont les 2 plus belles ont été achetées chez
M. Stratford ; on m'a dit que ces 8 bêtes
avaient coûté 22,000 francs. Ces vaches lui ont
produit 6 veaux mâles et 2 femelles, qui ont
maintenant de cinq à huit mois et qui sont
fort beaux. M. Boutton-Lévèque a un taureau durham, blanc, qui n'est pas remarquable, et ne se trouve pas sur le *Herd-Boock*
français ; aussi va-t-il le remplacer par un taureau qu'il compte prendre dans les étables
d'un éleveur très-renommé, M. Townley, de
Townley-Hall, près de Burnley Yorkshire ;
il vendra ensuite ses six jeunes taureaux à
l'enchère, mais il est bien à regretter que ses
8 vaches durham n'aient pas été couvertes
cette fois par un taureau porté sur le *Herd-
Boock* français. Il a aussi des vaches d'Ayrs-

hire dans une autre ferme, qui reçoivent de
même le taureau durham ; j'ai vu encore dans
ce lieu des cochons new-leicester. M. Boutton-
Lévèque cultive une autre ferme située hors
du val de Loire et y fait du colza ; il m'a dit
que le produit moyen des terres du val en
froment était de 30 hectolitres, mais qu'il
comptait que cette année il approcherait de 36
ou 38 hectolitres. La culture des environs est
chanvre et froment, sauf quelques exceptions,
ou des prés situés trop bas pour être cultivés.
Le produit moyen du chanvre est de 150 bottes une fois broyé, mais il monte quelquefois
jusqu'à 200 et même 225 bottes, dont le prix
habituel est de 4 fr. 50 c. la botte ; maintenant il est de 6 fr. Le loyer est, dans ces environs, de 225 à 270 fr. l'hect.; mais M. Boutton-Lévèque ne loue ses terres que 180 fr.
Il m'a dit que le village de Saint-Laud, dont le
froment est réputé et se répand au loin, vendait chaque année pour plus de 50,000 fr.
d'artichauts, de l'espèce dite le *camus*, qui
devient bien plus gros que celui des environs
de Paris.

M. Boutton-Lévèque se sert dans sa laiterie, depuis plus de dix ans, de vases en zinc qui
contiennent chacun 20 litres de lait ; ils sont
plats et de la forme d'un carré long ; le fond
est percé et garni en dessous d'un petit robinet
en étain, par lequel on laisse écouler tout le lait,
lorsqu'on veut réunir la crème qui reste dans
le vase ; ceux-ci sont posés sur des cadres qui
en contiennent plusieurs. Ces vases de zinc
sont d'un emploi général dans ce pays, où
tous ceux qui s'en servent depuis longtemps

vous disent, qu'ils ne se sont jamais aperçus que le lait qui en sortait produisit le
moindre mal aux personnes ou aux veaux qui
l'avaient consommé. Leur mérite est de se
nettoyer facilement, de ne prendre aucun mauvais goût et de ne pas se casser. Beaucoup
de ferblantiers en exposent à leurs portes pour
les vendre. Ceux qui m'ont paru le mieux
faits de tous ceux que j'ai vus et examinés
dans ce pays, sont fabriqués par le sieur La-
vigne fils, ferblantier, 34, rue Beaudrière, à
Angers; j'en ai mesuré un, qui avait 0.55 de
longueur sur 0.40 de largeur; il coûtait 6 fr.
sans le cadre, bien entendu.

J'ai visité le 3 juillet la ferme du vieux
château du Plessis-Massé, près du bourg de
Mabrole, à 12 kilomètres d'Angers. Cette
ferme est placée dans les ruines d'un château
fort qui a dû être très-beau. M. Bourbon,
qui en est le fermier, y a mis un métayer;
M. Bourbon m'a paru assez instruit pour un
cultivateur campagnard, car il m'a parlé drainage et guano; il prétendait cependant, en me
faisant voir les étables de son métayer, qui
ne cultive que 40 hectares de terres labourables, non compris ses prés et pâturages, dont
on a évité de me faire connaître l'étendue,
que ce métayer avait besoin pour cette culture de 12 très-grands bœufs, de 6 autres
qu'on dressait et de 6 jeunes, âgés de dix-
huit mois, et qu'il ne pourrait pas en avoir
moins. Lui ayant demandé combien on en en-
graissait chaque année, il m'a répondu qu'on
vendait les vieux maigres; avec ce nombreux
attelage, il n'a qu'une douzaine de vaches

qui pâturent dans le jour et rentrent la nuit à l'étable; les bœufs couchent dans les pâtures, et restent à l'étable pendant le jour lorsqu'ils ne travaillent pas.

Je me suis rendu le 4 juillet chez M. le comte de Falloux, au bourg d'Iré. Il achève un superbe château sur une terre d'environ 250 hectares. Il cultive une ferme qui contient 24 hectares de terres et 30 de prés, dont une partie, de formation récente, doit servir de pelouse devant le château. La ferme, qui vient aussi d'être construite, est très-vaste et commode. Le régisseur, M. Lemanceau, élève de la ferme-école du Camp, département de la Mayenne, dont le directeur est M. Chrétien, m'a paru fort capable et désireux de s'instruire davantage; il est très-bien logé dans la maison de ferme. M. de Falloux m'a fait visiter la ferme et la vacherie. Elle contient 10 fort belles vaches durham, 2 taureaux, 3 génisses et 1 veau mâle, aussi de pure race ; et renferme aussi 6 fort belles vaches croisées durham, dont il a l'intention de se défaire, afin de n'avoir plus que des bêtes durham de pure race, à part les bœufs de trait. J'ai vu encore 5 bœufs croisés, qu'il prépare pour le prochain Concours de Poissy, et 8 autres plus jeunes destinés à celui de 1856. Toutes les bêtes durham sont grasses, quoiqu'elles ne reçoivent que du fourrage vert en été ; en hiver on leur donne du foin et des racines. M. de Falloux ne compte garder pour sa culture que quatre vigoureux chevaux, qui traîneront chacun leur tombereau ou charrette, comme c'est d'usage dans toute l'Écosse et dans une partie de

5.

l'Angleterre. De cette manière les paresseux
ne peuvent pas se reposer aux dépens de leurs
camarades. M. de Falloux nourrit 70 têtes
de gros bétail sur une étendue de 54 hectares,
dont plus de moitié est en prés ; ce qui ne l'empêche pas d'acheter du guano, tant pour sa
culture que pour celle de ses cinq métairies.
Elles étaient louées 4,000 fr. ; il les a mises à
moitié, afin de pouvoir en améliorer la culture, et par suite les produits, car il fournit
à ses métayers tout le guano dont ils peuvent
avoir besoin pour obtenir de bonnes récoltes,
et ces braves gens ne demandent pas mieux
que de rembourser la moitié du prix qu'il a
coûté sur le produit des récoltes qui viennent
à sa suite, ou dont il a augmenté la valeur.
M. de Falloux père avait déjà employé le
guano avec un tel succès, que les cultivateurs
du pays n'ont pas eu de peine à en adopter
l'usage.

J'ai visité la culture avec M. Lemanceau,
qui m'a dit qu'il s'était fait une loi de ne
jamais fumer un hectare à moins de 60 mètres cubes pour les récoltes sarclées; la seconde sole, qui est en froment, reçoit de 80 à
100 hectolitres de chaux par hectare, si elle
n'avait pas déjà été chaulée précédemment;
dans le cas contraire, on n'en met que moitié.
La 3e sole, vesces mêlées d'avoine d'hiver, reçoit demi-fumure, soit en fumier, soit en guano;
celle-ci serait de 2 ou 300 kil., suivant l'état
de la terre. On applique à cette sole, aussitôt
que le fourrage s'enlève, une seconde demi-
fumure de fumier et encore 200 kil. de guano;
on laboure en petites planches formées de

deux tours de charrue, sur lesquelles on plante des choux branchus, ou bien des choux moelliers. La 4ᵉ sole est semée en orge, qui reçoit un amendement composé de 40 hecto- iltres de chaux, 30 hectolitres de cendres les- sivées, mêlées avec deux fois leur volume de terre provenant des curures de fossé, ou bien des tournailles des champs. On chaule forte- ment dans les sols schisteux ; on sème dans cette culture, ainsi que dans les métairies, un fourrage mélangé composé de maïs, pois, sarrasin, colza et navets ; ceux-ci sont arra- chés en automne. On tient des truies new- leicester, dont les petits, âgés de six semaines, sont vendus 50 fr. la pièce. J'ai vu des topi- nambours, des pommes de terre, des bette- raves et des rutabagas bien sarclés.

On m'a dit que le loyer des terres, dans les environs de Segré, s'élevait de 40 à 50 fr. l'hectare en fermes, dont l'étendue est com- munément de 25 à 30 hectares. M. Leman- ceau a dit à ses fermiers, lorsqu'il devint ré- gisseur de cette terre, que les champs semés en genêts pour pâturage et repos, ne prou- vaient qu'une chose, c'est que leur loyer était trop peu élevé ; cela a suffi pour faire chan- ger cet assolement, vicieux dans des fermes aussi peu étendues. On a semé alors beau- coup plus de prairies artificielles, et mainte- nant qu'elles sont devenues des métairies, on cultive, dans chacune d'elles, de 3 à 4 hec- tares de racines ou choux, c'est-à-dire la sixième partie des terres, en n'y comprenant pas les prés. M. Lemanceau a des appointe- ments fixes, et reçoit de plus 10 pour 100 du bénéfice net que produit la terre en sus de l'ancien loyer. Cet encouragement rapportera bien plus au propriétaire qu'il ne lui aura coûté. Tous les propriétaires qui cultivent auraient beaucoup à gagner à suivre ce bon exemple.

En me rendant chez M. Gernigon, qui demeure à 3 kilomètres de Château-Gontier, j'ai vu beaucoup de champs de choux-vaches, et quelques fermiers qui en plantaient, le faisaient, à peu de chose près, à la manière du Northumberland : ils ouvraient des raies de charrue distantes de $0^m.60$, mettaient le fumier dans les raies, et le recouvraient en faisant deux tours de charrue ; ou bien ils n'en faisaient qu'un, et refendaient la terre qui restait entre les billons avec un araire à double versoir ; ce qui complétait la planche au milieu de laquelle ils plantent les choux.

Je suis arrivé le 5 juillet chez M. Gernigon, notaire retiré, quoique jeune encore ; il s'occupe depuis quelques années de l'amélioration de ses propriétés, avec le plus grand sucès ; c'est encore de mes bonnes connaissances faites au Congrès d'agriculture, réunion annuelle des agriculteurs de toutes les parties de la France. Cette institution, qui contribuait tant à répandre les connaissances agricoles, est regrettée par tous les propriétaires, cultivateurs et fermiers intelligents, qui y ont assisté.

M. Gernigon ne cultive par lui-même que 24 hectares, situés autour de sa maison de campagne, nommée la Feuillée ; ce terrain est partagé, comme il est d'usage dans ces environs, en petits enclos entourés de haies

garnies de têtards et de futaies ; un certain
nombre de ces enclos sont garnis d'arbres
fruitiers, et M. Gernigon, qui n'a, dans ce
moment, qu'environ 7 hectares en herbages,
compte transformer, petit à petit, la plus
grande partie de ses terres labourables en
pâtures fauchables ; car élevant, depuis une
dizaine d'années, des durham qui lui ont fait
remporter déjà beaucoup de prix, il veut autant que possible les traiter comme on le fait
dans leur patrie ; il ne cultivera alors plus
que des racines et des prairies artificielles, qui,
étant fumées à outrance, donneront une am-
ple nourriture pendant la mauvaise saison. Ses
vesces mélangées d'avoine d'hiver sont extrêmement épaisses, et ont plus de 2 mètres de
hauteur. Il avait 9 vaches et 2 taureaux durham, dont la souche a été achetée au haras
du Pin, et il vient d'importer d'Angleterre 4 superbes vaches, choisies chez deux des meilleurs éleveurs anglais : 2 ont été prises chez
M. Townley, de Townley-Hall, près de
Burnley - Yorkshire ; et les 2 autres chez
M. Stratton, à Salthorp-Swindon. Ces bêtes
ont été achetées par la même personne qui a
envoyé celles de M. Boutton-Lévèque, M. Ro-
biou de la Tréhonnais, Français, fixé depuis
seize ans en Angleterre, qui fournit des articles au *Journal d'Agriculture pratique,* lesquels sont des plus intéressants.

Chacun de ces couples de vaches admirables a donné à M. Gernigon un veau mâle et
une femelle qu'il compte conserver, afin de
n'être pas forcé d'allier ensemble les bêtes
d'une même famille. Il existe ici, outre ces

bêtes, plusieurs grandes et belles génisses ; je ne me souviens pas du nombre des veaux ; 5 bœufs durham ou croisés, qui sont à l'engrais, et dont un sera choisi pour le Concours de Poissy. Les deux taureaux durham ont servi un si grand nombre de vaches l'an dernier, que les 6 fr. 25 payés par les habitants du canton, et les 10 fr. 25 payés par les autres personnes qui envoient des vaches, ont produit environ 3,000 francs.

M. Gernigon avait depuis quelques années des béliers dishley et southdown, accompagnés chacun de quelques brebis. Il vient aussi d'importer de chez M. Jonas Webb de Babraham, près de Cambridge, le fameux éleveur de southdown, 10 superbes brebis de cette excellente race, qui, prises sur place, lui ont coûté 275 fr. Il a fait venir de chez M. Sanday, de Holmpierrepont Nottinghamshire, le premier éleveur de dishley connus en Angleterre sous le nom de new-leicesters, un certain nombre de bêtes, j'ignore combien, car elles se trouvaient alors dans un herbage éloigné. Il prend 12 francs pour la saillie d'une brebis par ses superbes béliers. Il a vendu un des agneaux de ses belles brebis de Jonas Webb, 300 fr., pour la ferme régionale de Grand-Jouan, et il est au moment d'en vendre un autre au même prix. Cela peut paraître exorbitant, si l'on ignore que M. Jonas Webb loue chaque année 250 à 260 béliers southdown, au prix moyen de 500 à 600 fr. J'en ai vu 3 chez lord Ducie, en Gloucestershire, dont un allait faire sa troisième lutte dans cette ferme, à raison de

2,171 fr. par an; un autre qu'il venait de
louer pour une lutte 2,322 fr., et le troisième
loué pour 2,424 fr. Ces deux derniers venaient
de remporter les deux premiers prix, à l'exposition de la Société royale d'agriculture qui
eut lieu en 1851, dans le parc du château
royal de Windsor. M. Gernigon a obtenu,
pour un de ses deux taureaux, le premier prix
au Concours des reproducteurs, tenu en 1853
à Orléans. Il avait aussi remporté un premier
prix à l'un des deux Concours des reproducteurs de Versailles. Il a vendu un taureau
1,400 fr. et m'a fait voir la mère de ces deux
remarquables taureaux, ainsi que sa fille,
très-belle génisse de quinze mois, dont il vient
de refuser 1,500 fr. d'un habitant de la
Mayenne. Ces bêtes sont portées sur le *Herd-
Boock* français, comme descendants de père et
mère sortant des étables d'un des frères Col-
ling. Il a vendu depuis quelques années un
assez grand nombre de taureaux et de génisses de pur sang durham, depuis l'âge de
deux mois à un an, dans le prix de 400 fr. à
1,000 f. Il a refusé d'une génisse âgée de deux
ans 2,000 fr. Ses premiers durham de pur
sang ont été achetés, en octobre 1847, au
haras du Pin (c'étaient une vache et 2 génisses), pour 1,100 fr. M. de la Tréhonnais
va envoyer à M. Gernigon deux fort belles
vaches durham, pour les produits desquelles
ces deux messieurs se sont associés.

M. Gernigon a acheté, en 1844, une ferme
louée 1,800 fr., dont l'étendue est de 39 hectares; son cheptel était alors de 4,560 fr. Il
l'a payée 58,000 fr. Il l'a mise à moitié, a

fourni au métayer un taureau de demi-sang
durham, qu'il a dû payer 500 fr.; il l'a remplacé plus tard par un taureau pur sang. Cette
ferme contient maintenant un cheptel valant
le double de celui qui s'y trouvait il y a dix ans;
la moitié des produits se monte maintenant de
2,800 à 3,000 fr. Le métayer cultive des récoltes sarclées sur 5 à 6 hect.; il a 2 hectares
de luzerne. Une autre ferme, voisine de la
précédente, qui passait pour la plus mauvaise
de la commune, de la contenance d'environ 30
hectares, était louée à un fermier peu capable,
négligent et avec cela pauvre; il en payait
avec peine 750 fr. M. Gernigon en fit un métayer; son cheptel se montait alors à 2,370 fr.;
au bout de huit années, le cheptel s'était ac-
cru à la somme de 4,700 fr. Cette ferme
a produit pendant ce laps de temps, en
moyenne, 1,500 fr.; il l'a louée, il y a cinq
ans, à un fermier général pour 1,350 fr.,
parce qu'elle est loin de sa demeure.

M. Gernigon m'a fait visiter quelques fermes de son voisinage. J'ai été très-étonné que
des familles encore assez nombreuses pussent
vivre sur des métairies n'ayant souvent que
7, 8 ou 10 hectares d'étendue; une d'elles
ayant 6 hectares 40 ares de terres et 1 hect.
60 ares de prés, faisait exister un père de famille, sa femme, deux enfants, dont l'aîné
avait sept ans, la mère du maître de la maison
âgée de soixante et dix ans, enfin un domestique adulte, c'est-à-dire six personnes. La
moitié du produit de cette petite étendue de
terres était donnée comme loyer, ainsi que la
moitié du produit du cheptel, lequel se com-

posait de deux assez bonnes juments, d'un
poulain, de 4 grandes et belles vaches man-
celles, d'une génisse de dix-huit mois, d'une
de six mois et d'un veau, croisés durham; il
y avait en outre 1 truie et 4 porcs à l'engrais; cela faisait plus d'une grosse bête par
hectare, et ces braves gens n'avaient pas l'air
d'être mal à l'aise. Les propriétaires de ce
pays sont dans l'usage de payer la moitié des
engrais nécessaires pour obtenir de bonnes
récoltes; souvent ils en payent même les
deux tiers, c'est particulièrement lorsqu'il
s'agit de fumer les prés, afin de les encourager à les bien soigner, ce à quoi ils sont bien
moins disposés que lorsqu'il s'agit des terres.
Les métayers de ces environs achètent chaque année de la chaux qui, rendue chez eux,
revient à 1 fr. 50 c. l'hectolitre; ils en mettent
10 hectolitres par hectare et par an. Les
meilleurs métayers achètent encore des cendres lessivées, des fumiers et boues de ville;
quelques-uns, du noir animal et du guano;
mais ces derniers sont l'exception. L'usage
de labourer avec des bœufs devient chaque
jour plus rare dans ces environs. Il faut
qu'une ferme ait au moins 25 à 30 hectares
pour qu'on y tienne encore des bœufs; lorsque la métairie est d'une moindre étendue, on
y a 3 ou même 2 chevaux, et on emploie cependant la même charrue, très-défectueuse et
lourde, qui est attelée, dans les grandes fermes, de 4 forts bœufs. Si ces gens avaient de
bonnes charrues américaines, ils pourraient
labourer avec deux de leurs belles et fortes
vaches, en ayant soin de ne les faire travailler

que la demi-journée. Les terres louées en argent produisent moins au propriétaire que les métairies. Le loyer d'un hectare s'élève de 80 à 100 fr. Les métayers fournissent la moitié du cheptel et payent l'impôt. On compte ici que la valeur du cheptel doit être égale à trois années du fermage. Un grand inconvénient pour la culture de ce pays, qui en diminue singulièrement le produit, c'est la petitesse des enclos ; ils ont, en outre, le malheur d'être entourés de haies, véritables taillis, qui sont garnis de gros têtards et d'arbres futaies. Les métairies donnent, lorsqu'elles sont bien dirigées, au moins un cinquième en sus du loyer en argent, et la généralité des fermes cultivées à moitié, donne au moins un dixième en sus, sans compter que l'amélioration des terres et des cheptels est un résultat acquis à une métairie bien dirigée.

Nous avons visité un métayer cultivant 13 hectares ; il avait une machine à battre de la force de trois chevaux, à laquelle, étant né mécanicien, il avait apporté plusieurs améliorations réelles ; une d'elles permet, lorsqu'un cheval s'abat, d'arrêter immédiatement : on tire une cheville, et le batteur continue à tourner sans action sur le manége. Il a aussi adapté à sa machine une cheminée, dont il peut diriger le tirage à volonté au moyen de deux petites portes. Les trois fabricants de machines à battre de Château-Gontier ont profité de ces perfectionnements. Ce métayer a aussi imaginé un nouveau genre de baratte qui pourrait convenir à de grandes laiteries, mais il serait trop cher pour les petites.

M. Gernigon ne cultive des céréales que pour pouvoir semer du trèfle ou de la luzerne. Il obtient, par ses énormes fumures, appliquées aux plantes sarclées, des produits remarquables en betteraves jaunes d'Allemagne, jusqu'à 70 mille kil.; en première année, 50,000 kil. de topinambours; la seconde année seulement moitié. Les tiges de cette dernière plante ont plus de 3 mètres de hauteur, et, coupées une quinzaine de jours avant l'époque où les petites gelées sont à craindre, elles fournissent abondamment un bon fourrage pour les moutons; on les coupe près de terre et on les pose en moyettes arrondies, les fleurs en haut; on les assujettit par un lien qui les empêche de tomber : restant comme cela pendant une quinzaine au moins, les feuilles se fanent, et on les conserve en meules. L'intérieur des tiges contient une moelle qui est singulièrement apréciée par les moutons.

Les choux de l'espèce du moellier ordinaire du Poitou, forment encore une abondante et excellente nourriture pour le bétail ; avec ces très-fortes fumures, les feuilles de ces choux arrivent à une longueur qui dépasse 1 mètre, et à un poids qui atteint quelquefois 1 kilogr. M. Gernigon a trouvé en octobre une longueur de 2^m.33 du bout d'une feuille au bout de la feuille opposée. Il cultive une autre variété de choux moelliers dont je n'avais pas encore entendu parler, qu'il nomme le *gros moellier;* ses feuilles sont bien moins abondantes et pesantes, mais leur tige, qui est mince près de

terre, se renfle plus haut jusqu'à fournir un
diamètre de 10 à 12 centimètres, dont la
moelle plaît beaucoup au bétail ; cette espèce
ne passe pas bien l'hiver, et il l'a fait consommer avant les fortes gelées. Les choux branchus du Poitou qu'on laisse monter en fleurs
au printemps, donnent un poids arrivant jusqu'à 12 kilog. par tige.

J'ai visité deux des fabricants de machines
à battre qui sont fixés à Château-Gontier :
celui qui en fabrique le plus se nomme Stubenrauch ; il est Alsacien. Ayant prévu que
la cherté des céréales amènerait une grande
demande de machines à battre, il a con-
fectionné pendant l'hiver toutes les pièces qui la composent, et il dit qu'il en
livre maintenant cinq par jour. Celles à deux
chevaux se payent, le manège compris,
500 fr. Un métayer qui en possède une depuis
deux ans, m'a dit qu'elle bat avec quatre
petits chevaux, en deux attelées de quatre
heures, 120 ou 130 douzaines de gerbes fournissant en année ordinaire de 2 1/2 à 3 doubles décalitres de froment la douzaine ; elle
emploie chez lui huit personnes : cela ferait,
en prenant le chiffre le moins élevé, 60 hectolitres en huit heures ou 7 hectolitres 1/2 par
heure. Quand même cette assertion serait
fort exagérée, c'est-à-dire d'un tiers de trop,
ce serait 5 hectol., et ce chiffre comparé à
celui que produisent les machines fabriquées
dans les environs de Paris, qui coûtent
1,800 fr. et battent au plus 2 hectol. par
heure, la rend bien recommandable. A la
vérité, celles-ci sont armées d'un tarare, tan-

dis que celles de Château-Gontier, qui sont faites pour être très-facilement changées de place, et sont posées par terre aussi bien dans une grange qu'à côté des meules dans les champs, ne vannent pas. Les machines à 4 chevaux de M. Stubenrauch coûtent 700 fr.; on assure qu'en changeant les chevaux toutes les deux heures et demie, et en employant 12 personnes pour la servir, elle bat 8, 10 et même 12 hectolitres par heure ; on peut se contenter de moins. Le même fabricant fait des bascules pour peser des charrettes ou des bœufs, jusqu'au poids de 1,500 k.; elles ne coûtent que 180 fr., bien qu'elles soient assez justes pour obéir à un poids d'un demi-kilogramme.

Le second fabricant de machines à battre de Château-Gontier que j'ai visité, fait, à ce qu'il m'a paru, aussi de bonnes machines, qu'il vend même un peu meilleur marché que le précédent ; il se nomme Barada. Il y a dans ce pays des entrepreneurs de battage allant de ferme en ferme, transportant ces machines à manéges, et battant le froment au vingtième ; le prix moyen du froment étant de 20 fr. l'hectolitre, le battage de ce grain qui n'est pas nettoyé revient alors à 1 fr. 4 c. l'hectolitre, tandis qu'avec les meilleures machines écossaises, qui sont mues par la vapeur, cela revient de 30 à 40 c., le grain prêt à aller au marché et se trouvant pour ce prix monté au grenier.

Je me suis rendu le 7 juillet chez M. Théodore Jubin à Châteauneuf-sur-Sarthe, propriétaire de plusieurs métairies cultivées par

des colons partiaires qu'il dirige vers les améliorations agricoles. M. Jubin est parvenu à les
amener à perfectionner et à augmenter la culture des récoltes sarclées, qui m'ont paru fort
propres dans celle de ses métairies qu'il m'a
fait visiter ; ils ont adopté, d'après ses conseils, la culture du froment de Saint-Laud,
près d'Angers : les épis des champs de cette
métairie étaient évidemment plus longs que
ceux des cultures voisines, et plus exempts de
mauvaises herbes, particulièrement d'avoine
à chapelets, qui se trouve assez abondamment dans les champs, que j'ai aperçus depuis
que j'ai quitté Angers. M. Jubin cultive, depuis l'automne de 1851, une quarantaine de
variétés de froments, dont je lui ai donné la
plus grande partie des échantillons lors de
mon retour de mon troisième voyage agricole
dans la Grande-Bretagne. Ils sont, pour la
plupart, très-beaux et supérieurs en apparence à celui de Saint-Laud. Il compte choisir parmi ceux-ci les meilleurs, qu'il cultivera
séparément, et il sèmera tout le reste mélangé.
Les terres de ce pays se louent à peu près au
même prix que celles des environs de Château-Gontier. Les sept lieues que j'ai parcou-
rues entre Angers et cette dernière ville m'ont
fait voir un beau pays ; quelques parties, dans
les vallées de la Mayenne et de la Sarthe, sont
admirables. Les enclos sont généralement plus
étendus et le pays moins couvert ; la culture y
est aussi avancée que dans les pays que je venais
de quitter, mais on n'y est pas aussi bien en
bétail ; les croisements durham y sont moins
fréquents. M. Jubin y donne cependant, de-

puis plusieurs années, de bons exemples
sous ce rapport comme sous tant d'autres.

M. Jubin m'a fait visiter une fabrication
de chaux, qui se fait dans trois fours, placés
sur les bords de la Sarthe, par laquelle on
fait venir la houille et la pierre à chaux,
une espèce de marbre; on fait monter ces ma-
tériaux au sommet des fours, qui ont plus de
10 mètres d'élévation au-dessus des bateaux,
au moyen d'un chemin de fer et de deux chevaux attelés à un manége. La chaux se vend
ici 1 fr. 25 c. l'hectolitre, ce qui me paraît
cher, puisque je connais des fours à chaux
en Belgique et même en Berry, où elle ne se
vend que de 60 à 75 c. A côté de là existe
un des moulins les plus remarquables de
France; un mécanicien, M. Houyau, l'avait
construit il y a douze ans pour quinze paires
de meules, et son propriétaire actuel, M. Voisin, le fait maintenant remonter par un autre mécanicien, M. Fontaine, habitant de
Chartres, qui, au moyen de deux turbines,
va doubler le nombre de meules; cette belle
usine a sept étages.

J'ai retrouvé dans ces environs quelques
vignes. Les cendres lessivées, qu'on emploie
beaucoup dans ces pays comme engrais, se
vendent 1 fr. 25 c. à 1 fr. 50 c. l'hectolitre,
mais elles contiennent beaucoup de terre.

Le pays que l'on parcourt de Châteauneuf à
Angers a 24 kilomètres; il est composé en
partie de prairies bordant la Sarthe et plusieurs
de ses affluents. J'ai vu d'abord de bonnes terres assez bien cultivées, ensuite d'autres fort
maigres; puis, en me rapprochant d'Angers,

quoique sur un plateau, des terres couvertes
de belles récoltes de froment, de beaux champs
de chanvre et de superbes noyers. Le bétail
que j'ai aperçu était bon, mais de race mancelle sans aucun croisement. Le jardin des
Plantes d'Angers est très-bien. Je suis parti
le même jour pour Chalonnes, en chemin de
fer, et j'ai été étonné, en traversant les deux
îles qui sont vis-à-vis de cette ville, de voir
qu'on y creusait des puits de mines à charbon;
on espère en trouver sous le lit de la Loire,
car il y en a plusieurs autour de la ville. Celle-ci
est, en outre, entourée d'une grande quantité
de fours à chaux, dont on embarque les produits sur des bateaux qui la transportent dans
la Bretagne et autres pays qui en manquent.
On vient de 40 kilomètres et plus, de l'intérieur de la Vendée, en chercher par voitures,
car tous les cultivateurs de ce pays en emploient une grande quantité pour amender
leurs terres qui sont généralement schisteuses.
La chaux se vend 1 fr. l'hectolitre, bien que
ces fours soient placés à côté de mines de
charbon et près de carrières. Il y a 3 kilomètres de la station du chemin de fer à Chalonnes; cette route vous fait passer dans deux
îles et sur trois ponts suspendus qui les unis-
sent entre elles et avec les deux bords de la
Loire. Ces îles sont d'une grande fertilité, entre-
tenue en partie par les fréquentes inondations
auxquelles elles sont fort sujettes; on m'a dit
ici, comme à la Chapelle-sur-Loire, que les terres
qui sont exposées aux inondations se louent
plus cher que celles qui en sont mises à l'abri
par les levées bordant cette rivière. Les pe-

tites fermes de ces deux îles, qui n'ont ordinairement que de 8 à 10 hectares d'étendue, se louent de 225 à 270 fr. l'hectare. Elles
sont couvertes de superbes récoltes de froment et de chanvre, à peu d'exceptions près ;
lorsque les inondations détruisent les froments, on les remplace par du chanvre. J'ai
vu dans les rues de Chalonnes, chez plusieurs
ferblantiers, des vases de zinc destinés à contenir le lait. Je me suis rendu le lendemain,
d'abord à Chemillé, distant de 16 kilomètres.
Le pays, entre ces deux villes, est fort acci-
denté et de nature schisteuse, avec peu de
fond de terre maigre sur le schiste ; aussi
n'y ai-je vu que bien rarement une bonne récolte, cela dans une année où j'en avais vu
de si belles dans les parties bien cultivées
du mauvais Gatinais et de la triste et pauvre
Sologne. On y voit beaucoup de champs de
choux branchus nouvellement plantés, et dont
les feuilles avaient été coupées, ce que je n'a-
vais pas encore vu faire ailleurs. On a l'habitude, dans toute la contrée, de tremper les
racines des plants de choux-vaches dans une
bouillie formée de bouse de vache à laquelle
on a mêlé du noir animal ; cela, non-seulement assure leur reprise, mais leur donne
encore une grande vigueur de végétation.
Ici, les planches plantées en choux ont une
largeur de 3 mètres et contiennent six rangs ;
la terre étant moins bonne, on rapproche
le plant, qui, venant moins fort, a besoin
de moins de place. J'ai passé pendant ce
court trajet près d'un superbe château du
genre gothique, qui se nomme la Fourrière,

6

et que M. de la Grandière a nouvellement construit; il a dû coûter fort cher : il est bâti en belles pierres de Saumur. On voit, dans la Mayenne et dans ce pays, de superbes figuiers couverts de fruits, qui n'ont pas été détruits, comme ceux de Touraine, par les gelées de l'hiver dernier.

J'ai visité, le 9 juillet, M. Cesbron-Laveaux, qui vient de faire construire une belle habitation et trois fermes considérables, dans des bois et des bruyères qu'il a défrichés sur une étendue de plus de 200 hectares; il continue de défricher encore des bruyères, auxquelles il sait faire produire de fort belles récoltes. Il a loué à deux fermiers vendéens deux fermes comportant ensemble 120 hectares, à raison de 45 fr. l'hectare. Il s'est réservé la partie la plus récemment défrichée, sur laquelle il vient de drainer 8 hectares, amélioration qu'il est en train de continuer; ses rigoles lui coûtent 15 centimes le mètre courant à creuser; n'ayant point encore de tuyaux à sa portée, il y met du granit, dont il a des carrières dans plusieurs parties de sa propriété; le mètre cube extrait de la carrière et cassé menu lui coûte 2 fr.; un mètre en remplit suffisamment dix mètres; il emploie de grandes bruyères pour empêcher la terre de pénétrer dans les interstices entre les pierres. Nous n'avons encore rien compté pour le transport des pierres ni pour le remplissage des rigoles; cela doit lui coûter, tout compris, plus de 40 centimes le mètre courant. Le ministre de l'agriculture ayant alloué au Comice agricole de Chollet une somme pour

acheter une machine à faire des tuyaux, dont
on n'est pas encore parvenu à tirer un bon
parti, M. Cesbron va avoir la machine à sa
disposition, et fera ce qu'il faudra pour la
rendre utile au pays, qui a le plus grand besoin de drainage. Ce propriétaire actif, intelligent et très-zélé pour l'amélioration de l'a-
griculture, forme de bons chemins macadami-
sés, défonce ses terres au moyen de charrues
américaines très-renforcées, qu'il attèle de 4
et même de 6 énormes bœufs d'espèce salers; ses terres étant fortes et contenant des
pierres, la difficulté du labour en est de beaucoup augmentée. Il fait une vingtaine d'hectares de récoltes sarclées. Il repique ses betteraves après les avoir élevées en pépinière, en
les mettant à 50 centimètres les unes des autres; il fait aussi des navets hâtifs après ses
vesces d'hiver, et des navets d'éteules après
ses froments. Ici les choux sont plantés sur
des planches ayant 4 mètres de largeur; on
les met en tout sens à 66 centimètres les uns
des autres. M. Cesbron est connu, depuis longtemps, comme exposant avec succès des bœufs
salers aux Concours de Poissy et autres lieux.
Il fait toujours grand cas de cette belle et
bonne race, ainsi que des bœufs connus sous
les noms de cholletais et de partenais; il en
a une dizaine qu'il prépare, avec un même
nombre de jeunes bœufs croisés durham, pour
le prochain Concours de Poissy. Ces bêtes
sont déjà grasses et ont encore plus de 8 mois
à profiter; elles mangent maintenant des vesces d'hiver mêlées d'avoine de cette saison,
qu'on cultive dans cette ferme sur une grande

échelle, et qui sont remarquablement belles ainsi que les trèfles de seconde coupe. M. Cesbron a la bonne habitude de faucher la première au moment où elle entre en fleurs, cela lui assure d'excellentes secondes coupes ; et pour peu que le temps le favorise, il en obtient une troisième ou au moins un bon pâturage. Ses froments sont généralement fort beaux ; ils lui ont été fournis il y a quelques années par M. Dargent, excellent cultivateur près de Fécamp, qui cultive des froments anglais.

Il a une soixantaine de bêtes à cornes ; leur litière est de la bruyère fauchée.

Voici la manière d'après laquelle M. Cesbron prépare les fumiers qu'il obtient : on creuse légèrement un emplacement formant un carré long dans un champ labouré, en rejetant la terre sur les deux côtés : on y étend ensuite une couche d'argile siliceuse, de couleur rouge, contenant des parties ferrugineuses, sur une épaisseur de 12 à 15 centimètres ; on verse là-dessus des vidanges venant de Chollet, situé à 3 kilomètres de distance ; on répand sur les vidanges une couche de fumier, sur laquelle on met une seconde couche de terre ocreuse, puis des vidanges, du fumier, et ainsi de suite, jusqu'à ce que le tas soit assez élevé ; on le recouvre complétement d'une bonne épaisseur de terre qu'on bat de manière à la tasser, afin d'éviter autant que possible l'évaporation de l'ammoniaque ; quelques mois après, on pioche de nouveau le tas bien menu, en incorporant une dizaine d'hectolitres de chaux réduite en poussière sur une quan-

tité de 60 mètres cubes, destinée à la fumure d'un hectare de récoltes sarclées.

M. Cesbron a eu la bonté de me conduire
à une demi-lieue de chez lui, dans une fabrique d'engrais qu'on a établie sur une bruyère,
à 2 kilomètres de Chollet, et qui fournit depuis lors un engrais composé de la manière
suivante : On abat à peu près deux chevaux
par jour; on les dépèce ainsi que les animaux qui meurent dans les environs; on les
fait bouillir pour en extraire les graisses;
on emploie la chair après l'avoir fait sécher
dans un four, pulvérisée au moyen d'un
moulin pareil à ceux destinés à broyer du
tan, et mélangée ensuite avec une certaine
proportion de terre tourbeuse en poudre,
d'une belle couleur noire. On arrose le tout
avec le bouillon, qu'on a laissé se refroidir
pour en séparer la graisse. Cet engrais,
qu'on nomme ici du noir animal, se vend
10 fr. l'hectolitre; des petits cultivateurs des
environs m'en ont dit du bien; M. Cesbron-
Laveaux n'en connaît pas encore l'effet, mais
il va l'essayer. J'ai vu un petit cultivateur,
non loin de la ville, occupé à labourer un
champ, dont la surface annonçait une terre
douce; il se servait d'une mauvaise charrue
pareille à celles des environs de Château-Gontier; elle était attelée de quatre jolies vaches
de race parthenaise, devant lesquelles marchait un bon petit cheval. Lui ayant témoigné
mon étonnement de voir un attelage si considérable pour cultiver une terre en apparence
si facile, il me dit que le sous-sol était mélangé
de pierres schisteuses, qui en rendaient la cul-

6.

ture fatigante pour le laboureur et ses animaux. Il m'a dit qu'il vendait son lait à la ville, et qu'il n'avait, à cause de cela, que des vaches pour bêtes de trait. Sa terre, sans les pierres, serait parfaitement labourée en n'employant qu'une paire de vaches attelées à la charrue n° 4, de la fabrique de M. Bodin, près Rennes. Chez M. Marquet, à Fontevrault, où il y a un dépôt des instruments de cette fabrique, elle coûte 40 fr. Le lendemain je me suis mis dans une diligence qui m'a conduit à Nantes, en me faisant parcourir 15 ou 16 lieues d'un pays assez joli, couvert de belles céréales.

Les environs de Clisson sont une petite Suisse; j'y ai vu de nombreux champs de betteraves et surtout de choux branchus, cultivés avec soin. Je me suis rendu, en arrivant à Nantes, chez M. Neveux-Desroteries, professeur d'agriculture depuis trente ans et inspecteur chargé de la surveillance des engrais pulvérulents, dont il se fait un grand commerce dans ce département. Ne l'ayant pas trouvé, je me suis rendu au jardin des Plantes, qui est fort beau; là, une avenue composée d'une soixantaine de magnolias grandiflora, âgés de quarante et quelques années, est une chose fort remarquable. On vient de planter une nouvelle avenue de ce bel arbre dans une rue neuve, qui va du jardin des Plantes au quai. Étant repassé chez M. Desroteries, je l'ai trouvé, et lui ayant dit que je me rendais le lendemain matin à Grand-Jouan, pour visiter M. Rieffel, directeur de la ferme régionale, il me proposa de m'y accompagner, ce que j'acceptai avec reconnaissance. Il me conduisit ce soir-là chez un sieur Terolle, fabricant de machines à battre, qui vient d'apporter un changement au manége, lequel paraît être en même temps un perfectionnement et une simplification. N'étant pas mécanicien, je ne puis en juger; mais voici un extrait de son programme :

Machine à 2 bêtes, chevaux ou bœufs, avec un manége à engrenage et machine à hélice, arbre à joints brisés, claquet et boîte de graissage, batteur et contre-batteur ou grille en fer, vitesse de 800 tours à la minute. Prix : 850 fr.

Machines à 4 bêtes et vitesse de 900 tours : 900 fr.

Machine à 4 bêtes, avec vitesse de 1,200 tours, 1,000 fr.

Il fait des presses sphériques d'après un nouveau système simple et à engrenage pour vin, cidre et huile, coûtant depuis 50 fr. jusqu'à 4,000 fr.

Nous sommes partis, M. Desroteries et moi, à 7 heures du matin, le 12 juillet, de Nantes, par le bateau à vapeur de la rivière d'Erdre, qu'on remonte jusqu'à Nort, petite ville située à 30 kilomètres de Nantes.

L'Erdre étant maintenue à $0^m.66$ au-dessus de son niveau naturel, au moyen d'une digue placée fort près de son embouchure dans la Loire, se trouve par là navigable. Cela a rendu un grand service aux propriétaires riverains de la première moitié de ce trajet. Là, vous voyez un pays de coteaux charmants, bordant un lac délicieux, qui,

n'étant pas large, vous laisse admirer en même
temps ses deux bords, fréquemment ornés
de jolies et même fort belles habitations de
campagne et d'un bourg; mais, plus loin,
le pays devient plat, et le lac s'élargit de beaucoup en couvrant une grande étendue de terres et en transformant de vastes prés en marais ou au moins en pâtures marécageuses.
Tout cela s'est fait pour diminuer la dépense
de la construction du canal qui réunit Nantes à Rennes. Nous sommes arrivés vers une
heure à Grand-Jouan, où nous avons trouvé
M. Rieffel, dont j'avais fait la connaissance
en 1827 chez MM. de Dombasle et Busco,
fils et gendre du célèbre directeur de l'École
d'agriculture de Roville. Je n'avais pas vu
depuis lors M. Rieffel; il attendait la visite du
préfet. Ce magistrat étant arrivé, je me mis à
visiter les cultures avec M. Bardonet, ancien
directeur de la ferme-école du Loiret à Montbernaume, et qui l'est devenu ensuite de celle
qui est enclavée dans la ferme régionale.
La terre de Grand-Jouan, qui appartient à
M. Rieffel et à un de ses beaux-frères, se
compose d'environ 500 hectares, qui n'étaient
qu'en landes il y a trente et quelques années;
elle avait été payée alors par un Irlandais
10,000 fr.; à sa mort, elle fut achetée par une
personne qui la mit en actions; cette société
nomma M. Rieffel directeur de cette grande
ferme; il y a de cela vingt et un ans. Lorsque
je visitai ce lieu en 1841, pendant l'absence
de M. Rieffel, j'y vis une belle ferme dans
laquelle se trouvait une école d'agriculture,
pour des jeunes gens payant pension, et une

colonie composée d'une trentaine d'enfants
pauvres, que la ville de Nantes avait placés
là pour en former de bons domestiques de
culture. M. Rieffel habitait une maison située
à quelque distance de la ferme. On a transformé son habitation d'alors en ferme-école;
quant à la ferme régionale, elle a été complétement construite à neuf, et elle forme
maintenant un fort bel établissement, d'un
style simple, mais où tout est commode. Le
Gouvernement a loué, en 1849, cette terre
pour quatre-vingt-dix-neuf ans, afin d'en faire
une des trois fermes régionales de France;
M. Rieffel, l'ancien propriétaire, en a été
nommé directeur. C'est un fort bon cultivateur, qui avait déjà fait beaucoup pour transformer ce désert, et qui a toutes les connaissances et l'activité nécessaires pour bien diriger
ce bel établissement, y former de bons agriculteurs, et tirer un excellent parti de ces terres
légères, si on lui alloue des capitaux suffisants pour drainer toutes les terres humides,
les bien chauler, c'est-à-dire à fortes doses,
enfin, pour qu'il puisse acheter tout le guano
qu'il pourra employer avec avantage dans
ses immenses cultures, c'est-à-dire assez pour
qu'ajouté à la masse de fumier qu'on fera, on
ait toujours des terres aussi fortement fumées que la nature de la plante semée peut
le supporter sans verser : cela demandera de
fortes avances; mais elles rentreront par les
produits abondants, qui seront une suite de
ces améliorations; tandis que si l'on agit ici
comme on le fait malheureusement dans la
plus grande partie de la France, c'est-à-dire

que si on ne draine qu'un peu tous les ans,
faute d'argent pour aller plus vite ; si l'on
ne chaule que partiellement et à petites doses
et sur des terres à sous-sol imperméable qui
n'ont pas été drainées, la plus grande partie
des chaulages sera perdue, à cause de l'humidité du sol, et les froments, prairies artificielles, ainsi que les racines, viendront mal ;
par suite la culture coûtera au lieu de produire ; et s'il en est ainsi, les élèves et le voisinage n'ayant pas confiance, ne profiteront
pas de l'instruction. M. Rieffel emploie, depuis 1849, 60 à 80 hectolitres de chaux par
hectare : en Angleterre et en Belgique, on en
met 100 à 300 hectolitres. Il obtient, après
les chaulages, des prairies artificielles qui ne
venaient pas auparavant, du froment en place
de seigle. Il est parvenu à former d'assez bons
prés sur des terres qui ne sont pas irrigables,
ce que j'ai remarqué souvent dans ce voyage,
à partir des environs d'Angers : je pense que
ce succès est dû principalement au peu d'é-
loignement de l'Océan, qui rend les pluies plus
fréquentes. La chaux se paye ici 1 fr. 25 c.
l'hectolitre ; elle vient de Chalonnes ou de ses
environs, où elle se vend 1 fr. Il est probable
qu'elle se vend dans ces pays après avoir fusé
à l'air, ce qui en augmente considérablement
le volume. J'ai visité, avec M. Bardonnet, la
porcherie, qui est peuplée de newleicesters,
de coleshills, de craonnais, et des animaux
provenant du croisement de ces diverses espèces. Nous avons vu ensuite l'école des céréales et plantes fourragères ; elle est fort
étendue et très-intéressante, par les nom-

breuses variétés qu'elle contient. J'y ai remarqué des plantes nouvelles pour moi :
telles sont la vesce purpurine, le lotier té-
tragone, dont M. Rieffel a très-bonne opinion,
dit-on, mais sa semence est peu abondante.
Le lotier velu, celui des prés, le ray-grass
d'Italie, plante annuelle très-feuillue, le ray-
grass à fleurs et celui des seigles, deux plantes très-productives par leurs hautes tiges,
qui ne peuvent servir à la nourriture du bétail qu'après avoir passé au hache-paille. J'ai
retrouvé ici le seigle multicaule, semé en mai,
pour être récolté l'année prochaine; ce serait une bonne plante fourragère, si elle n'a-
vait pas le grave inconvénient d'occuper si
longtemps le sol ; j'ai vu une personne dont
j'ai oublié le nom, qui avait imaginé de semer cette plante dans ses avoines de printemps, où elle végétait sans qu'elle parût nuire
à la récolte; elle n'occupait le sol, pour son
propre compte, que du commencement de
septembre à celui de mai, époque à laquelle
elle fournissait un fourrage très-abondant et
succulent, au moment où le seigle ordinaire
est devenu trop dur. On plante ici les pommes de terre avec les meilleurs résultats,
au moment où on vient de les arracher, c'est-
à-dire à la fin d'octobre; elles sont bonnes à
manger dès le commencement de juillet, et si
alors la maladie vient à se montrer, comme
elles ont atteint à peu près leur croissance,
on peut arracher les tiges dès ce moment
sans aucun inconvénient; dès lors les tubercules seront à l'abri de la maladie; on devra
arracher ceux-ci seulement à la fin d'octobre.

On peut semer en juillet du colza pour replanter sur les tubercules, ou bien de la moutarde blanche et du sarrasin à faucher en vert, afin de tirer parti du terrain et le conserver plus net. J'ai vu chez M. Rieffel un seul pied d'ajonc sans le moindre piquant; il l'a eu de M. André Leroy, qui lui en a fait cadeau. Cette plante ne m'a pas paru être propre à fournir une abondante nourriture; son port ne ressemble nullement aux autres ajoncs, qui sont censés n'avoir point de piquants; il compte le multiplier par boutures.

M. Rieffel m'a dit que c'était l'avoine blanche de Hongrie qui lui avait toujours le mieux réussi après défrichement de bruyères. On est ici fort content d'environ trente jeunes gens qui sont dans la ferme-école; ce sont tous des fils de fermiers bretons. Ils doivent passer quatre années dans cet établissement; ce temps est suffisant pour leur apprendre à bien cultiver les fermes de leurs pères, et leur dissémination dans ce pays encore si arriéré en toutes choses, mais principalement en agriculture, lui rendra un immense service. On refuse dans cette école les jeunes gens venant des villes; on craint leur mauvaise influence parmi ces bons et simples campagnards; ceux-ci, au reste, fournissent habituellement le nombre nécessaire pour remplacer ceux qui ont fini leur temps.

M. Bardonnet m'a fait faire la connaissance de M. Lœuillet, sous-directeur de la ferme régionale, lequel est arrivé ici lors de la destruction de l'Institut agricole de Versailles, où il était professeur. Ces messieurs m'ont fait

visiter le musée agricole, où se trouve une
quantité de choses extrêmement utiles et bien
disposées : j'y ai vu une collection de portraits
gravés, des personnes qui se sont rendues
utiles à l'agriculture.

Les instruments d'agriculture qu'on avait
réunis à l'Institut agricole de Versailles, ont
été partagés entre les trois fermes régionales,
de même que les animaux qui s'y trouvaient.
J'ai donc rencontré ici une partie de cette
belle et utile collection de machines aratoires; mais j'ai vu avec regret qu'elles étaient
abandonnées à la pluie et aux rayons du soleil, qui les auront bientôt détruites. Les
fonds ont manqué pour la construction de
hangars, qui sont cependant une chose indispensable dans toute cour de ferme; on peut
dire avec raison qu'il n'y en a jamais assez.

J'ai vu, dans ma promenade, de superbes
haies complantées de châtaigniers, qui viennent ici avec une vigueur extrême; on peut
dire que c'est l'arbre qui convient le mieux à
ce genre de sol; mais j'ai regretté de trouver
les nombreux enclos trop peu étendus; ils
n'ont guère que 2 hectares; en Angleterre,
on prétend qu'ils ne devraient jamais en contenir moins de 4, et l'on assure dans ce pays
que les haies formées de plant forestier causent
un grand dommage aux récoltes dans les petits
enclos, d'abord par leur ombre, ensuite par
leurs racines, et parce qu'elles servent d'abris
au gibier, aux rongeurs, aux oiseaux, et enfin
à une myriade d'insectes qui font de très-
grands ravages; enfin, les raies du labour
étant d'autant plus courtes, elles font perdre

7

un temps précieux, et les clôtures détruisent les harnais des chevaux, lorsqu'on tourne les attelages contre elles, ou bien lorsqu'on donne le long des haies les derniers traits de charrue; enfin, il y est généralement admis, que la perte qu'elles font éprouver dépasse la valeur des loyers. Les fermiers anglais, et surtout écossais, les plus capables, ne veulent que des haies d'aubépine et taillées en V tronqué, renversé de forme suivante Λ. Quant aux abris contre les grands vents, ils les obtiennent en plantant dans les lieux convenables des rideaux d'arbres résineux, qui ne perdent point leurs feuilles. Des abris formés de plusieurs rangs de ces arbres, font face aux vents les plus forts ou qui règnent le plus habituellement.

M. Rieffel me conduisit le lendemain matin d'abord à sa bergerie, qui se compose d'environ 350 bêtes croisées southdown depuis plusieurs générations; le bâtiment pourrait contenir 600 bêtes. Nous n'y trouvâmes que la femme du berger, qui, n'ayant point d'enfants, est chargée de soigner les agneaux qu'on fait naître ici dans les mois de juin et de juillet, comme cela a lieu dans beaucoup des plus belles bergeries mérinos d'Allemagne. Les agneaux de Grand-Jouan sont fort beaux, mais le petit nombre de ceux qui sont de pure race southdown sont surtout remarquables. Le berger et sa femme sont des Lorrains allemands; M. Rieffel en est très-content. Ils sont à son service depuis douze ans; la femme est chargée des soins de la bergerie, pendant que le berger conduit

son troupeau. Ils sont logés, chauffés, gagnent 900 fr., et ont un grand et bon jardin,
qui est cultivé par la bergère ; elle nous l'a
fait admirer. Il est plein de beaux légumes,
arbres fruitiers, et est très-propre.

A son origine, qui date de 1833, le troupeau a été formé de brebis de pays, dont le
poids vivant était en moyenne de 16 kil., et
celui des toisons de 750 grammes. On donna
à ces bêtes, pendant les dix premières années, des béliers choisis parmi les plus beaux
agneaux, au lieu de laisser faire le service
aux agneaux de l'année, qu'on ne castre
qu'après la monte, comme cela est malheureusement encore en usage dans la plus grande
partie du centre de la France et de la Bretagne, et, j'ai lieu de le craindre, encore dans
bien des parties de notre pays, où la culture
est si déplorablement arriérée.

Ce soin seul (car la nourriture ne fut que
le pâturage dans les bruyères et de la paille
d'avoine, pendant les dix premières années)
augmenta le poids moyen en vie de 8 kil.,
et celui des toisons de 610 grammes; à partir de 1843, on donna des béliers southdown ;
la nourriture fut améliorée par une addition
de foin, son et racines; arriva alors l'excellent berger qui y est encore, et le poids vivant est maintenant parvenu à 44 kil. en
moyenne, celui des toisons est de 2,400 gr.
en suint. M. Rieffel m'a laissé prendre les
notes suivantes, qui m'ont paru très-intéres-
santes, dans la copie d'un rapport qu'il a
présenté au ministère le 1er janvier 1853. La

mortalité du troupeau de Grand-Jouan s'est résumée, dans l'année 1852, à 1/2 pour 100, et il n'y a pas une seule bête malade. Les bêtes vendues sont des jeunes béliers 3/4 sang south-down, vendus, prix moyen, 110 f.; les moutons sont vendus 32 fr. et les brebis 31 fr. M. Rieffel estime les agneaux qui ont reçu quatre fois du sang southdown, 12 fr. lorsqu'ils sont sevrés; les antenais qui n'ont encore eu que trois fois du sang southdown, sont portés sur la comptabilité au prix de 22 fr., les bêtes âgées de deux ans le sont pour 30 fr. Il estime le fumier à raison de 10 fr. les mille kilos, et dit qu'une brebis, avec son agneau, en produit cette quantité; il crédite un antenais pour 6 fr., et un mouton pour 8 fr. de fumier. La laine de ce troupeau se vend en moyenne, en suint, 2 fr. le kil. Dans la période écoulée entre 1843 et 1853, les toisons des brebis sont arrivées à 2 kil.; celles des antenais à 1^k.500, et celles des moutons, à 2^k.550.

Éléments de crédit.	Brebis.	Antenais.	Moutons.	Totaux.
Accroissement.	12	10	8	30
Fumier......	10	6	8	24
Laine........	4	3	5	12
Totaux.....	26	19	21	66

Produit annuel de chaque bête comme recette brute, en moyenne, 26 fr., dont l'accroissement de valeur figure, pour le fumier, à 10 fr., la carcasse à 8 fr., et la laine 4 fr. Cette décomposition de valeur nous indique que l'augmentation de la carcasse est d'une bien autre importance, de nos jours, que celle de la laine ; car cet accroissement, qui ne figure ici que pour 10 fr., pourrait monter à 50 fr., et même à 100 fr., dans un troupeau d'une espèce remarquable qu'on vendrait pour la reproduction, et les frais d'élevage ne suivraient que de loin cette augmentation de valeur.

D'après ces calculs, les chiffres de la recette pourraient être portés ainsi pour un troupeau comme celui d'ici, dont le nombre s'élèverait à 900 bêtes et dont le berger serait très-bon ; troupeau qui se partagerait en 300 brebis ; on ne parle pas des agneaux qui suivent leurs mères lorsqu'elles ne les portent pas, 300 antenais et 300 moutons, les agneaux, arrivant en juin et juillet, remplacent les 300 bêtes vendues en hiver.

Accroissement de 900 bêtes à 10 fr.......	9,000^f.00
Fumier à 8 fr.........................	7,200.00
Laine à 4 fr..........................	3,600.00
	19,800.00

300 bêtes vendues à 30 fr. donnent comme accroît la même somme de 9,000 fr.

Je suppose qu'on crée le troupeau par l'achat de 300 brebis à 30 fr. et de 10 béliers à 100 fr., 10,000 fr.

Intérêts à 5 pour 100.................	500^f.00
Intérêts du mobilier de 450 fr. à 5 p. 100...	22.50
Entretien du mobilier à 2 p. 100.........	18.00
Médicaments.........................	18.00
Tonte, ficelle, emballage, à 10 p. 100.....	90.00
Primes d'assurance à 10 pour 100........	1,000.00
Nourriture à 16^f.34 par tête............	14,706.00
Un berger et son aide..................	1,200.00
Solde en bénéfice.....................	2,245.50
	19,800.00

Quoique la mortalité, dans un troupeau bien soigné comme celui de Grand-Jouan, ne dépasse guère 3 pour 100, on a cru devoir la porter à 10 pour 100, afin d'arriver ainsi à éviter les chances d'erreur, et, d'autre part, mettre toute l'exactitude désirable dans les chiffres.

M. Rieffel vient d'acheter à M. Gernigon un agneau southdown du fameux troupeau southdown de Jonas Webb de Babraham, le plus beau troupeau de cette race, et l'a payé 300 fr.

Il serait à désirer que le ministre de l'agriculture chargeât M. Yvart de l'acquisition de 100 ou au moins de 50 brebis de ce magnifique troupeau anglais, pour être mis à Grand-Jouan ; car il y a maintenant une quantité considérable de cultivateurs qui veulent se procurer des brebis southdown à Alfort, où on en vend chaque année un petit nombre, qui montent, par cette concurrence active, à des prix fort élevés, et sont loin de satisfaire aux demandes. Ce nouveau troupeau de Grand-Jouan viendrait remplir ce vide, et rendrait ainsi un signalé service à la France ; car les southdown sont, j'en suis persuadé, les moutons qui conviennent le mieux à presque toutes les parties de notre pays, où l'on n'a pas adopté l'espèce mérine et où cependant la nourriture ne vient pas à manquer, ou au moins à être trop peu abondante. En attendant qu'il se forme en France de bons troupeaux southdown, dans le genre de celui de Moncavrel, qui malheureusement est très-peu nombreux, je pense que les cultivateurs français qui apprécient les southdown, mais ne peuvent pas s'en procurer dans notre pays, de-

vraient en aller chercher dans les comtés de
Sussex et de Kent, qui ne sont qu'à quelques
heures des ports de Dieppe pour le premier,
et de Boulogne et de Calais pour le second de
ces comtés; ils s'y procureraient de bons béliers dans les prix de 150 à 250 fr. Le premier
de ces prix suffirait pour en prendre dans les
bons troupeaux qui n'ont pas une réputation
étendue. M. Saxby, à Northlease, près Lews,
Sussex, en a vendu plusieurs fois à M. Lupin,
à raison de 200 fr., qui ont très-bien réussi et
étaient très beaux.

M. Rigden, à Howe, près Brighton, route
de Chichester, possède un des premiers troupeaux qui viennent après celui de Jonas Webb;
il fait payer ses brebis de réforme, âgées de 5
ans, de 75 à 125 fr.; ses jeunes béliers antenais, de 250 à 375 fr.

On trouverait chez le duc de Richmond, à
Coodwood, près de Chicester, un grand choix
de béliers dans les prix précédents, car il a
un immense troupeau et prend, comme M. Rigden, des béliers de M. Jonas Webb. M. Henry
Sadler, à Lavant, près Chichester, m'a été
désigné comme ayant un des bons troupeaux
de ce comté. M. Famcombe, à Bishopstone,
près Newhaven, port de débarquement lorsqu'on vient de Dieppe, m'a aussi été donné
comme ayant un bon troupeau.

M. Jonas Webb, à Babraham, à une ou deux
stations de chemin de fer avant d'arriver à
Cambridge en venant de Londres, m'a dit, en
1851, qu'il vend chaque année une centaine
d'antenaises, les moins belles de son troupeau,
dans les prix de 125 fr.

Dans le comté de Kent à quelques lieues de Douvres, M. Boys, fermier à Malmains, avait, il y a quelques années, un fort beau et très-nombreux troupeau southdown ; mais je ne sais plus quel était le prix de ses béliers ; quant aux brebis, il les vendait de 45 à 75 fr.

Voici comme M. Rieffel établit la dépense de la nourriture d'une bête à laine ; ceci est un résumé pris dans le compte du troupeau, qui est établi mois par mois :

	fr.
Pour le pâturage d'une année en 2,990 heures, la somme de............................	7.87
Racines (135 kil. à 12 fr. la tonne. Cela ne donne pas 1 kil. par jour d'hiver).................	1.62
Foin (108 kil. à 40 fr. les 500 kil.)............	4.34
Son (50 kil. à 20 fr. la tonne)................	1.36
Paille pour litière.........................	1.00
Sel tous les 15 jours au soir et mêlé au son. Il faut 6 hectogrammes de sel................	0.15
	16.34

Ou 4 cent. 1/2 par jour, et par mois 1^f.36 pour toute la nourriture.

Les racines me paraissent employées trop parcimonieusement dans cette nourriture. Ce qui a amené les races de bêtes à laine anglaises à un si grand développement, c'est la grande quantité de racines qu'elles mangent. Nous avons ensuite visité la bouverie, qui, ainsi que la vacherie, la ferme où se trouvent les élèves de bêtes à cornes, la jumenterie, sont éloignées de l'école régionale. Celle-ci même se trouve malheureusement placée à l'extrémité de la terre la plus rapprochée de la ville de Nozay, dont elle est à 3 kilomètres. Cette dissémination des bâtiments de

culture provient de l'existence des anciennes
fermes, et on a voulu n'avoir pas à transporter les fumiers à d'aussi grandes distances.

La surveillance de chacun des établissements de l'école de Grand-Jouan est confiée à
un employé qui en est responsable. J'ai remarqué dans la bouverie 3 bœufs de race devon, qui, ainsi que les autres devon qu'on a
élevés, provenaient d'une souche entachée de
scrofule; il s'ensuit que cette race ne prospère
pas ici; aussi M. Rieffel a-t-il obtenu la permission de s'en défaire, ainsi que des west-
highland; ceux-ci ont été envoyés à une
ferme-école de Bretagne située dans une partie montueuse. Je n'ai pas vu les bœufs d'attelage qui étaient à leurs travaux; il y en a 7
d'espèce highland, que M. Rieffel conserve,
les trouvant, ainsi que les bœufs devon, meilleurs travailleurs que les bœufs nantais, qui
passent cependant pour être très-bons pour le
trait.

Nous nous sommes rendus ensuite dans une
belle cour de ferme, au milieu de laquelle se
trouve une petite grange, qui contient un hache-paille, de Cornes, de Barbridge, le meilleur
qu'on ait en Angleterre; un cheval était au
manége; deux hommes et deux femmes cou-
pent en trois heures tout le fourrage vert et sec
consommé par le très-nombreux bétail de toute
la ferme régionale pour les vingt-quatre heures. On va placer dans le même bâtiment une
machine à concasser les grains, un brise-tourteau, un coupe-racine et d'autres machines,
que ledit manége fera tourner, et auquel on
mettra deux chevaux lorsque ce sera utile.

7.

Autour de cette petite grange où se préparent les nourritures du bétail, sont placés des étables et des boxes, qui contiennent toutes les jeunes bêtes une fois qu'elles ont été sevrées. Les taureaux sont au nombre de 4 de race durham, de 2 de la jolie race du comté d'Ayr, dont le plus âgé, qui est très-gros, est de toute beauté et a le plus bel écusson de taureau que j'aie jamais vu, il vient du parc de Versailles; il y a aussi 2 taureaux adultes et 6 jeunes, provenant de croisements avec des taureaux durham; on les vend à l'enchère jusqu'à 800 et 1,000 fr., souvent assez longtemps avant l'époque où ils sont en état de faire la monte. La saillie est gratuite; on ne donne que 50 c. au vacher. Les élèves de bêtes bovines rassemblés dans cette ferme me parurent fort beaux; il s'y trouve des durham de pure race et des bêtes provenant de taureaux durham avec des vaches nantaises, parthenaises, et de la très-petite race bretonne, dont la couleur est blanche et noire. M. Rieffel préfère à tous les autres ce dernier croisement; il m'a montré un certain nombre de ces très-petites vaches, dont une des plus petites, mais aussi des mieux faites, donne 2,400 litres de lait dans les 365 jours de l'année, et elle donne des élèves d'un rare mérite, soit pour le lait, soit pour la viande. Un de ses veaux qui fut castré, a été vendu à l'enchère, âgé de deux ans, pour 500 fr.; et, présenté au concours de Poissy par son acquéreur et engraisseur le comte de Falloux, il remporta le premier prix de sa région. M. Rieffel m'a fait voir plusieurs vaches de moyenne taille, pro-

venant du croisement durham-breton, qui
donnent depuis 3,000 à 3,400 litres en 365
jours. Ces résultats sont fort remarquables, et
si j'avais une vacherie à monter, je n'hésite-
rais pas à y mettre des petites vaches bretonnes, pour les croiser avec un taureau durham
bien écussonné. Nous sommes allés ensuite à
la jumenterie, où nous avons vu un étalon
percheron, un de race suffolk, et le fameux
Beaudet poitevin, tous trois venant du parc
de Versailles et étant fort beaux. On prend
5 fr. par saillie. Il s'y trouvait 5 mules provenant de la même source, ainsi que 2 pouliches âgées de trois ans, filles du trotteur
Irlandais qui appartenait aussi à l'Institut
agronomique; il avait encore produit 2 pouliches avec des juments boulonnaises et 2 autres avec des juments de race suffolk. J'ai
aussi remarqué une fort belle jument bour-
bourienne, 2 poitevines, 5 percheronnes, 6
boulonnaises, 4 bretonnes, 1 arabe et 2 chevaux hongres. Il se trouve dans cette ferme
régionale 24 cochons ou truies de races anglaises. On se sert ici de la machine à battre
locomobile de Garrett, à manège à quatre chevaux, venant de l'Institut, quoiqu'on ait aussi
une machine à battre mue par la vapeur. Mais
comme c'est une des premières qui ait été
faite par M. Lotz de Nantes, elle a demandé
tant de réparations, pour lesquelles on était
obligé de la renvoyer à la manufacture, qu'on
a fini par la mettre de côté. J'ai vu ici les semoirs de Garrett et celui d'Écosse, un tarare
anglais, un rouleau Crosskill qui est très-ap-
précié ici par tout le monde, des charrues à

sous-sol de Smith, de Deanston et de Read,
une charrue anglaise en fer. Tous ces instruments aratoires et encore d'autres, viennent
de l'Institut, et le maréchal, qui est aussi mécanicien, m'a dit que, travaillant à son compte,
on pouvait s'adresser à lui pour faire copier
ceux de ces instruments qu'on voudrait avoir.
La machine à battre de Garrett bat, lorsqu'elle
est bien servie et qu'on remplace les chevaux
toutes les trois heures, 8 hectolitres de froment par heure. Il est à déplorer que le ministre de l'agriculture n'ait pas encore fait
venir d'Écosse, pour une de ses fermes régionales, une machine à battre destinée à rester
à poste fixe et qui, étant mue par une machine
à vapeur de la force de 8 chevaux, aurait
comme accessoires, une paire de meules pour
faire de la farine, destinée à faire le pain
consommé dans la ferme régionale, une seconde paire de meules pour moudre les farines
destinées au bétail ; la machine à vapeur aurait
deux tarares et un trieur Vachon ou autre,
un brise-tourteau, un laveur de racines, un
broyeur de plâtre, une pompe pour fournir de
l'eau à toute la ferme, un coupe-racine, un
hache-paille qui recevrait la paille à mesure
qu'elle sortirait de la machine à battre, soit
assez menue pour être mangée par les diverses
espèces de bétail, ou pour former la litière.
Lorsque la paille a été partagée en longueur
d'environ 30 centimètres, elle s'imbibe facilement d'urine, et lorsqu'on la laisse séjourner 15 jours ou 1 mois sous le bétail, comme
cela se pratique chez les meilleurs cultivateurs, on enlève ce fumier plus aisément de

dessous le bétail et on l'éparpille bien mieux sur le champ que si elle était restée entière.

La vapeur superflue est employée à faire cuire les aliments. Une machine de ce genre, avec tous ses accessoires bien établis, exigerait une dépense de 10 ou 12 mille fr., qui effrayerait même les plus grands cultivateurs du continent, tant qu'ils n'auraient pu en apprécier les utiles et économiques résultats.

Ce qui est certain, c'est que beaucoup de grands fermiers écossais ou anglais sont montés ainsi, ce qui n'aurait pas lieu si l'intérêt de la somme dépensée ne rentrait pas avec usure.

J'ai quitté le 14 juillet Grand-Jouan à la pointe du jour, et me suis rendu en cabriolet à environ 12 lieues de là pour visiter la ferme-école de Saint-Gildas, propriété de M. de Lauze, qui en est aussi le directeur. Il a bien voulu me faire voir lui-même sa terre, qui s'étend sur environ 235 hectares, dont une centaine sont en semis de pins végétant mal et dont il a l'intention de défricher avec le temps les mauvaises parties; il vient de les acheter à la vente des biens que le prince de Joinville possédait dans ce pays et qu'il a été forcé de vendre; les pins qui peuvent avoir de 10 à 15 ans pourront, pense M. de Lauze, si on les défriche et vend pendant le cours de 4 ou 5 ans, produire le prix d'achat des 100 hectares, lequel a été de 21,000 fr. Ce bois est entouré, comme c'est l'usage dans ce pays, de fossés dont les ados sont élevés en murs de terre et gazon, hauts de 1^m.40; ils forment ainsi une espèce de parc dans lequel on renferme du bétail qui ne peut en sortir, et M. de Lauze permet aux habitants du village voisin, moyennant une légère rétribution, d'y mettre leurs bêtes à cornes et cochons ; lui-même y a lâché un taureau, une vache et une génisse de race de West-Higland, qu'il a payés ensemble 150 fr. à la vente de Grand-Jouan.

Le fond de ces bois m'a paru en général de bonne qualité, mais ayant besoin de drainage ; et c'est pour cela que les pins maritimes n'y prospèrent pas.

M. de Lauze a aussi acheté, il y a deux ans, une trentaine d'hectares de terres communales, espèce de bruyères qu'il a payées en moyenne 200 fr. l'hectare, et qui m'ont paru avoir un excellent fond.

M. de Lauze les a défrichées par un labour et a semé sur une partie du sarrasin et du colza, en leur donnant 6 hectolitres de noir animal, acheté à Nantes à raison de 12 fr. l'hectolitre ; il est reconnu qu'à ce prix il ne peut pas être exempt de mélange ; celui de première qualité, qu'on vend pour être pure, se paye 15 fr.

Il a fauché le sarrasin en vert et a récolté cette année 20^{hect}.50 de belle graine de colza, qu'il a vendu 26^f.50 l'hectolitre ; il va y semer du froment en redonnant une pareille dose de noir. L'autre partie de ce défrichement a donné un beau sarrasin récolté en graine ; il avait reçu 6 hectolitres de noir, après cela on a labouré cette terre deux fois, et comme il n'y avait presque pas de bruyères lors du défrichement, ces deux façons, avec

des hersages, ont mis le terrain en fort bon
état et on y a semé du froment avec une seconde dose de 6 hectolitres de noir. J'ai vu la
récolte sur pied, qui était généralement de toute
beauté.

Ces récoltes de colza ou de froment ont
produit plus d'argent, à la première récolte,
que le terrain, le noir, la semence et les cultures n'avaient coûté.

Ces terres communales sont partagées dans
certaines communes par feux ou ménages de
la commune, et dans d'autres on les a réparti-
ties au marc le franc des contributions, ce
qui, dans ce dernier cas, me paraît fort injuste,
car alors plus un habitant est riche, plus
grande est sa part; et plus il est pauvre, moins
il en obtient. D'après le premier genre de
répartition, les pauvres ménages en obtiennent autant que les riches, et s'ils sont de bons
ouvriers, ils peuvent arriver à l'aisance; dans
le cas contraire, ils peuvent vendre leurs terres à des gens qui en tireront un bon parti.

J'ai appris dans mes voyages que dans les
Flandres belges, où la culture est excellente,
les communaux pouvaient être loués aux petits cultivateurs pour une douzaine d'années,
à des prix assez modiques, pour leur faciliter
la mise en valeur de ces bruyères; après le
premier bail expiré, on les affermait à leur
juste valeur, et les loyers formaient les revenus des communes. Dans la partie de la Belgique qu'on nomme le Condroz, qui se trouve
sur la rive droite de la Meuse et au pied des
montagnes des Ardennes, il y a des communes
qui ont donné à chaque père de famille un

hectare à défricher, avec la condition qu'il le serait en trois ans au plus, et aussi de payer annuellement 5 fr. à la commune; il était spécifié que si l'hectare n'était pas défriché à l'expiration des trois années, ou si le détenteur n'acquittait pas la rétribution de 5 fr. chacune des premières douze années, on lui reprendrait le terrain; au bout de ce temps, on augmentait raisonnablement le loyer. Lorsqu'il restait encore d'autres terres vagues à la commune, on donnait un second hectare aux mêmes conditions, au bout de trois années, à tous ceux qui avaient bien rempli leurs engagements; et l'on m'a assuré qu'il n'y avait plus de misérables dans ces communes, tandis que précédemment la mendicité y était très-commune.

Il serait bien à désirer qu'on adoptât en France de pareils arrangements, car il se trouve encore dans bien des parties de notre pays de vastes communaux en bons fonds, couverts de bruyères, qui ne servent souvent à rien du tout, bien qu'étant très-susceptibles de produire des récoltes profitables aux défricheurs ainsi qu'au pays. La troisième partie de la culture de M. de Lauze s'étend sur un marais tourbeux d'environ 105 hectares, qu'il a acheté des entrepreneurs du desséchement d'un marais d'environ 1,000 hectares, qu'ils avaient en partie assaini avant 1841, époque de l'acquisition faite par M. de Lauze; il a payé l'hectare à raison de 500 fr., et maintenant les mêmes marais, dans l'état primitif, peuvent se vendre 800 fr. l'hectare; il y en a une partie qui se fauche pour foin et la plus grande étendue ne fournit que des litières.

Dans les 105 hectares de marais appartenant à M. de Lauze, il s'en trouve 40 en prés
fauchables, qui ont été établis de la manière
suivante par le propriétaire actuel : Il a éco-
bué les gazons qui se composaient de joncs et
autres plantes aquatiques ; cela coûte 70 fr.
l'hectare. Après avoir partagé ses terrains les
plus profondément tourbeux en enclos de plusieurs hectares, il faisait semer sur les cendres d'écobuage des navets ou du colza en
même temps que de la fleur de foin ou poussiers des greniers à foin, auxquels il ajoutait
un peu de semence de trèfle rouge, blanc et
de lupuline ; après la récolte de navets ou du
colza, il vient du foin qui donne environ
2,000 kilog., et cela dure deux ou trois ans,
après quoi on recommence l'écobuage, lequel,
en diminuant un peu l'épaisseur de la tourbe,
consolide le fond par les cendres. tout en le
fertilisant ; on ressème en prés comme la première fois, en y prenant une récolte de colza
ou navets. Dans les parties où le sous-sol d'argile est moins recouvert de tourbe, on en ramène à la surface en creusant des fossés, et
cette argile étant répandue sur la tourbe
l'améliore singulièrement en lui donnant de
la consistance en proportion de la quantité
qu'on y met. J'ai vu dans ces terrains de fort
beaux chanvres qui avaient reçu une bonne
fumure de fumier ou de guano ; ceux faits
avec du noir animal seul n'étaient pas beaux ;
je pense qu'il aurait fallu mettre moitié noir
animal et moitié guano. J'ai vu aussi de fort
belle avoine faite sur écobuage, ainsi que des
carottes blanches à collet vert qui réussis-

sent bien dans les tourbes; elles ont donné 255 hectolitres à l'hectare; les disettes y viennent aussi; elles ont produit 330 hectol. à l'hectare. Le sarrasin y vient fort bien comme fourrage, mais ne graine pas. Dans les terrains tourbeux qui se rapprochent du sous-sol argileux, on place des ouvriers le long des sillons tirés par une charrue fortement attelée, afin de labourer le plus profondément possible; les hommes, espacés convenablement dans les sillons, enfoncent leurs bêches profondément et en ramènent de l'argile qu'ils répartissent à la surface du terrain labouré, et enfin, en se rapprochant encore plus du bord du marais, les charrues de Dombasle, dont on se sert ici, ramènent elles-mêmes l'argile à la surface, ce qui forme alors une excellente terre, que j'ai vu couverte de fort belles récoltes de froment, avoine, trèfle, de légumes, entre autres d'artichauts et asperges faits sur une assez grande échelle. M. de Lauze y a aussi établi une pépinière, dont il vend les sujets; il en a préalablement défoncé le terrain à la bêche à une profondeur de 66 centimètres : aussi les jeunes arbres y viennent-ils avec une grande vigueur. Il a un fort beau taureau durham, qui lui est venu du parc de Versailles; il a deux vaches croisées durham, des vaches cotentines et des bretonnes. Il croise des truies du pays avec un verrat Hampshire, et espère se procurer des cochons de l'espèce de M. Randall.

J'ai été forcé de voyager la nuit pour me rendre de Pontchâteau à Nantes. Je n'ai donc rien vu dans ce trajet; je suis reparti peu de

temps après pour la Rochelle, où je suis arrivé après douze heures de marche; j'ai ap-
perçu de belles récoltes de froment et d'autres
céréales, quoique le terrain siliceux parût
naturellement peu fertile. Je vis aussi des
bruyères récemment défrichées, portant cependant de fort belles céréales, y compris du
froment; il s'y trouvait une grande étendue
de choux nouvellement plantés; plus loin, il
existait encore de grandes étendues de bruyères qui n'attendent que des défricheurs et du
noir animal pour produire des récoltes abondantes. Nous traversâmes ensuite des terres
calcaires où les céréales étaient fort peu longues de paille, et cependant on leur laissait,
en les moissonnant, un chaume de plus de 30
centimètres, dont une certaine étendue avait
déjà été fauchée et rentrée en meules, pour
former des litières. Nous parcourûmes, dans
les environs de Marans, une vaste prairie traversée par de nombreux fossés et de petits
canaux, qui ont servi à dessécher ces plaines
anciennement en marais. On dit que ce sont
des Hollandais qui ont exécuté ou au moins
dirigé ces immenses travaux, au moyen desquels on a pu former ces beaux herbages garnis de gros bœufs, et ces prés récemment
fauchés, qu'on n'a pas laissé repousser pendant quelque temps, avant d'y mettre une
grande quantité de belles vaches et leurs élèves, ainsi que de fortes juments suivies de
beaux poulains. Ce bétail était gardé par des
garçons et des filles qui n'avaient nullement
l'air d'avoir eu à souffrir de fièvres, quoique
habitant des terres basses, dont les fossés sont

toujours pleins d'eau stagnante. J'ai remarqué
que les charrues en usage dans ces environs
sont ce qu'on appelle des *brabants*. J'eusse désiré savoir si elles ont été introduites dans ce
pays par les Hollandais qui ont desséché ces
marais, ou bien si, comme c'est plus présu-
mable, elles sont dues à des fermiers des environs d'Ostende, qui ont cultivé quelques
fermes dans les marais du Poitou, il y a une
vingtaine d'années. Parmi le peu de moutons
que j'ai vus dans cette journée, il s'en trouvait plus de noirs que de blancs; ils paraissent être de la même espèce que ceux de Bretagne, mais étant mieux nourris ils sont plus
gros.

Je pense qu'une partie de ces herbages pro-
duiraient bien plus s'ils étaient bien cultivés,
qu'ils ne font en donnant exclusivement du
foin. J'y ai vu quelques champs de féveroles,
d'avoine et de froment, mais ils étaient loin de
ressembler aux magnifiques récoltes du furn-
embacht, en Belgique. Quoique les terres de
ces marais aient l'apparence d'une grande fertilité, ce sont des terres argilo-calcaires noires
sur un sous-sol de marne, pas trop rapproché
de la surface.

Je me suis rendu, le 17 juillet au matin, à
la ferme-école de Puilboreau, qui est située à
quatre kilomètres de la Rochelle; elle appartient au père du directeur, M. Bouscasse; ces
deux messieurs eurent la bonté de me recevoir
parfaitement. Puilboreau se compose de 66
hect. de bonnes terres calcaires, assez difficiles
à cultiver; d'environ 40 hectares de vignes,
dont le produit moyen en vin est d'une ving-

taine de pièces (contenant 250 litres) par hectare. On en fait habituellement de l'eau-de-
vie. Ces messieurs m'ont dit que l'oïdium ne
les avait pas encore tracassés; mais les ravages
qu'il a faits ailleurs, et le manque de récolte
cette année, ont élevé le prix de leur vin de
15 à 50 et 60 francs la pièce. Les façons de
ces 40 hectares de vignes étant faites à la
charrue, n'exigent un déboursé que d'environ
2,000 fr. par an. Ces messieurs possèdent, à
douze kilomètres de Puilboreau, près Marans,
140 hectares de prés et herbages, dont ils ont
l'intention de cultiver bientôt une partie: aussi
était-on occupé à former une énorme meule
de foin à côté de plusieurs autres déjà terminées, et j'ai vu ici pour la première fois une
chose fort simple et utile: on dresse perpen-
diculairement une forte perche à côté de l'emplacement destiné à une meule; elle est
maintenue dans sa position verticale au
moyen de trois cordes tendues en sens inver-
se : ce petit mât, qui est plus élevé que la
hauteur que devra avoir la meule à construire, porte en haut une poulie sur laquelle
passe un cordeau assez fort, dont un bout est
entre les mains d'un des ouvriers placés sur
la meule; à l'autre bout du cordeau se trouve
attaché un triple crochet, dont chaque bran-
che forme un demi-cercle assez grand pour
pouvoir entourer la moitié d'une barrique
d'environ deux hectolitres : ces trois crochets
ont à leur partie supérieure un anneau, au
moyen duquel on les réunit, ce qui en forme
une espèce de grand compas à trois branches, dont les bouts sont assez pointus. L'ou-

vrier placé sur la voiture chargée de foin ou
de gerbes, au lieu d'avoir une fourche entre
les mains, avec laquelle il détache pénible-
ment, le plus souvent, une assez petite quantité de foin pour la tendre sur la meule, s'em-
pare les uns après les autres des trois crochets, qu'il enfonce dans le foin. Cela fait, il
donne le signal de tirer le cordeau, qui enlève le compas contenant une énorme brassée
de foin ; celle-ci montée à la hauteur voulue,
un des hommes qui sont sur la meule attire à
lui, au moyen d'un long bâton armé d'un
crochet, la brassée de foin ; il détache les
bouts du compas et étale le foin sur la meule.
Cette simple invention de M. Bouscasse facilite singulièrement la construction de meules
très-élevées, qui ont le grand avantage d'exiger, en proportion de la masse mise à l'abri,
bien moins de couvertures ; il facilite aussi
le déchargement des voitures. M. Bouscasse sème les céréales et racines avec le semoir Hugues ; il fait sarcler les premières à la
main et les autres avec une houe à cheval à
plusieurs rechanges, aussi de son invention.
Il est très-satisfait de l'emploi du râteau-
brouette que M. Millet de Pont a fait connaître. Il se sert des charrues de Dombasle et
Rozé, d'un extirpateur de l'ancien modèle.
M. Bouscasse le père, avant d'avoir envoyé
son fils à Grignon, s'occupait déjà d'améliorations agricoles ; il avait monté, dès cette
époque, un manége ayant un diamètre de près
de 12 mètres, qui fait tourner une machine
à battre fabriquée à la Rochelle qui bat
25 hectolitres de froment par jour, et une paire

de meules avec lesquelles on fait moudre les
grains consommés dans la ferme-école, dont
les élèves sont au nombre de vingt-huit.

Le hache-paille marche aussi par le manége. Il lui manque, ainsi qu'à M. de Lauze,
tous deux ayant bien des défrichements à
faire, un scarificateur Ducie, qui devient à
volonté une herse de Norwége, ainsi qu'un
gros rouleau Crosskill ; car ces excellents instruments, bons dans toutes les espèces de terres, facilitent infiniment la mise en bonne
valeur des défrichements. Ces messieurs ont
encore une machine à battre à bras, qu'ils
louent aux petits cultivateurs 6 fr. par jour ;
quatre hommes peuvent battre avec elle 15
hectolitres de froment en douze heures de
travail ; mais il est à remarquer que, pour
arriver à ce résultat, la paille des gerbes doit
être très-courte.

J'ai vu dans cette culture un champ de
3 hectares de betteraves qui étaient déjà énormes, des froments remarquablement beaux ;
ils produisent ici, année commune, une trentaine d'hectolitres, et l'année dernière, où
les froments ont généralement mal réussi,
M. Bouscasse en a récolté 25 hectolitres à
l'hectare.

Il a de belles luzernières et des sainfoins
à deux coupes. J'ai vu dans ses étables un
très-beau taureau durham, qu'il a payé
1,800 fr. à la ferme-école du Camp dans la
Mayenne, et une fort jolie vache, aussi de
race durham, achetée à Grand-Jouan 600 fr.
Il a une vingtaine de vaches provenant d'un
taureau durham avec des vaches du Marais ;

elles sont fort grandes, et ressemblent plus à leurs mères qu'au père; elles donnent de 12 à 20 litres de lait; une seule arrive à 30 litres à nouveau lait. Ses cochons sont de l'espèce Berkshire, qu'il s'est procurée à Grignon; mais il compte acheter un verrat New-leicester.

M. Bouscasse m'a fait voir un engrais-poisson, fait par un huilier de la Rochelle, M. Erito, qui tire de l'huile des têtes de sardines, dont les tourteaux, réduits en poudre, vont être essayés par divers membres du Comice agricole de cette ville. M. Bouscasse m'a dit qu'il sortait souvent de la ferme-école de Puilboreau des élèves bien en état de faire de bons chefs de culture, mais qu'ils avaient de la peine à trouver des places de deux et trois cents francs. Il est à craindre que de si petites rétributions n'éloignent les jeunes gens un peu capables d'entrer dans les fermes-écoles, où un stage de trois années ne laisse pas que d'être un apprentissage pénible.

Avant de quitter la Rochelle pour me rendre à Saintes, j'ai visité le marché aux légumes, qui était bien garni; j'y ai remarqué surtout de fort beaux fruits de bien des espèces et variétés, tels que de gros abricots bien colorés, quatre ou cinq espèces de prunes et poires, dont quelques-unes fort grosses, des cerises et fraises fort belles : cela m'a fait penser aux envois très-considérables de fruits, que des parties de la Belgique assez éloignées de la mer expédient en Angleterre. Les départements français qui ne sont pas trop éloignés des ports de mer situés sur la

Manche sont dans une bien meilleure position, par leur climat, pour fournir une grande abondance d'excellents fruits à la Grande-Bretagne ; mais pour cela il faudrait qu'on plantât les espèces qui peuvent se transporter sans se froisser facilement. En fait de cerises, ce sont les bigareaux et autres variétés assez dures, ou du moins fermes ; c'est ce fruit qui est le plus profitable au pays qui se trouve entre Saint-Trond et Maestricht ; car les cerisiers produisent peu d'années après leur plantation, et ce fruit manque rarement lorsqu'il est placé dans une terre fertile, ou bien si on fume le pied des arbres. En fait de pommes et poires, les Anglais veulent de gros fruits. De beaux abricots, et les très-remarquables pêches de vigne cultivées sur les bords de la Garonne, de la Gironde et surtout du Lot, autour de Villeneuve-d'Agen, seraient, j'en suis persuadé, très-recherchés. Ces dernières pêches sont fort grosses, ont des couleurs charmantes, et ces beaux fruits sont assez fermes pour pouvoir supporter le voyage.

J'ai vu, en me rendant de la Rochelle à Rochefort et à Charente, bien des prés et herbages de marais, dont une partie était cultivée, mais couverte, pour la plupart, de tristes récoltes. Les meilleurs herbages se louent de 90 à 100 fr. l'hectare, et se vendent de 3,000 à 4,000 fr. Le pont sur la Charente, près la petite ville de ce nom, est suspendu à 32 mètres au-dessus de cette rivière, qui est ici peu large mais profonde.

En se rapprochant de Saintes, fort jolie ville de 14,000 âmes, on parcourt un pays de

8

coteaux calcaires couverts de beaux noyers et de champs enclos de haies, contenant des récoltes de céréales qu'on était en train de moissonner, mais qui n'étaient pas belles. On voit que les innombrables vignes qui fournissent le Cognac absorbent les engrais ; ils manquent à la culture. On voit des champs de maïs, à graine et à fourrage, peu de pommes de terre, et plus du tout de betteraves, choux ni carottes. Peut-être sème-t-on après la moisson des raves et navets. Il y a à Saintes de fort belles antiquités romaines. La ville vient de faire construire de magnifiques bâtiments pour loger un dépôt d'étalons, que le Gouvernement lui a accordé à cette condition ; il s'y trouve quatre écuries, contenant chacune 24 stales, et il existe huit boxes, ce qui formera le logement de 104 étalons, dont il n'en existe ici encore que 50. Une charmante maison sert de logement au directeur du dépôt ; un autre bâtiment loge les autres employés ; enfin, une infirmerie pour les chevaux est placée hors du vaste enclos qui entoure ce remarquable établissement, et la maison du vétérinaire est à côté de l'infirmerie.

Dans mon voyage depuis Marans jusqu'à Saintes, j'ai rencontré quantité de beaux chevaux de gros trait. Je suis parti de bonne heure de Saintes dans un bateau à vapeur qui se rend de cette ville à Rochefort, afin de visiter les très-remarquables travaux de M. de Beauséjour, grand propriétaire qui, âgé de quatre-vingt-trois ans, a employé soixante années de sa longue et honorable existence à des améliorations agricoles, telles qu'assai-

nissements de marais et plantations; il a desséché, au moyen d'immenses travaux, 500
hectares de marais bordant un affluent de
la Charente, dont la moitié lui appartient et dont
le reste est à la commune. Celle-ci n'ayant pas
voulu participer à cette dépense, il a été forcé
de la faire à lui tout seul, son marais ne pouvant être desséché sans l'autre. Il a fallu former plus de 40,000 mètres de fossés ou canaux
de 2 à 4 mètres de largeur. M. de Beauséjour a planté en peupliers tous les fossés qui
se trouvaient sur la partie du marais qu'il a
transformée en prés : leur produit moyen est
de 4,000 kilos de foin. Il en loue l'hectare
80 fr., et les terres peu profondes et de nature calcaire qu'il possède sur les coteaux
avoisinant les prés, sont louées en corps de
ferme 45 fr. Son habitation est située à dix
kilomètres de ses marais desséchés; elle est
entourée de bois considérables et d'excellentes terres, louées au même taux ; mais elles
sont tellement couvertes d'arbres ou d'énormes tétaux placés dans les haies, dont les
branches n'ont pas été coupées depuis soixante
ans, ou entourées de bois taillis dont les futaies n'ont point été touchées depuis lors,
époque où M. de Beauséjour est devenu
propriétaire de cette terre, qu'elles ne peuvent pas produire de belles récoltes. En outre, la culture de ces parages m'a paru être
fort arriérée. J'ai trouvé ce vigoureux vieillard occupé, à l'heure de midi et par un soleil brûlant, à sarcler une planche de haricots
dans son jardin. D'énormes arbres, parmi lesquels de beaux cèdres du Liban et autres es-

pèces rares, ombrageaient tellement, que les légumes avaient grande peine à s'y tirer d'affaire. M. de Beauséjour a encore une chevelure si épaisse, qu'il ne se sert pas de chapeau pendant ses promenades. Il m'a fait faire une grande tournée à travers ses bois, où j'ai aperçu et mesuré des chênes verts dont le tronc, à 1 mètre du sol, avait près de 3 mètres de tour.

Cet homme remarquable est très-instruit; il ne boit que de l'eau, il a des oreilles et des yeux excellents, et une mémoire parfaite; il a fait d'assez grands voyages, toujours à pied, et il habite, quoique deux fois millionnaire, une chaumière très-basse, à côté d'une maison que Mme de Beauséjour, qui était absente ainsi que ses enfants âgés de moins de vingt ans, s'est fait construire. M. de Beauséjour n'y entre jamais. Mon temps, qui était compté, et la grande chaleur qu'il faisait, m'ont empêché de visiter le marais desséché par M. de Beauséjour; je suis donc allé attendre le passage du bateau à vapeur, qui remonte de Rochefort à Saintes. Plus de la moitié de ce trajet, qui dure quatre heures, vous fait voir un charmant et riche pays. Je me suis entretenu sur le bateau avec un jeune homme qui a étudié la géologie et la chimie; il était de l'île de Ré, et m'a appris que la population de cette île s'élève au nombre d'environ 16,000 âmes; elle s'occupe principalement de la culture de la vigne et de la fabrication du sel. Il ne se trouve là que fort peu de terres labourables; elles sont placées dans l'intervalle des marais salants, et produisent surtout de très-belle orge. On fume ces terres et les vignes avec des varechs, qui font donner d'abondants produits ; mais leur inconvénient est de laisser au vin et même à l'eau-de-vie un goût désagréable. Je me suis rendu le lendemain , 20 juillet, de Saintes à Saint-Genis par une excessive chaleur. Je n'étais là qu'à 2 kilomètres du beau et vaste château de Plassac, où je me rendis pour faire une visite au marquis de Dampierre. Il me fit voir un assez grand nombre de juments et de poulains anglais de pur sang; il s'y trouvait aussi trois chevaux de course, dont deux avaient vaincu leurs concurrents à Rochefort.

M. de Dampierre ne vient plus dans cette terre qu'en passant; il avait, lorsqu'il l'habitait, arrangé un moulin de trois paires de meules à l'anglaise, et y avait établi une machine qui faisait monter l'eau, prise au-dessous de la chute, sur une petite hauteur où il avait construit un réservoir, que la machine hydraulique remplissait au fur et à mesure qu'on en employait le contenu aux irrigations. M. de Dampierre m'a conduit dans une propriété voisine du château, qu'il a achetée de M. de Mirbel, du Jardin des Plantes ; il vient de la louer, à moitié fruits, à la colonie de Saint-Antoine, dont les Frères religieux ont fondé ici leur noviciat, qu'ils ont nommé Saint-Joseph ; ils ont 30 hectares de terres et 20 de prés. J'y ai vu de belles céréales et récoltes sarclées. Les nombreux noyers du pays sont couverts de fruits ; on y voit beaucoup de maïs cultivé aussi bien pour le grain que comme fourrage. M. de Dampierre vient d'acheter récemment

8.

un bélier southdown à Moncavrel, et quelques brebis de cette espèce de M. Allier, à Petit-Bourg.

Il pense faire un voyage en Angleterre l'année prochaine, et compte en ramener un certain nombre de brebis pour se créer un petit troupeau de cette excellente espèce. Il a aussi un bélier dishley, avec lequel il croise les bêtes à longue laine et hautes jambes du pays. Il vient de faire venir de Suisse quatre vaches schwitz, et a acheté d'un propriétaire de ce pays un taureau et deux génisses de la même espèce. Ce propriétaire ayant un taureau et deux vaches durham, M. de Dampierre a le projet d'y envoyer ses plus belles vaches. J'ai vu ici des porcs coleshil et un couple de jeunes cochons venant de chez M. de Curzay.

Il y a dans la terre de Plassac une cinquantaine d'hectares en vignes, et, dans une terre voisine, que la belle-mère de M. de Dampierre a achetée il y a une couple d'années, elle a à peu près la même étendue de vignes, dont le vin sert ordinairement à faire de l'eau-de-vie de Cognac. Il faut de ce vin, qui est blanc, de 7 à 8 pièces pour en faire une d'eau-de-vie. Les vignes donnent assez habituellement de 30 à 50 pièces de 2 hectolitres de vin par hectare. L'eau-de-vie vaut maintenant de 140 à 180 fr. l'hectolitre. Le vin à distiller s'est vendu l'année dernière 70 fr. la pièce. La maladie de la vigne n'a pas encore sévi dans ces environs, mais tout le monde assure qu'on ne récoltera presque pas de vin cette année. Voici la manière dont les propriétaires de vi-

gnobles entendus et soigneux s'y prennent
lorsqu'ils plantent une vigne.

On commence par marquer, vers l'époque
de la vendange, les ceps des espèces convenables, afin d'en réserver les sarments lors de
la taille. Cette opération a lieu en février ou
mars. On coupe les sarments avec un sécateur
en boutures de 70 centimètres, dont on forme
des bottes de 100 boutures; on les lie avec
des liens d'osier, en ayant soin de mettre les
gros bouts du même côté. On forme ensuite
une espèce de silo d'environ 48 centimètres de
profondeur sur une largeur de $1^m.70$. On
range les bottes dans le silo, de manière à ce
que les gros bouts de sarments se trouvent
tournés vis-à-vis des parois les plus longues
du silo, en laissant un intervalle entre les parois et le pied des bottes d'environ $0^m.10$,
intervalle qui devra être rempli d'une terre
émiettée de la surface, une fois que toutes les
bottes auront été rangées dans le silo, ce qui
se fait en ayant le soin de les délier à mesure,
mais sans ôter les liens. On ne devra pas
remplir complétement le silo de boutures,
mais laisser un vide de $0^m.20$, qu'on remplira
ensuite de terre. On laissera les paquets de
boutures en terre jusqu'au moment de leur
plantation, qui ne devra être opérée que lorsqu'il fera chaud, en mai, juin ou même juillet,
si le temps était resté froid jusqu'alors. Les
vignerons prétendent qu'il ne faut couper et
planter les boutures que pendant le décours
de la lune.

Lorsqu'on veut planter une terre en vigne,
on lui donne une bonne jachère, ensuite on

forme des planches bombées par deux, trois
ou quatre tours de charrue, suivant le plus ou
moins de fertilité et de profondeur de la terre.
Ces planches doivent être faites par un bon
laboureur, afin qu'elles soient droites; on
forme ensuite les trous en quinconce, en les
mettant toujours au milieu des planches,
qu'elles soient plus ou moins larges ; seulement, si la terre est bonne et si les planches
ont deux tours de charrue, on met les trous à
2 mètres les uns des autres ; si les planches sont
larges et la terre peu fertile, on met les trous
à 1 mètre ou 1^m.33. Les trous se font avec un
plantoir en fer, qui doit être enfoncé de 0^m.33.
On secoue le plantoir en tous sens, afin qu'il
ne se bouche pas, et on le remplit ici avec de
la vase salée qu'on va chercher sur les bords
de la mer, qui est à 8 ou 10 kilomètres. J'ai
demandé avec quoi on pourrait remplacer
cette vase liquide si on était loin des côtes.
Le régisseur répondit : Avec des vases de terre
grasse qu'on arroserait d'eau salée. On va
ensuite chercher les bottes de sarments ou
boutures dans leur silo, et on les relie avec
les liens d'osier qui avaient été laissés pour
cela; on les examine l'un après l'autre, afin
de ne planter que celles au gros bout desquelles s'est formé un bourrelet d'où sortent
de petites racines; on jette les autres, lors
même qu'elles projetteraient des racines dans
d'autres parties de la bouture que le bourrelet. On enfonce les bonnes boutures dans les
trous garnis de vase, et on serre la terre contre elles : le régisseur de M. de Dampierre
m'en a fait voir, le 22 juillet, qui commen-

çaient à se garnir de feuilles, et qui n'avaient pu être plantées qu'au commencement de ce mois; il m'a assuré plusieurs fois devant son maître qu'il ne manquait pas 5 sur 100 plantes traitées de la sorte. On cultive ici les vignes quatre fois dans l'année à la charrue; il faut une bonne paire de chevaux pour en faire un hectare par jour. On donne en outre six façons à la main, qui se payent chacune 6 fr. Un bon ouvrier gagne 1 fr. 50 c. par jour à faire cette tâche.

M. de Dampierre m'a fait voir des pièces d'excellentes terres touchant son avenue, formée de magnifiques ormeaux. Il venait d'acheter ces terres des héritiers du propriétaire qui venait de mourir; il ne les a payées, malgré la convenance, que 2,700 fr. l'hectare. Il estime les bonnes vignes des environs à 5,000 fr. l'hectare. Comme le sol est extrêmement fertile et profond, on ne les fume pas; mais dans la propriété qu'il vient de faire acheter à sa belle-mère, le fond de terre planté en vignes étant médiocre, on les fume avec des chiffons de laine.

M. de Dampierre m'a conduit le lendemain matin à la colonie de Saint-Antoine; on y élève des orphelins et des enfants pauvres, qui y sont maintenant au nombre de 60. Cette colonie a été commencée en 1841 sur un terrain garni de pauvres taillis et de bruyères, dont l'étendue est d'environ 100 hectares, et dont les deux tiers à peu près ont été défrichés depuis lors. C'est à l'abbé Fournier, qui était alors curé de la commune de Pons, que la colonie de Saint-Antoine doit son existence ; et, depuis quatre ans qu'il est mort, c'est M. l'abbé Richard, curé de la petite ville de Mirambeau, qui l'a remplacé comme protecteur de la colonie. Mais ce sont des Frères religieux qui habitent les deux colonies; ils en dirigent le personnel ainsi que la culture. Les terres les plus anciennement défrichées sont plantées en lignes simples de ceps, qui se trouvent séparées par un intervalle de 8 mètres, dont 7 sont livrés à une culture alterne, qui fait produire une année des céréales d'hiver, et l'année suivante des haricots, du maïs à grains ou pour fourrage, des pommes de terre, du sarrasin, des choux-vaches ou autres, des carottes, des bétteraves, navets, ou enfin des prairies artificielles. On s'arrange, autant que possible, de manière à ce que les plantes qui sont du côté opposé à celui où se trouve la céréale, par exemple des choux-vaches, ne soient assez hauts pour gêner les ceps qu'à l'époque où la moisson et l'enlèvement des céréales aient rendu du jour et de l'air à l'autre côté des rangs de vignes.

Ces diverses récoltes m'ont paru très-soignées; une partie d'entre elles fait voir qu'elles n'ont pas reçu suffisamment d'engrais. Je pensai donc que si on avait pu leur donner, à une époque convenable, de 100 à 300 kilogrammes de guano par hectare, leur produit eût payé avec bénéfice cette dépense; ou bien du noir animal pendant les trois années qui suivent le défrichement, on aurait eu, au lieu de demi-récoltes, des produits très-satisfaisants.

Un grand champ, défriché pendant l'hiver

dernier, a été planté en partie en pommes de
terre, et le reste récemment en choux. Comme
on n'a pas pu le fumer faute d'engrais, la récolte
des tubercules s'annonce à peu près comme
nulle, et je crains bien qu'il n'en soit de même
des choux. Les défrichements sont fort bien
exécutés ici. Comme la surface du terrain est
de sable placé sur une mince couche de gravier qui se trouve sur un sous-sol d'argile,
on défriche en faisant passer deux charrues
Dombasle fortement attelées, l'une après
l'autre, dans le même sillon ; et si la seconde
ne ramène pas assez d'argile à la surface,
alors on place dans le sillon qu'elle vient de
creuser un nombre suffisant des plus forts
garçons armés de fourches plates, avec lesquelles ils ramènent hors du sillon de l'argile
qu'ils répandent à la surface. Cette excellente
opération donne de la consistance au sol, mais
exige, pour qu'il puisse produire de suite une
bonne récolte, une forte fumure, et, mieux
encore, des engrais pulvérulents. La colonie
possède aussi de bonnes marnières dont le
contenu améliore ces terres d'une manière très-
remarquable. Les jardins de la colonie sont
pleins de beaux légumes et fort bien tenus.

Les Frères de la colonie de Saint-Antoine
sont vêtus, en été, d'une soutane en coutil de
couleur gris foncé, qui n'est pas très-longue,
mais boutonnée jusqu'au menton ; les colons le sont de coutil rayé bleu. Ils logent
dans une espèce de grange dont le rez-de-
chaussée sert de salle à manger, et où ils se
tiennent et travaillent lorsqu'il fait mauvais.
Les menus instruments de culture et les outils

sont attachés à des crochets qui garnissent les
murs. Le premier étage est formé d'une galerie
qui fait le tour de l'intérieur du bâtiment, où
se trouvent suspendus les hamacs dans lesquels couchent les colons. Ceux-ci, lorsqu'ils
sont âgés de vingt ans, sortent de la colonie
et trouvent des places dans les fermes, où ils
gagnent de 150 à 200 fr., suivant leur intelligence et leur force. J'ai quitté ces bons
Frères, enchanté de tout ce que je venais de
voir dans cette école chrétienne, qui forme
de bons domestiques de culture, et je serai
charmé s'il m'est permis un jour de revenir à
la colonie, pour jouir des nouveaux progrès de
cet établissement si utile, et comme on désirerait en voir créer dans tous les départements.

En quittant le château de Plassac, j'ai
voyagé avec un propriétaire demeurant dans
la petite ville de Saint - Jean, située entre
Saintes et Cognac. Il s'occupe du commerce
des eaux-de-vie ; il m'a dit que celles de l'année dernière se vendaient de 185 à 190 fr.
l'hectolitre, mais que, voyant les vignes très-
mal préparées cette année et le prix du vin si
élevé, il conservait ses eaux-de-vie, espérant
les vendre encore mieux l'année prochaine. Il
m'a dit que le produit moyen d'un hectare de
vigne était de 36 pièces de vin, valant, en
temps ordinaire, de 15 à 20 fr. les 250 litres, et
dont il en faut 8 pour faire une pièce d'eau-de-
vie, valant aussi ordinairement de 70 à 80 fr.
la pièce. Il a ajouté que les bonnes terres près
de Saint-Jean se vendent environ 2,500 fr.,
les bonnes vignes le double, et les bons prés de
5,000 à 7,000 fr. Il m'a encore rapporté qu'on

fumait, dans son pays, les vignes avec du fumier ainsi qu'avec des composts et aussi du guano; il m'a dit que, pour remplacer les vases liquides de mer dont on se sert sur les côtes pour planter les boutures, on mettait de 2 à 3 kilos de guano par hectolitre d'eau pour verser dans les trous; quant à la manière de traiter les boutures en les enterrant, elle est d'un usage général dans toute cette contrée.

En traversant ces beaux pays, où il y a beaucoup d'excellentes terres, j'étais souvent étonné d'y voir de très-pauvres récoltes de froment; et j'appris que la raison principale en était qu'on faisait jusqu'à trois récoltes de froment de suite, après avoir donné une assez médiocre fumure seulement à la première. Je suis arrivé le 22 juillet à Royan, près l'embouchure de la Gironde dans l'Océan, par un temps d'une chaleur extrême. Le pays, en s'approchant de cette ville, où l'on vient prendre des bains de mer, n'est plus à beaucoup près aussi beau que précédemment. On m'a dit qu'il se réunissait ici jusqu'à 3,000 baigneurs. En me promenant sur les bords de la mer et sur des coteaux fort arides, j'ai vu des betteraves sauvages très-vigoureuses et montées en graine, et j'ai été très-étonné de trouver de petits espaces garnis de plantes de luzerne très-épaisses, ayant un mètre de hauteur et étant d'un beau vert au milieu de ces gazons brûlés. En me rendant le lendemain à Blaye, le commencement du voyage ne me fit pas voir un beau ni bon pays; nous traversâmes beaucoup de bruyères et de mauvais taillis dont on est en train de défricher des parties, car

9

la terre n'y est pas mauvaise. On voit beaucoup de vignes plantées sur des défrichements
plus ou moins récents et qui ont l'air de prospérer. Quelques lieues avant d'arriver à
Blaye, tout est couvert de vignes. Je me suis
rendu le 24 juillet à Bordeaux, par le bateau à vapeur, et je l'ai regretté; car les
bords de la Gironde ne sont que rarement
pittoresques, et j'ai appris, pendant cette na-
vigation, que le Bec de l'Ambesque, langue de
terre d'alluvion se trouvant entre la Garonne
et la Dordogne, était presque tout couvert de
cultures maraîchères fort bien soignées. J'ai
visité le même jour, par une chaleur suffo-
cante, la colonie de la Chappelle-du-Bec-
quet, que j'avais déjà vue en 1841. M. l'abbé
Buchon dirige ici une colonie d'orphelins qui
sont au nombre de 40; ils sont séparés de
la maison, qui contient 150 enfants repris de
justice. M. l'abbé a encore d'autres établissements de cette nature sous sa direction à Bordeaux. Il eut la complaisance de me faire
visiter un beau jardin fleuriste, et puis char-
gea son jardinier, un Génevois, de me montrer les cultures, qui s'étendent sur 45 hectares dont 12 en vignes. La culture m'a paru
être plutôt maraîchère, et le tout fort bien
soigné, mais aussi manquant d'engrais,
quoique à la porte d'une ville immense. J'ai
regretté de voir la grande citerne à vidanges,
que j'avais vue pleine en 1841, être abandonnée. On ne connaît pas non plus le guano, et
ces terres, excessivement maigres, ne peuvent être cultivées avec bénéfice qu'autant
qu'on ne les laissera pas manquer d'engrais.

Les 150 colons sont partagés en quatre divisions qui ont chacune une circonscription de terres, vignes, vergers et jardins à cultiver. J'ai été émerveillé de la beauté des arbres fruitiers et des vignes, dont les plus anciens datent au plus de 1840 : ils étaient couverts de fort beaux fruits de tout genre. Les jardins étaient des mieux tenus et des mieux dirigés. On peut se procurer dans cet établissement des garçons jardiniers fort habiles. J'ai vu dans chacune des quatre divisions de culture un beau champ de citrouilles d'espèces diverses, des champs de pommes de terre assez belles, mais qu'on avait, suivant moi, le tort d'arracher; les fanes étaient desséchées, mais on aurait dû les arracher aussitôt que la maladie avait été aperçue sur elles, en laissant les tubercules en terre jusqu'à la fin d'octobre; elles se conservent ainsi bien mieux : aussi m'a-t-on dit ici que celles arrachées depuis huit jours se gâtaient déjà. Lorsqu'on arrache les fanes des pommes de terre dès que les premières apparences de la maladie se présentent, elle n'atteint point les tubercules, qui, à la vérité, n'augmentent plus dès lors en grosseur. On herse vigoureusement la terre après l'extraction des fanes, et on y sème du plant de colza, de la moutarde blanche ou enfin du sarrasin pour faucher en vert. J'ai vu une pièce semée en luzerne, où l'on occupait les colons, lorsqu'il n'y avait pas d'autres travaux plus pressés à faire, à défoncer ce sol siliceux, mêlé de cailloux, à 66 centimètres, et à le passer au fur et à mesure à travers des claies, afin d'en séparer les

cailloux. Je pense qu'ils seraient plus utile-
ment employés si on leur faisait extraire la
marne argileuse qui se trouve dans quelques
parties de cette propriété, à une profondeur
de 1^m.50, car elle améliorerait infiniment
ces sables arides et sans consistance. J'ai vu
dans les étables 7 vaches, 4 chevaux, 2 ânes
et quelques cochons hauts sur jambes : ces
derniers sont engraissés pour la colonie. Le
fumier de ce bétail, réuni aux vidanges de ce
nombreux personnel, est loin de suffire à une
convenable fertilisation de ce sol maigre et
aride.

Je suis allé le lendemain de bonne heure
faire une visite à M. Petit-Lafitte, professeur
d'agriculture du département depuis de longues années ; il a eu la complaisance de me
donner l'adresse d'un certain nombre de cultivateurs distingués, et je me suis mis en route
pour aller visiter d'abord les rizières de la
Teste, en partant de la station du chemin de
fer à neuf heures du matin. Le pays a l'air
d'un désert à partir des quatre premiers kilomètres, en s'éloignant de Bordeaux, jusqu'à peu près la même distance de la Teste-
de-Buch, commune d'une population de près
de 4,000 âmes ; nous avons mis près de deux
heures à parcourir 40 kilomètres, d'abord
parce qu'on ne va pas vite, et ensuite à cause
du grand nombre de stations où l'on s'arrête.
Jusqu'à cette heure, il n'y a qu'une paire de
rails ; mais on s'occupe d'en poser une seconde, car le chemin de fer de Bayonne se
sert de celui d'Arcachon jusqu'à 6 kilomètres
avant d'arriver à la Teste.

Les travaux qui s'opéraient pour la pose de la seconde voie du chemin de fer m'ont donné l'occasion de pouvoir juger de la profondeur du sol végétal des landes, ou terre de bruyère, qui est presque partout assez éloigné du sous-sol ferrugineux, connu dans ce pays sous le nom d'*alios;* ce qui permet aux pins maritimes de végéter avec vigueur. Je me dirigeai de la Teste vers des rizières qui ont été établies, il y a quatre ans, sur une partie des dépendances de la Compagnie d'Arcachon; terrains que cette Compagnie avait défrichés et en partie nivelés, pour y établir des prés irrigués, et qui depuis sa déconfiture sont revenus en ajoncs et bruyères. Je me suis rendu dans celle des trois exploitations cultivant en grand le riz, qui me fut indiquée comme étant la plus considérable. Son directeur, M. Féry, était absent; mais son teneur de livres, qui le représente dans ce cas, eut l'obligeance de me faire voir une partie des rizières, et de m'expliquer ce genre de culture. La propriété de cette Société se compose de 500 hectares, dont 280 sont déjà transformés en rizières. On commence par faire arracher les grands ajoncs et autres souches de plantes à fortes racines; ensuite on laboure la bruyère; on trace les fossés qui servent à enclore les pièces, ainsi qu'à amener et emmener l'eau; on nivelle ensuite ces enclos en les partageant en petites pièces qui sont entourées de petites levées destinées à maintenir l'eau à la hauteur voulue. Sans cette précaution, il y aurait trop d'eau dans une partie des enclos pendant que d'au-

tres en seraient privées. Ces travaux reviennent en moyenne à 200 ou 220 fr. par hectare, somme qui ne serait pas suffisante sans
le premier défrichement ci-dessus mentionné.
On met 350 kilogr. de guano par hectare, et
on sème le riz, qui ne donne, comme première récolte, qu'environ 18 hectolitres; mais,
en renouvelant chaque année la même dose
de guano, on obtient, depuis quatre années
qu'on a commencé cette culture, des récoltes moyennes d'environ 40 hectolitres de
riz. Une fois que le terrain se trouvera trop
envahi par les mauvaises herbes aquatiques,
on donnera une jachère complète, et on re-
commencera à semer du riz, comme précédemment. M. Féry possède une ferme près
de là, dans laquelle il a formé des prés irrigués qui donnent, au moyen de fumures convenables, de 4 à 5 mille kilogr. de bon foin à
l'hectare. J'y ai vu de fort beau maïs, de
belles pommes de terre, des navets encore
trop jeunes pour pouvoir les juger; et ce qui
m'a le plus frappé dans cette culture, c'est
un superbe champ de froment. On m'a dit
que le noir animal y avait été essayé avec
succès.

Le comptable m'a conduit dans un moulin
à décortiquer le riz, fort considérable, qu'une
Société vient de faire construire à côté de la
propriété que je visitais. On y fait trois qualités de riz, dont la première est très-belle.
M. Féry, après bien des essais sur plusieurs
variétés de riz, a adopté les suivantes, qu'on
cultive en Piémont : le *chinese* et le *nostrano*.
Le premier est plus hâtif et sans barbes; sa

maturité précède celle du millet à grappes, qui est beaucoup cultivé dans les landes.

Le *nostrano* est barbu, et se récolte quand l'autre est rentré. M. Féry était allé en Angleterre pour y acheter des machines à moissonner, car il ne pouvait pas trouver le nombre de bras suffisants pour couper dans un court délai 280 hectares de riz, d'autant qu'il existe dans le voisinage deux autres grandes cultures de riz. J'ai admiré la grande vigueur que déploient bien des espèces d'arbres, principalement les catalpas et les platanes qui sont autour des habitations et sur les bords des fossés et canaux d'irrigation, enfin partout où ils trouvent de l'humidité, si nécessaire sous un soleil brûlant. Les arbres fruitiers étaient couverts de beaux fruits. Il me paraît bien démontré que les sables des landes, dont l'alios ou sous-sol ferrugineux n'est pas trop rapproché de la surface, peuvent, au moyen des irrigations et des engrais pulvérulents, principalement le guano (dont il ne faut que quelques centaines de kilogrammes par hectare), donner de superbes récoltes de tout genre, avec une partie desquelles on nourrira beaucoup de bétail qui produira les engrais nécessaires pour entretenir la fertilité obtenue d'abord par les engrais pulvérulents qui peuvent venir de loin, et qui sont en définitive moins chers que les fumiers qu'on achèterait dans son voisinage, et qu'on ne trouve jamais qu'à la porte des grandes villes.

J'ai fait, le 26 juillet, une visite au docteur Rollet, médecin en chef de l'hôpital mi-

litaire de Bordeaux, qui a perfectionné l'éducation des sangsues. Ses occupations de ce
jour ne lui permettant pas de m'accompagner
à sa maison de campagne, située près de la
seconde station du chemin de fer de Bordeaux à la Teste, il eut l'obligeance de me
donner un mot pour son régisseur, une bro-
chure qu'il a publiée sur la propagation des
sangsues, et de me prêter un Rapport fait par
une commission chargée de visiter les cultures de riz près la Teste ; commission dont il
avait été en même temps le président et le
secrétaire, et dont il me permit de prendre
l'extrait suivant.

Le captal de Buch, seigneur d'une immense terre, la vendit, en 1766, à un sieur Né-
zeo, sous la condition que ni lui ni ses ayants-
cause ne pourraient jamais la semer ou planter en bois, afin de ne pas priver les habitants
des communes de la Teste, de Gujan et de
Cazeau, du droit de faire pâturer leur bétail
sur les bruyères de ladite terre ; depuis, elle
devint la propriété d'une Compagnie qui se
forma sous le nom de *Compagnie des landes ;*
celle-ci céda, en 1837, à une Compagnie
connue sous le nom de *Compagnie d'Arcachon*, une étendue de 13 mille hectares, à
raison de 100 fr. l'hectare. Cette Société a
vendu, il y a quelques années, des terres,
avec le droit de prendre l'eau nécessaire pour
former des rizières, à trois Compagnies ; cette
eau devant être prise dans un grand canal
sortant de l'étang Cazeau, dont l'étendue est
de 950 hectares, et se trouvant élevé à 20
mètres au-dessus du niveau du bassin d'Ar-

cachon. Il peut fournir assez d'eau pour irriguer 4,000 hectares situés à 6 kilomètres
dudit étang. Ces terres descendent vers le
nord, en suivant une pente régulière de
0m.25 par 100 mètres. Cette masse d'eau
pourra fournir au minimum 2 litres par seconde pour chaque hectare, ou 72 hectolitres
par heure. Les travaux préparatoires de mise
en culture des landes reviennent, dans les
environs de Bordeaux et près de la Teste, aux
prix suivants :

	fr.
Défrichement, nettoiement, brûlage, etc.....	80.00
Nivellement, piochage pour réduire les mottes.	80.00
Endiguement, fosses, division en carreaux pour rizières..........................	50.00
	210.00

Voici le détail de la dépense des années
suivantes :

	fr.
Labour d'hiver jusqu'à la fin de février.......	30.00
Pour fumure annuelle, 350 kilog. de guano à 30 fr............................	105.00
Réparation des endiguements...............	5.00
Semaille, qui se fait en avril à la volée.......	2.00
120 à 130 litres de riz pour semence.........	25.00
Un hersage et la levée des écluses..........	3.00
Pour les petits sarclages..................	4.00
La moisson se fait en septembre, elle revient à	24.00
Le battage au fléau.....................	44.00
Le vannage............................	5.00
Pour serrer les grains et les pailles..........	6.00
Frais généraux.........................	10.00
	263.00

Le produit moyen étant de 35 à 40 hectolitres, est évalué ainsi ; prenons 35 hectol. :

La paille s'élève à 25 ou 30 quintaux mé-
triques.

9.

100 hectolitres de riz donnent 60 hectol. de riz blanc de trois qualités.

16 hectolitres de son blanc, pour le bétail, à 10 fr. les 50 kilogr.

Il y a aussi du son gris : celui-ci à 7 fr.

La récolte d'un hectare produit en riz blanc de
    40 fr. les 100 kil. en moyenne, les 20 hectol. de   fr.
    riz blanc. 520
30 quintaux de paille à 1 fr. 30

                              Total. 550
                  La dépense. 263
                        Reste. 287

Les meilleures terres ne donnent pas un produit net pareil. Le Rapport s'occupe ensuite du reproche d'insalubrité qu'on fait à cette culture, et dit qu'après avoir consulté les divers ouvriers et autres employés, il ressort qu'il n'y a pas eu davantage de maladies ou de fièvres depuis l'introduction des rizières que précédemment; ce qui paraît résulter ici de la grande perméabilité du sol, car aussitôt que l'on arrête l'arrivée de l'eau, celle qui se trouvait dans les rizières s'infiltre et s'écoule par les fossés les plus rapprochés.

J'ai visité la propriété du docteur Rollet, où j'ai trouvé de fort beaux bâtiments, parmi lesquels la vacherie est surtout remarquable; elle contient une vingtaine de vaches de couleur noir et blanc, dont plus de moitié étaient de grande taille; les meilleures parmi elles donnent 22 litres à nouveau lait; les autres sont de très-petites bretonnes, dont les meilleures produisent 11 litres. Toutes ces bêtes sont plutôt grasses que maigres; elles vont au pâturage, et reçoivent en outre de l'herbe

fraîche à l'étable. Le passage prochain du
convoi qui devait me ramener à Bordeaux
et l'extrême chaleur, m'empêchèrent de parcourir les champs. Je ne fis qu'apercevoir
du maïs superbe et des pommes de terre
fort belles. Je n'ai eu le temps que de visiter
les trois jardins, contenant 27 ares, couverts
d'eau, mais partagés en petites pièces d'eau
dans lesquelles on pourra élever annuellement six millions de sangsues; on n'est encore arrivé qu'au tiers de cette production.
Ces petits réservoirs de diverses formes ne
doivent jamais avoir que la même profondeur
d'eau, qui est d'environ 0^m.66; ils sont bordés de gazons tourbeux, dans lesquels les
sangsues déposent leurs cocons, dont chacun
peut produire une quinzaine de jeunes sangsues. Le docteur nourrit ses sangsues en ame-
nant dans ces réservoirs, deux fois par semaine et pendant deux heures, ses vaches et
ses ânes. Ceux-ci sont au nombre de douze;
il a l'intention de les doubler, car ils se laissent piquer sans se débattre; et lorsqu'on les
sort de l'eau, leur sang, au lieu de couler
comme celui des vaches, s'arrête sans aucun
soin; tandis que, lorsqu'on sort les vaches, il
faut boucher leurs piqûres, sans quoi elles
perdraient beaucoup de sang. Elles ont aussi
l'inconvénient d'être trop sensibles aux piqûres; elles frappent des pieds, et se débattent
pour éloigner les sangsues: aussi le docteur
a-t-il imaginé de les attacher séparément,
chacune vis-à-vis d'une petite auge qu'on
remplit d'une nourriture qui leur plaît, afin
de les tranquilliser.

Le docteur a enclos les jardins qui contiennent les petits réservoirs à sangsues d'une haie assez difficile à franchir. Il a construit dans cet enclos une jolie chaumière où loge un homme marié qui soigne l'éducation des sangsues, tout en les gardant contre les voleurs ; il a pour cela deux grands chiens de garde et une cloche d'alarme placée au-dessus de sa maison, dont le son parvient à l'habitation qui touche la ferme. Il y a enfin un réservoir couvert d'une barraque bien close, afin d'empêcher les sangsues destinées à la vente d'en sortir. Le docteur a semé depuis dix ans plus de 200 hectares en pins ; ils poussent avec une grande vigueur. Étant retourné à Bordeaux, je montai dans une diligence qui me conduisit à huit lieues, dans un bourg du nom de Saint-Laurent en haut Médoc.

Le lendemain 27, je me rendis de bonne heure chez M. de Luetkens, qu'on m'avait signalé comme un très-grand propriétaire de vignes en Médoc, fort entendu en culture et dans la direction à donner à un vignoble ; il était malheureusement absent ainsi que le régisseur, j'eus donc beaucoup de peine à me procurer les renseignements suivants : Un vigneron soigne ordinairement 450 ares ; il a pour cela 150 fr. ; sa besogne est de sarcler deux fois en retirant la terre qui se trouve entre les ceps, sur le premier tour de charrue que les bœufs viennent de tracer autour du rang de ceps, et qui se trouve ensuite relevé par le second tour de charrue, qui sert à butter les ceps ; ils taillent la vigne en mars et élaguent les pousses de sarment qui gêne-

raient les façons de labour; ils doivent encore
relever la terre que la charrue dépose au moment où elle tourne à la fin du sillon. Ces
gens travaillent ensuite, ou à leur tâche, ou
bien à la journée, et, dans ce dernier cas, ils ne
gagnent qu'un franc par jour; ils ont pour
vendanger 1 fr. et sont nourris, et les femmes 50 c. et aussi nourries alors.

Ils font les faucbailles ; on fume les vignes
sur bonnes terres assez fortes tous les sept ou
huit ans, et on y met quarante voitures à deux
énormes bœufs par hectare; on leur donne,
pour transporter ce fumier et pour l'enterrer, 50 fr. Si l'on recharge les ceps avec la
terre des tournailles, cet ouvrage leur est
payé de 80 à 100 fr., suivant la quantité de
terre et la distance; les ceps sont plantés en
lignes et sont en tout sens à un mètre de distance, ils sont palissés sur des baguettes sup-
portées par de petits échalas, hauts d'environ
0^m.50.

On donne aux vignes quatre labours chaque
année; l'araire que j'ai vu là est des plus
primitifs que j'aie encore rencontrés; son
versoir est formé d'une planche qui n'a que
18 ou 20 centimètres de largeur; on y attèle
deux bœufs énormes qui sont couverts de
draps, et dont la figure est garnie d'un filet
très-épais et serré afin d'empêcher les mouches de les tracasser; on entoure les cornes à
leur naissance ainsi que la nuque d'une belle
peau de mouton couverte de sa laine; ces filets
doivent à peu près priver ces pauvres bêtes de
la vue; on les attèle à quatre heures du matin jusqu'à dix heures et demi, mais par les

temps chauds ils ne travaillent pas le soir.
Comme on ne cultive ni prairies artificielles
ni racines, les bœufs ne mangent toute l'année que du foin à l'étable, mais ils vont pâturer sur les prés après la fenaison. On les vend
vers l'âge de dix à douze ans sans être gras.
On a dans cette ferme des vaches avec quelques poulains toute l'année et un troupeau de
moutons en hiver pour faire du fumier. On
ne fait du froment et de l'avoine l'hiver que
pour la consommation de la ferme; on ne
vend absolument que du vin; un hectare en
produit en bonne année moyenne de 20 à
24 barriques de la contenance de 227 litres,
qui se vend en temps ordinaire de 125 à
150 fr. la barrique, ce vignoble n'étant pas un
des meilleurs; il est dans un sol assez compacte, ayant 66 centimètres de profondeur,
sur un fond de marne.

Les journaliers qui ne sont pas vignerons
gagnent 1 fr. 50 c. par jour sans être nourris. Le beurre se vend ici 1 fr. 20 c. les 500
grammes. J'ai couché et déjeûné dans une
bien pauvre auberge, mais j'y ai bu d'excellent vin bouché à 1 fr. la bouteille; le vin de
cabaret se vendait 50 c. le litre. Je suis allé
de là à une petite colonie d'orphelins, qu'un
frère, sorti il y a quelques années de la colonie de Saint-Antoine, est parvenu à fonder
dans une bruyère qu'il a achetée sur les bords
de la route qui va à Lespare, à environ 8 kilomètres de Saint-Laurent. Le directeur, frère
Félix, était aussi absent, et c'est un de ses
plus anciens élèves qui le remplace quand il
n'y est pas. Cette colonie, qui se nomme Saint-

Vincent de Paul, date de trois ans ; elle ne
contient encore que 12 hectares qui ne sont
pas entièrement défrichés. Ce terrain a été
payé des deniers du frère ; et, avec les secours
de personnes charitables, il a pu construire
d'abord une bonne maison de ferme, à laquelle il a pu ajouter, l'année suivante, un
autre bâtiment plus étendu ; et enfin il achève
maintenant l'extérieur d'un grand et beau
bâtiment couvert en ardoises, qui a un rez-
de-chaussée et un premier, auquel il espère
plus tard pouvoir ajouter une chapelle. Il va
obtenir un chapelain qui pourra le suppléer
quand il s'absentera, et il lui prépare un logement confortable dans le grand bâtiment.

Il fait défoncer à 50 centimètres tous ses
défrichements ; ils sont de trois espèces différentes : la plus grande partie se compose d'une
terre noire assez compacte, d'environ 66 centimètres d'épaisseur sur un sous-sol d'allioz,
espèce de sable ferrugineux très-compacte ;
il y a ensuite des parties formées d'un sable
noir mélangé de petits cailloux blancs ; on
m'a dit que c'est ce genre de sol qui produit
les meilleurs vins du Médoc. Enfin la terre la
plus fertile est un sol jaunâtre un peu argileux, sous lequel se trouve, à 2 mètres de
profondeur, du tuf calcaire avec lequel on a
fait les constructions. Il est probable que si
l'on fouillait plus avant, on y trouverait des
pierres de taille tendres. Les céréales étant
récoltées, je n'ai pu les juger que d'après le
peu de chaumes qui n'avaient pas encore été
bêchés ; ils étaient beaux, et un voisin de la
colonie avec lequel j'avais causé en y venant,

m'avait dit que le frère Félix avait récolté
les plus beaux froments qu'on pût désirer. Je
vis avec plaisir de beaux légumes, des betteraves, carottes, pommes de terre, des rutabagas qu'on repiquait après un froment, des
choux-vaches, des topinambours; on semait
des navets en lignes, le maïs fourrage et à
grains était beau; enfin, j'ai trouvé que la
culture de cette colonie était fort bien dirigée. On tient sur cette petite ferme 4 vaches,
une vingtaine d'ânesses ou ânons, dont on
loue en ville celles qui ont sevré leur ânon, à
des personnes de Bordeaux qui boivent du
lait d'ânesse.

En revenant sur mes pas, j'appris d'un petit
cultivateur qui labourait son champ le long
de la route, que les terres de ces environs se
vendaient dans les prix de 500 à 600 fr.
l'hectare, qu'il venait d'acheter les deux hectares qu'il était en train de cultiver, pour
1,200 fr., qu'on pouvait avoir pour 120
et pour 150 fr., des landes qui contiennent des
pins assez forts pour être gemmés; son attelage était composé d'une jolie paire de jeunes
bœufs, qu'il venait de payer 500 fr., et d'une
jument. J'entrai, un peu plus loin, en me rapprochant de Saint-Laurent, dans une grande
maison de campagne appartenant à M. Grymal, ancien négociant ayant habité la Nou-
velle-Orléans et les Indes Orientales; on me
l'avait indiqué comme faisant des améliorations agricoles. Je fus fort bien accueilli, et
M. Grymal me fit parcourir sa culture, qui
s'étend sur une trentaine d'hectares de terres
labourables; il a autant de vignes et aussi

des bois et des landes. Il m'a fait traverser une pièce de terre qu'on était en train de labourer; elle se composait d'un sable noir mêlé de petits cailloux blancs; il lui avait donné 400 kilos de guano, qui lui ont fait produire 35 hectolitres de froment. Les attelages étaient composés chacun de deux belles et fortes juments; elles sont attelées à des charrues pareilles à celles auxquelles on attèle des bœufs; c'est-à-dire dont l'âge se prolonge jusqu'au joug; avec des chevaux, ce timon est supporté et maintenu par une traverse portant sur des sellettes ajoutées aux harnais des chevaux. Ses prés n'étant pas irrigués, ne produisent du foin qu'à la condition de recevoir chaque année une certaine dose de guano. M. Grymal n'ayant que des terres à sous-sol imperméable, a construit une tuilerie pour faire des tuyaux de drainage; il a fait venir de Paris une machine d'Ainslie; a déjà drainé la moitié de ses terres et de ses vignes, et est enchanté du résultat; les pousses des ceps dans les vignes drainées étaient infiniment plus vigoureuses que celles des autres; ses rigoles ont une profondeur de 1^m.20; elles sont séparées par 12 mètres, et le drainage lui revient, malgré cela, encore à 300 fr. par hectare, ce qui est fort cher; cela tient au sous-sol qui se travaille difficilement. Les tuyaux sont bien; ce sont des journaliers qui les font, mais M. Grymal espère pouvoir s'entendre avec eux pour qu'ils les fassent à la tâche: il vend ceux de 4 centimètres 25 fr. le mille.

Le cheptel de M. Grymal se compose d'une

trentaine de têtes de gros bétail, les chevaux compris ; une partie de ceux-ci ont été élevés dans la ferme, car il s'y trouve une forte jument qui a produit, avec des étalons de demi-sang, cinq poulains dont trois sont déjà de bons chevaux. M. Grymal a des vaches de pays qu'il croise avec des taureaux bazadais, et des petites bretonnes pour avoir du lait ; les premières ne faisant qu'allaiter leur veau. Le beurre que l'on consomme dans ce pays vient presque tout de Bretagne.

Le fumier fait avec une abondante quantité de litière formée de bruyères, se vend 5 fr. le mètre cube, quoiqu'il soit peu fertilisant et qu'il ait en outre le grand inconvénient de salir la terre par la grande quantité de semences de mauvaises herbes qu'il y apporte.

M. Grymal achète beaucoup de guano, et se sert avec succès du noir animal dans ses défrichements. Il a appris il y a quelques années, en voyageant sur les bords du Rhin, qu'on cultivait dans le nord de la Prusse beaucoup de maïs fourrage, dont on faisait venir la graine d'Amérique par Hambourg ; il a écrit en Amérique à une de ses connaissances, qui lui a envoyé du Kentucky plusieurs variétés de maïs, parmi lesquelles j'ai reconnu celui qu'on estime tant en Prusse et dont le nom est pferdezahn-maïs ou maïs dents de cheval, car sa graine est longue et blanche ; il a mûri en Médoc en 1852, mais pas en 1853. Il serait à désirer que cette espèce de maïs, dont les grosses tiges s'élèvent à plus de quatre mètres et sont très-juteuses, fût cultivée dans le midi de la France. Sa graine y mûrirait, et on l'expédierait dans le reste de la France, où l'on commence à apprécier infiniment ce meilleur des fourrages verts, qui a, en outre, le grand mérite d'être disponible au moment où les fourrages verts sont souvent détruits par les sécheresses. Les tiges de maïs ont encore l'avantage de fournir beaucoup d'alcool, dont les résidus font une excellente nourriture pour le bétail.

Il n'avait employé jusqu'à cette heure qu'un rouleau à dépiquer les grains, mais il attend maintenant un entrepreneur de battage qui doit amener une machine à manége : elle emploiera deux chevaux et huit personnes fournis par le cultivateur, et l'on payera 1 fr. par hectolitre de froment battu.

On m'a fait interroger ici un écho formé par deux bâtiments de basse-cour ; il répète très-distinctement plus de dix fois.

M. Grymal m'a fait boire du vin récolté en 1848, dans une de ses vignes plantées sur un sable noir mêlé de cailloux blancs : je pense n'en avoir jamais goûté d'aussi bon ; il le vend maintenant 500 fr. J'ai été étonné qu'un homme aussi éclairé étant propriétaire d'un bon cru, n'ait pas encore essayé de combattre l'oïdium par la fleur de soufre, qui a réussi à toutes les personnes qui l'ont employée avec discernement.

M. Grymal m'a dit qu'il fallait à un propriétaire de vignoble en Médoc, qui voulait bien conduire son affaire, un capital de 500 fr. par hectare. Lui ayant demandé si une vigne plantée en simples lignes, séparées les unes des autres par des champs cultivés d'une lar-

geur de 10 ou 15 mètres, pouvait donner
d'aussi bon vin qu'une autre vigne plantée en
plein ; il m'a dit qu'il croyait que l'éloignement des ceps les uns des autres ne pouvait
en rien altérer la qualité du vin ; que c'étaient
les qualités de la terre, les espèces de cépages, les genres de fumures, les cultures, et enfin surtout le choix des raisins lors de la vendange, et les soins apportés à la fabrication
du vin et à ceux qu'on lui donne en cave, qui
devaient le plus influer sur sa qualité.

M. Grymal avait, dans le début de sa carrière agricole, fait tremper les échalas qui,
dans ce pays, sont faits de bois de pin mari-
time, dans du goudron de gaz; tout le
monde, dans son voisinage, se moquait
de lui alors, et maintenant la plupart de
ces aristarques ont adopté ce moyen, tandis
que lui, au contraire, l'a abandonné pour
en prendre un meilleur, le système Boucherie, par lequel tous les bois qui ne sont pas
trop durs peuvent être rendus incorruptibles,
du moins pour un temps assez prolongé. Il
coupe les jeunes pins entre le 15 avril et
le 15 juillet; il les fait ébrancher en leur ré-
servant la dernière couronne de branches qui
se trouve au sommet; on en enlève l'écorce
seulement d'un côté dans toute la longueur de
la perche; il les pose ensuite verticalement
dans un cuvier contenant une dissolution de
sulfate de cuivre, mélangée d'eau ; les perches doivent tremper leur gros bout à une
profondeur de 0.60, et y rester cinq à six
jours : les échalas fendus sont complétement
trempés dans la solution et y restent au moins

deux jours; les plus anciens qu'il ait plantés
ayant été traités de la sorte datent de quatre
ans, et ils sont encore intacts, tandis que ceux
qui n'ont reçu aucune préparation ont le pied
pourri au bout de dix-huit mois qu'ils sont en
terre.

M. Grymal m'a fait voir le seuil d'une
porte extérieure qui est exposée à l'humidité
et au soleil depuis huit ans, je n'ai pu l'entamer avec mon couteau, quoiqu'il soit de bois
de pin, mais il a été vitriolisé. Il a employé
des poteaux de pin traités de la sorte pour
supporter des fils de fer n° 17 enduits de mi-
nium, qui font la clôture des pâturages.

Je me suis rendu le 28 à Bordeaux ; de là,
par bateau à vapeur, à Preignac, voulant faire
une visite à un de mes anciens camarades de la
garde, le comte de la Myre Morie, un des propriétaires du fameux vignoble de Sauterne de
Lur-Salusse; mais comme il était absent, je
suis allé coucher à Villeneuve de Marsant.

Le lendemain, de bonne heure, je suis arrivé
au château de Castets, près de Montguilhem
en Armagnac, chez le comte de Barrau, que
M. de Dampierre m'avait signalé comme un
excellent cultivateur : il habite un pays où
l'on voit encore beaucoup d'enclos de landes,
principalement garnis de fougères ; le sol n'est
plus siliceux, mais compact et de couleur
blanche. On trouve dans les coteaux, à une
certaine profondeur, un sable calcaire qui
existe aussi dans diverses hauteurs du département des Landes et qui y est employé en
guise de marne. M. de Barrau s'en sert avec
grand avantage comme litière, et il le prend à
côté des bâtiments de ferme.

Le château est situé sur une colline côni-
que, d'où l'on jouit d'une fort belle vue². Il
existe au pied de la colline une vallée couverte en grande partie de prés, que M. de Barrau draine et défriche, car le fond en est fertile et ne donne cependant que des foins médiocres. Le château est entouré en partie d'un
charmant bois, planté de bien des arbres rares. J'ai trouvé M. de Barrau dans une tuilerie qu'il a fait construire il y a quatre ans,
afin de pouvoir y fabriquer des tuyaux. Il
m'a dit que le plus intelligent des ouvriers
qu'il avait dressés à faire des tuyaux, venant
de lui être enlevé par la conscription, il était
obligé de surveiller par lui-même cette fabrication, qui m'a paru être excellente; les
tuyaux sont parfaitement cuits, très-droits, et
ont une longueur que je n'avais pas encore
rencontrée, $0^m.35$; je ne leur ai trouvé qu'un
défaut, celui d'être un peu trop épais, ce qui
en rend le transport onéreux pour peu qu'ils
soient destinés à aller au loin. On vend ici les
tuyaux de 35 mill. 25 fr.; c'est cher, mais
on comprend qu'un fabricant qui a dépensé
1,000 fr. pour un four couvert, contenant
60,000 tuyaux; 5,000 fr. pour un hangar de
40 mètres de longueur sur 10 de largeur;
1,100 fr. pour une machine de Whitehead;
700 fr. pour une autre de laquelle les tuyaux,
sortant verticalement, ne sont pas aplatis;
500 fr. pour un malaxeur; enfin plus de
8,000 fr., sans compter bien d'autres choses
oubliées dans cette énumération, on comprend, dis-je, qu'un homme qui n'a que des
ouvriers encore novices, soit forcé de vendre
un peu cher en débutant.

La machine de Whitehead a été construite. près de Nevers ; l'autre vient de Chelles, près de Paris.

M. de Barrau a acheté des outils de drainage pour plus de 100 fr. Il m'a dit que ses ouvriers ne se servaient, pour les travaux de drainage, que d'outils parfaitement copiés sur les modèles anglais, ce qui leur permet de très-bien faire les rigoles ; il m'a dit les payer un peu cher, 15 centimes le mètre courant, la pose des tuyaux comprise. Il m'a appris qu'un de ses amis de Paris, M. Trubert, qui possède une terre entre Dax et Bayonne, nommée Saint-Barthélemy, canton de Saint-Esprit, a appliqué un perfectionnement aux tuyaux qui joignent les rigoles principales : le dernier tuyau d'une rigole parallèle se trouve bouché par un bout, et décharge l'eau qu'il amène par un trou pratiqué dans le côté du tuyau le plus rapproché du bout condamné, en le superposant sur un trou pratiqué dans le tuyau de la rigole principale auquel il correspond ; M. de Barrau a adopté ce perfectionnement. Il m'a dit que presque toutes ses terres avaient besoin d'être drainées, et il opère le plus promptement possible cette amélioration commencée il y a quatre ans. Le drainage d'un hectare lui coûte 200 fr.

M. de Barrau m'a donné les détails suivants sur son drainage : avant cette opération ses terres lui donnaient une moyenne d'environ 16 hectolitres en froment ; dans l'année 1851, une pièce de terre de 3.25 ares ayant été semée avec 6 hectol. de froment, a produit 58 hectol.; elle n'était pas encore drainée ; la même éten-

due, de même qualité, fumée, cultivée et semée de même et touchant le champ précédent,
mais ayant été drainée, donna plus de 100 hectolitres de froment. Une autre pièce de terre
de 2.25 ares qui, avant 1850, produisait tous
les deux ans de 30 à 35 hectol. en froment,
en a produit, après avoir été drainée en 1852,
70 hectolitres, et cette année 1854, la récolte,
rentrée mais pas battue, en promet au moins
80 hectol. Un autre champ de 1.50 ares, qui
produisait habituellement entre 22 et 25 hectol.
de froment, en donnera cette année, après
avoir été drainée, une soixantaine. Une prairie
humide, qu'il a défrichée, avait donné en 1850,
avant d'avoir été drainée, sur 1.50 ares, 4 hectolitres de colza et autant de froment; elle a
donné, après drainage en 1852, plus de 60 hectolitres de froment, et cette année on en espère
au moins autant. On voit d'après ces notes,
relevées sur la comptabilité de M. de Barrau,
qu'en fixant le prix moyen d'un hectolitre de
froment à 18 fr., l'augmentation du produit
de la première année a plus que payé la dépense du drainage, qui revient ici en moyenne
à 210 fr.

L'assolement de M. le comte de Barrau est
alterne, mais il compte y intercaler une luzernière devant durer cinq ans. Je lui ai témoigné la crainte qu'elle ne puisse durer aussi
longtemps, sans boucher les tuyaux, car il ne
peut en faire dans ses terres qu'après les avoir
drainées. Son faire-valoir s'étend sur 40 hectares de vigne, avec le vin desquelles on fait
du 3/6 et des eaux-de-vie d'Armagnac; 12 hectares de prés, 70 hectares en culture et 20 en

landes, qu'il défriche à mesure que son fumier le lui permet. Je lui ai conseillé de se servir de noir animal en place de fumier, pendant les trois ou quatre premières années après le défrichement. M. de Barrau défriche aussi ses prés après les avoir drainés, car il trouve qu'ils lui rapportent ainsi bien plus de nourriture pour le bétail en deux années, tant en prairies artificielles qu'en racines, que pendant quatre années lorsqu'ils sont en nature de prés, et il a en outre deux récoltes de froment et de paille pour solder les frais de culture et avoir un joli bénéfice.

Sa première sole est fumée à raison de 100 mètres cubes par hectare, et produit des betteraves, des carottes, des choux-vaches, du maïs fourrage. Deuxième sole, froment, semé à raison de 150 litres par hectare : l'espèce de froment qu'on préfère dans ce pays porte le nom de froment d'Odessa. Troisième sole, luzerne : on la sème en avril sur une fumure de 100 mètres cubes, et on sème en même temps 30 litres de maïs, qui m'a paru trop clairsemé.

Le 22 juillet, pendant que j'étais chez M. de Barrau, on fauchait déjà cette jeune luzerne, qui avait plus de 60 centimètres de haut, et qui, mélangée de ces succulentes tiges de maïs, fournissait une abondante et excellente nourriture verte. Il compte pouvoir commencer à faucher la seconde coupe au commencement de septembre et la troisième vers la fin d'octobre : on avait plâtré cette luzerne au moment de sa levée. La huitième sole devra être semée moitié en colza semé en lignes séparées par 0ᵐ.82, l'autre moitié en avoine d'hiver. La neuvième sole, en froment. Dixième sole, maïs pour grain sur 100 mètres de fumier; il ne faut que 5 litres de ce grain pour ensemencer un hectare à 82 centimètres en tout sens. Onzième sole, moitié en trèfle incarnat semé sur des raves, après leur avoir donné le dernier sarclage; celui-ci se fait en grande partie à la houe à cheval traînée par des bœufs; l'autre moitié de la sole est semée en vesces d'hiver. Douzième sole, en froment avec 40 mètres de fumier. Treizième sole, trèfle plâtré; et quatorzième, froment, qui reçoit du guano au moment où on le herse, à moins qu'il ne soit trop vigoureux. M. de Barrau a une soixantaine de bêtes à cornes, provenant d'un taureau suisse de la race de Fribourg, avec des vaches bazadaises; les veaux ressemblent plus à leurs mères. J'ai engagé M. de Barrau à se procurer un jeune taureau durham de pure race, d'une souche abondante en lait, en l'achetant vers l'âge de trois à quatre mois; il aurait cela chez M. Salvat de Nozieu, près Blois, pour 200 ou 300 fr.; cela lui formerait une race de vaches laitières qui s'engraisseraient facilement, une fois qu'elles ne donneraient plus de lait, et des jeunes bœufs de boucherie, qu'il vendrait bien gras à l'âge de trois ou quatre ans; il achèterait, pour les faire travailler, des bœufs bazadais. M. de Barrau emploie son fumier, autant que possible, six semaines après l'avoir sorti de dessous le bétail.

Le maïs pour fourrage est semé ici à raison de 2 hectolitres par hectare, quoiqu'il soit mis en lignes à 0ᵐ.50 les unes des autres; celui que j'ai vu est très-beau, car il a reçu 100 mètres de fumier, et il est sarclé deux fois. Le sable dont on se sert ici pour litière ressemble infiniment à celui de la Bellangerie, qui contient 55 pour 100 de calcaire; celui d'ici contient en outre des pierres singulièrement contournées, qui contiennent beaucoup de coquilles marines; on en fait de la chaux, n'ayant pas de meilleures pierres calcaires à portée. L'assolement des métayers de ce pays est comme il suit: 1° froment sur 20 mètres de fumier, dont la litière se compose de fougères et de bruyères; 2° maïs produisant de pauvres récoltes, car il n'est pas fumé; 3° trèfle incarnat, qu'on sème au moment du dernier sarclage du maïs. Les métairies ont une étendue de 20 à 40 hectares. Il y a deux ou trois paires de bœufs achetés à l'âge de quatre ou cinq ans, au prix de 500 ou 600 fr. la paire; on vend les vieux maigres en perdant de 100 à 150 fr. par paire, et le peu d'élèves de bêtes à cornes qu'on fait suffit à peine pour combler ce déficit. On n'y tient point de moutons, mais seulement quelques cochons à oreilles pendantes et de couleur noire et blanche. L'idée partagée par tous les cultivateurs de ces contrées, que c'est le volume et non la qualité du fumier qui fertilise la terre, fait qu'on ne pourrait pas louer une ferme si elle ne contenait pas des landes fournissant une abondante litière; ce préjugé est cause qu'on vend les landes ou bruyères presque aussi cher que les terres. M. de Barrau m'a dit qu'elles valent dans ces environs de 600 à 800 fr. l'hectare; il a ajouté que, quoiqu'elles ne soient couvertes presque que de fougères, et que le fond ou au moins le sous-sol soit de couleur blanche, elles produisent, après défrichement opéré à la charrue et sans aucun engrais ou amendement, une assez belle récolte d'avoine; cela me fait supposer que ce fond de terre contient une certaine dose de calcaire.

Les attelages de M. de Barrau se composent de sept belles paires de bœufs fribourg-bazadais et de quelques paires de chevaux de travail ; tout le fourrage sec passe par le hache-paille. Ayant remarqué que les vaches jetaient de la luzerne verte sur leur litière, en chassant les mouches qui les incommodaient, je me suis permis de dire à M. de Barrau que cette perte d'excellent fourrage vert n'aurait pas lieu s'il avait été passé au hache-paille. Il a de superbes betteraves, choux-vaches et topinambours. J'ai vu un rouleau Crosskill, mais j'ai regretté qu'il ne fût pas du plus grand modèle, car il n'y a que ce dernier de parfaitement utile. Il y a dans sa ferme une machine de Lotz, qui bat 50 hectolitres de froment en dix heures. M. de Barrau se sert de charrues de Dombasle. Ses bœufs, comme c'est un usage général dans les pays que j'ai traversés depuis la Rochelle, sont couverts de draps de grosse toile, qui se rejoignent sous le ventre, afin de les préserver des piqûres de mouches; le front et les yeux des bœufs sont couverts d'un filet très-serré, à travers lequel ils doivent voir difficilement, et leur nuque est garnie d'une peau de mouton couverte de sa laine, qui enveloppe les cornes à leur naissance. J'ai vu dans ce voyage plusieurs ânes dont. les jambes sont garnies d'une espèce de bas, aussi afin de les préserver de ce fléau des pays chauds.

Les vaches bazadaises perdent leur lait trois mois après avoir vélé, et on est forcé de sevrer alors leurs veaux ; les vaches schwitz-bazadaises donnent du lait, ce qui n'empêche pas M. de Barrau d'avoir de petites bretonnes blanches et noires.

M. de Barrau fils, qui était absent, est comme son père, passionné pour la culture, et il cultive une ferme à son compte.

Les champs qu'on est en train de drainer étant éloignés, on ne me proposa pas d'aller les visiter par l'extrême chaleur qu'il faisait, et le soir j'allai coucher à Villeneuve de Marsant.

Je me suis rendu le 29 juillet dans une terre qui se nomme le Mineur, appartenant au marquis de Dampierre ; elle se trouve peu éloignée de la route qui conduit à Ayre et près du joli château du Vignou, propriété du comte de Dampierre, qui était en voyage. Ces environs sont en terres blanches et argileuses ; mais elles se trouvent, en général, complétement épuisées par l'assolement de froment, maïs, dans une partie duquel on sème du trèfle incarnat ; de plus, les prés ne sont ni nombreux ni abondants en foin. On y voit en revanche considérablement de landes couvertes de fougères et de bruyères, et par-ci, par-là, de superbes chênes. Un ancien élève de Roville, devenu, il y a quelques mois, régisseur de la terre du marquis de Dampierre,

10.

était malheureusement absent : son père, qui
est le chef de main-d'œuvre de la ferme, m'a
fait voir la culture. Elle m'a paru fort soignée,
mais manquant malheureusement d'engrais;
le régisseur, ne connaissant pas ce fond de
terre, a trop compté sur sa fertilité : il a planté
sur les meilleures parties d'un assez grand
champ, du maïs pour graine, des haricots et
des betteraves, sans pouvoir les fumer, faute
d'engrais; il en est résulté des plantes ché-
tives; il a donné aux plus mauvaises parties
du champ du guano, à raison de 200 kil.
par hectare, et les haricots ainsi que le maïs
y sont très-beaux. On a essayé comparativement une bonne fumure de fumier et une de
400 kil. de guano pour du maïs fourrage,
et le second est infiniment plus beau.

J'ai vu ensuite un grand enclos couvert de
trèfle de Hollande, dont la seconde coupe,
prête à être fauchée, était assez belle; mais
environ un hectare de cette pièce avait reçu,
par un temps pluvieux et après la première
coupe, 300 kil. de guano; le trèfle était là
d'une verdure foncée à larges feuilles et fleurs;
il était d'une épaisseur extrême et avait un
mètre de hauteur bien mesurée. Il doit donner, j'en suis persuadé, trois fois, sinon quatre fois plus que le reste du champ.

On peut voir par là combien le guano rendra de services aux cultivateurs qui voudront
améliorer leurs terres; car, tripler le produit
des fourrages, doubler celui des céréales,
créer un grand produit de racines cultivées
habituellement sur une si petite échelle dans
nos fermes les mieux dirigées, principalement

à cause du manque de fumier, tout cela peut se faire avec cet engrais si fertilisant, qui, entre autres mérites, a encore celui de pouvoir être amené de grandes distances, car il n'en faut que quelques centaines de kilog. par hectare pour faire produire de très-belles récoltes à de fort pauvres terres. Il suffit, suivant la qualité des terres, de 250 à 400 kil. pour céréales, de 500 à 1,000 kilog. pour les prés, les récoltes sarclées et les colzas, pour qu'elles produisent des récoltes très-profi-

Malheureusement le Gouvernement, peu au fait des vrais intérêts de l'agriculture, a taxé les 1,000 kilog. de guano importés par navires étrangers, à 30 fr., ce qui réduit son importation à ce que les bâtiments français peuvent nous amener, quantité fort loin de pouvoir suffire à la demande du petit nombre de cultivateurs qui, jusqu'à cette heure, connaissent cet engrais inappréciable. Ceux qui tiennent à s'en procurer sont obligés de s'inscrire six mois à l'avance, pour être sûrs d'en obtenir; enfin, pour être certain d'avoir du véritable guano du Pérou sans qu'il ait été frelaté, on devra le faire venir de Bordeaux, de chez MM. Pourman père et fils; ou de Nantes, chez M. Maes; de Saint-Malo, chez M. Blaise; du Havre, chez M. Mosneron-Dupin; de Dunkerque, chez MM. Richard et Moissonet; enfin, de Melun, chez M. Angenous; de Mantes, chez M. Seray.

Il doit y en avoir aussi bientôt un dépôt à Marseille. Il faut demander le guano en sacs neufs, et exiger qu'ils soient cousus de trois côtés à l'intérieur et que les deux bouts de ficelles

qui faufilent le quatrième côté soient réunis
par un plomb à l'empreinte de la maison Montané, de Bordeaux, qui est l'agent du gouvernement péruvien , comme la maison Gibs est
l'agent du gouvernement du Pérou pour la
grande-Bretagne. Dans un article du *Farmers
magazine* il est dit que, depuis une douzaine
d'années que le guano a été un peu répandu
dans les îles Britanniques, on y a importé 1
million 250,000 tonnes de guano de diverses
provenances ; tandis que la France ne reçoit
maintenant que 12,000 tonnes annuellement
de guano du Pérou, quoiqu'il y ait des demandes pour plus du double de ce chiffre. Les
îles péruviennes de Chincha en exportent,
par an , 300,000 tonnes pour les divers pays.
Une estimation que le gouvernement anglais
a fait faire en 1853 de la quantité de guano
existant sur les îles Chincha , a porté le nombre de tonnes de guano à 9 millions ; un ingénieur français qui a visité ces îles depuis
lors, a porté ce chiffre à 12 millions. Un Anglais, M. Peacock , dit qu'il peut y avoir encore 5 millions de tonnes de guano sur les
îles Lobos et sur d'autres îles situées sur la
côte nord-ouest du Pérou. M. Boussingault a
fait part à la Société impériale d'agriculture,
qu'on venait de découvrir dans une des îles
Galapagos , situées à peu de distance du port
de Gayaquil, un immense dépôt de guano,
dont plusieurs échantillons devaient bientôt
arriver à Paris. Ce qui est certain, c'est que
partout où un cultivateur essaye le guano du
Pérou, il en résulte, même dans les plus mauvaises terres, des récoltes si remarquablement

belles, qu'il ne se passe pas deux ou trois ans
sans que ce bon exemple ne trouve beaucoup
d'imitateurs.

Le régisseur se sert d'une charrue fabriquée
à Toulouse par le sieur Rouquet ; elle m'a
paru avoir du mérite, car elle possède deux
améliorations que j'avais remarquées dans une
partie des charrues américaines qui se trouvaient à Londres à l'exposition de 1851 : elles
consistent en ce que la pointe du soc se
trouve séparée du tranchant du soc ; ils sont
fixés chacun par un écrou.

Lorsque cette pointe se trouve usée, on la
fait reforger, et comme elle se trouve raccour-
cie, on l'avance d'un trou ; réparation qui se
répète deux fois, ensuite on retourne le bout
usé et on le remplace par l'autre bout, qui
peut être aussi reforgé deux fois.

Lorsqu'un des bouts du soc est usé, on le
retourne en avançant le bout antérieur ; les
échancrures correspondent à d'autres échancrures existant sur le versoir aussi en fonte ; ces
échancrures empêchent le soc, qui n'est fixé
que par un boulon, de tourner. J'ai trouvé
dans la même ferme un rouleau garni de pointes, qui peut être utile lorsqu'on ne possède
point de herse de Norwége ou de rouleau
Crosskill. Comme il existe non loin des bâtiments de fermes une carrière de sable rouge
calcaire, qui est employé dans ces pays en
guise de marne, on en a fait un essai sur
le champ de maïs, en l'appliquant à raison de 150 mètres cubes à l'hectare, et le
maïs est plus beau sur la partie ayant reçu
le sable. On a aussi redressé le cours du ruis-

seau qui coulait parmi les prés et les inondait souvent mal à propos. Il a été fait un essai de drainage avec des tuyaux venant de chez M. de Barrau, qui se trouve à 30 kilomètres d'ici, et cet essai a parfaitement réussi. Le régisseur espère que M. de Dampierre se décidera à fabriquer chez lui des tuyaux, car presque toute cette propriété a besoin d'être drainée, et les tuyaux coûtent trop cher lorsqu'il faut les faire venir de si loin. J'ai remarqué dans la carrière de sable calcaire, des yèbles ayant plus de 2 mètres de haut. Cette plante ne se montre jamais dans un terrain dont le sous-sol ne contient pas de calcaire.

M. Rouquet a fourni une charrue à sous-sol, qui défonce le sol, attelée d'une paire de bœufs; son prix est de 30 fr. Les charrues qu'il établit, et qui m'ont paru convenir infiniment aux fermes qui emploient des bœufs au labour, ont un âge qui se prolonge jusqu'au joug; elles conviennent aussi à la culture des vignes. On tient ici sept paires de bœufs et quelques juments de travail. On va acheter un troupeau de brebis du Lauraguai, qui ont un peu de sang mérinos, et on leur donnera un bélier southdown que M. de Dampierre a envoyé pour cela. Il a ici des juments et des poulains de pur sang.

J'ai été conduit du château du Vignou à Cazères, bourg situé sur les bords de l'Adour, j'y ai pris un cabriolet pour me rendre à la ferme-école de Beyrie, dont le propriétaire, M. du Peyrat, est le directeur. Je suis passé non loin du château de Saint-Jean, propriété de M. de Mareyhac, habitant de Bordeaux; ce propriétaire cultive, et emploie tous les fumiers à la formation de nouveaux prés et à l'amélioration des anciens. L'excessive chaleur qu'il faisait m'a empêché de me détourner de mon chemin pour visiter cette culture, ainsi que celle de M. Duval, à Saint-Maurice, près Grenades, qui possède une quantité considérable de prés, où des chevaux de cavalerie viennent prendre le vert. Nous sommes passés près de la ville de Saint-Severs, en suivant la riche vallée de l'Adour.

Je ne m'arrêtai pas à Pau, et montai dans le coupé de la diligence d'Oleron, qui devait me déposer à deux lieues de Pau, dans un bourg du nom de Gan, près duquel se trouve la ferme-école de Tolou. M. Théodore Chauviteau, qui est Parisien, en est le propriétaire ainsi que le directeur. Ayant demandé quelques renseignements, je finis par savoir que la personne à laquelle je m'adressais était M. Chauviteau lui-même. Il m'apprit qu'il avait acheté, il y a quelques années, la propriété où nous nous rendions, et où il me donna l'hospitalité jusqu'au lendemain, où je devais prendre la voiture des Eaux-Bonnes. M. Chauviteau, qui est un ancien élève de Grignon, après m'avoir présenté à madame, m'a fait parcourir une partie de sa culture, qui est des plus soignées; elle ne s'étend encore que sur une vingtaine d'hectares en culture, quoique la propriété soit d'une étendue d'environ 100 hectares; mais comme il l'a trouvée, lors de l'acquisition, complétement usée, il n'a pas voulu entreprendre trop d'améliorations à la fois, afin de pouvoir plus

tôt et plus complétement fertiliser et nettoyer
une partie de ces terres fortes, humides et
excessivement sales; ce qui lui a réussi à
merveille, car ses récoltes sont toutes fort
belles.

M. Chauviteau a 10 hectares de prés, 9 en
vignes à hautains qu'on cultive à la charrue;
mais le terrain est tellement infesté de lise-
rons, dont les racines s'enfoncent si profondément, qu'on ne parvient pas à les détruire.
Cette plantation en hautains, c'est-à-dire
ayant des tiges hautes d'au moins 1 mètre,
promet, cette année, une bonne vendange. Je
demandai à M. Chauviteau quelle était la
raison qui avait fait adopter ce genre de culture pour la vigne, méthode qui a le grand
inconvénient de ne pas fournir de bon vin;
car les grappes sont si éloignées de la surface
du sol, qu'elles ne peuvent pas profiter de sa
reverbération; il me dit que c'était l'extrême
abondance des herbes qui arrivent à être fauchables entre les labours donnés aux vignes.
M. Chauviteau possède encore une dizaine
d'hectares de pâturages garnis d'arbres et de
fougères: il est occupé à les défricher. Cela s'o-
père par un béchage qui retourne le sol à une
profondeur de 0m.50, servant aussi à extraire
une quantité assez considérable de gros cailloux ou pierres roulées, d'une forme plus ou
moins ronde. Il vient d'augmenter le nombre
de ses prés de 3 hectares, touchant les siens
et la maison de leur ancien propriétaire, qui
sont situés dans la vallée, entre un gave et la
grande route de Pau aux Eaux-Bonnes. Il les
a obtenus troc pour troc d'une même étendue

de ces pâturages en côtes touchant ceux qu'il
défriche. On ne conçoit pas qu'un petit propriétaire, vivant à la porte d'un bourg qui
n'est qu'à 8 kilomètres d'une grande ville,
puisse avoir des idées assez bornées pour pré-
férer des landes pierreuses, en côtes et séparées de son habitation, à des prés qui pourraient être irrigués ou devenir de bonnes
terres, et cela pour avoir des litières. M. Chau-
viteaux pense que sa récolte de froment lui
donnera de 30 à 35 hectolitres par hectare.
Ses betteraves, qui sont semées en quinconces,
afin de pouvoir les cultiver à la houe à cheval sur plusieurs sens, sont de toute beauté ;
mais je trouve qu'elles sont trop éloignées les
unes des autres, ce qui, en les faisant devenir énormes, fait qu'elles sont creuses et moins
sucrées. Les nombreux arbres fruitiers qu'il a
plantés le long des chemins d'exploitation sont
très-vigoureux, à écorce lisse, et sont couverts
cette année de fort beaux fruits. Il a déjà
drainé plusieurs hectares, ce qui a si bien
réussi, qu'il est décidé à drainer toutes ses
terres ; et comme il a été obligé de faire venir
les tuyaux de loin, il vient de commander une
machine pour en fabriquer chez lui. Il a déjà
construit un four à chaux continu, qu'il
chauffe à volonté au bois ou au charbon.
Comme le bois a peu de valeur dans ces environs, et que M. Chauviteau défriche des
landes boisées ainsi que des haies garnies de
tétaux, il a des racines d'arbres et des souches
et têtes de tétaux, qui se fendraient très-difficilement, avec lesquelles il chauffe ce four à
chaux. Voilà comment on s'y prend pour

11

charger le four : on met d'abord sur le cendrier une couche double de fagots secs, par-
dessus, des bûches ; on range au-dessus les
souches et les têtes de tétaux perpendiculaire-
ment, dont on bouche les vides avec des bûches ou racines sèches, et on verse là-dessus
des pierres calcaires cassées, comme pour les
routes, d'environ $0^m.60$ d'épaisseur, ensuite
du bois et des pierres jusqu'à ce que le four
soit plein ; une fois qu'il est bien allumé et
qu'il y a de la chaux de cuite, on en tire par
le cendrier, et on recharge le four, par le
haut, de pierres et de bois. La pierre calcaire
ne lui coûte que les frais de transport, car on
la prend dans une carrière de pierre de taille
dont les débris ne font qu'embarrasser. La
chaux ne lui revient ainsi qu'à $0^f.50$ l'hectol.
M. Chauviteau a semé ce printemps, et sème
encore dans ce moment, de la luzerne en
terre drainée : je crains bien que les racines
ne viennent à obstruer les tuyaux. Les jeunes
gens de la ferme-école de Tolou sont comme
ceux que j'avais vus dans celles de Beyrie, de
Saint-Gildas et de Grand-Jouan, tous fils de
cultivateurs et de petits propriétaires fort peu
à leur aise, qui font un sacrifice assez considérable en se privant pendant trois ans du
travail de leur fils ; il faut qu'ils soient assez
intelligents pour comprendre tout l'avantage
qu'il y a pour ces jeunes gens, à suivre pendant trois ans les travaux d'une ferme-école
bien dirigée : ce dévouement pour l'instruction agricole est infiniment plus rare dans le
centre de la France.

M. Chauviteau m'a conduit à la ferme-

école, qui est située à une certaine distance
de sa charmante habitation ; et il a prié
M. Bouquet, le comptable, de me montrer sa
comptabilité, qui est tenue ici en partie double et avec un soin, une exactitude de détail
pour chaque pièce, avec une fort belle main
et une propreté admirable. Ce jeune homme,
qui a été instituteur, instruit les élèves ; il leur
apprend la tenue des livres, l'arpentage et le
drainage. M. Chauviteau m'a dit que des cultivateurs qui auraient besoin d'un teneur de
livres, qui serait en même temps assez instruit
en agriculture, n'auraient qu'à s'adresser à
lui un an ou six mois d'avance, afin qu'ayant
choisi parmi ses élèves de troisième année
un jeune homme capable, il pût le perfectionner dans la comptabilité (qui, je le répète, est
tenue par M. Bouquet d'une manière très-
remarquable), et que des appointements de
300 à 400 fr., ainsi que les frais de voyage,
seraient trouvés fort convenables.

Pendant les trois semaines que j'ai passé
aux Eaux-Bonnes, j'ai vu et entendu dire
fort peu de chose de remarquable en culture.
Il n'y a dans ces environs que les champs de
maïs qui soient cultivés avec soin ; on soigne
assez bien les prés, qu'on sait faucher dans
la perfection. Le bétail de ces montagnes n'est
pas mal ; les meilleures vaches donnent au
plus une douzaine de litres de lait après avoir
vélé, et, malgré les excellents pâturages de
ces montagnes calcaires, le beurre qui s'y fait
est blanc comme s'il avait été fait en plein
hiver. Quant aux bêtes à laine, elles sont af-
freuses, hautes sur jambes, avec une tête

énorme et de gros os; elles sont maigres,
quoique parcourant d'excellents pâturages où
j'ai remarqué toute espèce de légumineuses,
et entre autres du sainfoin sauvage : leur toison
ne vaut que $2^f.50$. On vend les agneaux âgés
d'un mois 3 fr., afin de pouvoir traire les brebis ; on fait de leur lait de mauvais fromages,
et on vend les brebis, vers l'âge de 5 à 6 ans,
5 à 6 fr. Ces bêtes passent l'été dans les Pyrénées et l'hiver dans les landes. On m'a assuré qu'une partie de ces troupeaux hiver-
nait jusqu'aux environs de Bordeaux. Quel
dommage que M. le directeur des bergeries
impériales, n'ait pas encore pu importer un
troupeau cheviot, qui rendrait les plus grands
services à tous nos pays de montagnes, en
fournissant des béliers pour croiser les pauvres brebis qui existent encore sur une si
grande étendue de notre pays ! J'ai eu l'avantage de faire la connaissance de M. Dupeyrat,
et de m'entretenir beaucoup avec lui pendant
les nombreuses promenades que nous avons
faites ensemble dans ces charmantes montagnes. Il est très-disposé à faire venir d'Écosse
quelques béliers et brebis d'espèce cheviot
pour les propager dans son pays. S'il exécute
ce projet, il aura rendu un grand service.
Cette excellente race, reléguée dans les abo-
minables bruyères et tourbières du comté de
Southerland, à l'extrémité nord de l'Écosse,
où j'ai été la visiter en 1840, fournit des moutons qui sont vendus, vers l'âge de 3 ans ou
40 mois, à des fermiers qui cultivent des
turneps ; ceux-ci les engraissent, et chaque
mouton donne 30 à 35 kilogr. d'excellente

viande : les brebis arrivent au même poids
vers l'âge de 5 à 6 ans. Les toisons d'un troupeau cheviot pèsent en moyenne 2 kilogr. la-
vées à dos, et se vendent 5 fr.

J'ai de nouveau admiré cette charmante
vallée d'Ossau en quittant les Eaux-Bonnes
pour me rendre à Pau et de là à Tarbes. Ce
dernier trajet, qui est de 40 kilomètres, m'a
fait parcourir presque tout le temps une vaste
bruyère ; on voyait cependant près des deux
ou trois villages que nous avons traversés, et
près de quelques petites fermes isolées, des
récoltes qui annoncent que le sol de ces landes
est bon : j'y ai même vu de bons prés et de
belles vignes. Je ne puis comprendre pour
quelle raison ce pays est si peu peuplé, tandis que les villages se touchent presque le
long de la vallée d'Ossau.

Le seul reproche qu'on puisse faire à ce
pays, dont la vue s'étend presque toujours
sur les Pyrénées et souvent sur de charmantes vallées, c'est de n'y point apercevoir de
rivières, mais seulement et rarement de petits
ruisseaux, quoique ce plateau se trouve au
pied d'une rangée de collines en partie boisées. Notre voiture s'étant arrêtée pendant
quelque temps à mi-chemin, à la poste des
Bordes, j'ai pu causer avec le maître de poste,
qui cultive. Il a une quarantaine de chevaux
qui le ruinent cette année, l'avoine d'hiver,
la seule qu'on cultive dans ce pays, coûtant
15 fr. l'hectolitre : il a été obligé d'en acheter
1,500. Ses froments, qui sont fortement fumés, versent souvent, et ils sont, à cause de
cela, fort retraits cette année. Je lui ai con-

seillé de se procurer de la semence de froments anglais, qui ne versent pas, ou du
moins difficilement, et qui donnent beaucoup
et de fort beau grain. Ceux qui sont préférés
sous ce rapport, en Écosse, sont les froments
Hunter, de Fenton-Barn, Red-Shaff-Pearl,
Spalding red prolifique ; celui de York de
couleur rouge est cultivé en grand chez
M. Duquesnoy, à la Guézardière, près Saint-
Aignan, département de Loir-et-Cher ; il est
fort beau, très-productif, et ne verse pas.
M. Massé, le fameux éleveur de bêtes charollaises, qui demeure à Martou, près la Guerche, département du Cher, cultive aussi depuis plusieurs années un froment anglais
blanc qui a toutes les qualités du précédent.
Mon frère, M. de Gourcy, à la Bâsme, près de
Contre, département de Loir-et-Cher ; M. Jubin, à Châteauneuf, sur Sarthe, Maine-et-
Loire, cultivent aussi bien des variétés de
beaux froments anglais, parmi lesquels il s'en
trouve qui versent difficilement ; ils sont très-
recherchés maintenant par les bons cultivateurs, afin de pouvoir bien les fumer sans craindre la verse. Ce maître de poste m'a dit que,
malgré la vaste étendue de landes qui couvrent
ce pays, on ne pouvait pas en acheter à moins
de 800 à 1,000 fr. l'hectare.

On m'a dit à Pau qu'on commençait à y
employer du guano avec grand succès ; quand
il sera connu à Tarbes, où se trouvent tant de
beaux prés irrigués, il permettra d'y faire
trois et même quatre coupes de foin ; car
avec de l'engrais, de l'eau et de la chaleur,
on peut tout obtenir. J'ai vu, pendant une

promenade de plusieurs heures que j'ai faite
autour de la ville, d'immenses prairies irri-
guées. J'ai admiré d'énormes champs de
maïs d'une grande beauté, à côté d'autres qui
étaient pour le moins médiocres; on voyait
que ces derniers péchaient par le manque de
fumier, qui ici, comme à Pau, coûte 10 fr. la
voiture à deux bœufs, et il monte, à certaines
époques de l'année, jusqu'à 15 fr. J'ai vu bien
des champs semés en trèfle incarnat, dont une
partie avait, le 25 août, déjà 3 centimètres
de haut.

Le maïs est planté en lignes séparées par
$0^m.66$. Chaque pied ou touffe se compose de
deux à trois tiges, après lesquelles grimpaient
des haricots. On m'a dit que le premier donnait habituellement, lorsqu'il est bien fumé,
de 35 à 40 hectolitres par hectare, et les haricots de 12 à 15. Cette immense plaine qui
entoure Tarbes, et qui a l'air d'être complétement plate, peut être irriguée presque partout. De même que toutes les rues de la ville,
les champs sont bordés de rigoles d'eau trans-
parente. Ces eaux viennent de l'Adour, à qui
on fait cet emprunt près de Bagnères-de-Bigorre.

J'ai visité le beau haras de Tarbes, qui contient une centaine d'étalons en grande partie
arabes ou anglo-arabes, et enfin de demi-sang
arabe, c'est-à-dire provenant d'étalons arabes
avec des juments ayant déjà au moins moitié
de sang arabe. Quoique les écuries de ce dépôt d'étalons soient bien moins vastes et belles
que celles du haras de Saintes, les beaux arbres et son entourage de magifiques prés ir-

rigués qui lui appartiennent, rendent cet établissement des plus intéressants. L'habitation
du directeur est charmante, et se trouve entourée d'un délicieux parterre.

Un énorme quartier de cavalerie tout nouvellement construit à Tarbes m'a paru être un des
plus beaux établissements de ce genre en France.
J'ai aussi admiré un palais de justice de construction récente. J'ai vu dans une des rues d'un
faubourg une petite machine à battre de construction bien défectueuse : on la faisait agir
au moyen d'une forte chute d'eau. Un propriétaire, qui faisait battre du froment amené
par ses voitures, m'a dit qu'il fournissait les
ouvriers et payait 0^f.75 par hectolitre. Il restait bien du grain dans la paille, malgré l'extrême chaleur du jour. Ce battage ressortait
à 1^f.25 l'hectolitre, m'a dit ce propriétaire :
je pense que le déplacement du grain et de
la paille se trouvait compris. Et cette machine, disposant d'un moteur très-puissant,
ne battait cependant guère plus de 20 à
25 hectolitres de froment par jour. Mais, disait-il, ce battage me coûterait le double si je
le faisais faire au fléau maintenant que les
ouvriers sont très-recherchés. J'ai rencontré,
dans mes promenades d'hier soir et de ce matin, de fort beaux chevaux et des juments qui
paraissaient être de pur sang arabe, quoiqu'elles fussent sous la garde de simples va-
chères qui les faisaient paître sur les bords
des chemins. On m'a dit qu'on pouvait se
procurer facilement de fort beaux chevaux
dans ces environs. On m'avait dit hier au haras qu'une partie des étalons de demi-sang

qui s'y trouvent ont été achetés dans les environs. J'ai voyagé hier avec un homme qui revenait de Bordeaux, où il avait conduit depuis Tarbes un cheval en six jours : il m'a dit que sa dépense et celle du cheval étaient de 6 fr. par jour.

Je me rendis de Tarbes à Lourdes, après avoir traversé la riche plaine de Tarbes; j'ai été fort surpris de descendre infiniment plus que nous n'avions à monter, cela en nous approchant du Pied des Pyrénées. La petite ville de Lourdes se trouve, avec son château fort, placée dans une position très-pittoresque, sur les bords du Gave de Pau, à sa sortie des montagnes, par une étroite et profonde vallée. Une chose qui m'a aussi paru très-singulière, c'est que plusieurs jolies vallées, dont le fond était en prés, et les coteaux qui les bordaient se trouvaient garnis en partie de jolis bois et de châtaigneraies, ne fussent nullement habités; on n'y voit ni villages ni même des maisons isolées. On ne conçoit pas qu'un si joli et bon pays puisse rester sans habitants.

Je me suis rendu de Lourdes à la ferme-école de Visens, qui n'en est éloignée que de 20 minutes; elle est située non loin d'une superbe caserne de cavalerie, dont le principal bâtiment a 13 croisées de face à chacun de ses quatre étages; il a en outre une grande profondeur. Ce grand bâtiment est flanqué de deux très-vastes écuries pouvant à elles deux loger 250 chevaux : il se trouve sur le côté un beau pavillon qui loge les officiers, la famile du commandant et environ 200 cavaliers. La forge et une grande écurie servant d'infirme-

11.

rie sont placées à une assez grande distance
de la caserne; afin d'éviter la contagion. Ce
bel établissement fournit la remonte de quatre
régiments. Il a été construit par M. Dauzat Dambarrère, neveu et héritier du général Soult, frère du maréchal de ce nom.
M. Dauzat Dambarrère était au moment de
monter en chaise de poste pour aller voir à
Tarbes M. Fould, le ministre d'État; après
avoir causé quelque temps avec moi, il me
remit entre les mains de M. Burg-Delabrit,
directeur de la ferme-école. Nous avons d'a-
bord visité une grande étable pouvant contenir une quarantaine de bêtes, dont il n'en
restait que quelques-unes sur les lieux, les
autres étant pendant l'été dans des pâturages
de montagne éloignés d'ici. Les vaches sont
des bêtes de pays, auxquelles on donne un
taureau croisé durham et normand. Nous vi-
sitâmes ensuite la laiterie, dans laquelle on
fabrique plusieurs espèces de fromages. Un
peu plus loin se trouvait la porcherie, qui est
une imitation en petit de celle de Petit-Bourg;
elle contient des cochons berkshire, avec lesquels on croise la race du pays, qui est aussi
de couleur noire et blanche : on a formé le
projet de faire venir des cochons randal de chez
M. de Curzay. Nous avons ensuite parcouru
une partie des 140 hectares qui forment la
propriété de M. Dauzat Dambarrère, sur laquelle se trouvent deux fort jolies habitations,
sans compter la ferme-école. Plus des deux
tiers de cette terre se composent de côtes couvertes de landes qu'on est en train de conver-
tir en prés. Les plus anciens de ces prés, qui

datent de quatre ans, donnent de 4 à 5 mille kilogr. d'un excellent foin, sans compter le regain. Il est bon d'observer qu'on touche ici aux hautes montagnes des Pyrénées, lesquelles fournissent d'abondantes pluies en été.

Cette transformation des landes en prés si productifs s'est faite en fauchant d'abord les bruyères, ajoncs et fougères, et recouvrant ensuite le terrain d'environ 50,000 kilogr. de fumier des chevaux de cavalerie, qui est en partie décomposé après être resté un certain temps (à peu près six mois) en tas énormes ayant plusieurs mètres d'élévation. On avait semé, avant de répandre le fumier, des poussiers de greniers à foin, ainsi qu'un peu de trèfle rouge et blanc. Le produit de l'année qui suit cette forte fumure est un mélange de foin et de bruyères qu'on fait passer devant les vaches : les rebuts servent de litière. Après le second et troisième hiver, pendant chacun desquels on a appliqué une seconde et une troisième fumure aussi complète, on a un bon pré qu'on a le soin chaque année de débarrasser des plantes sauvages qui avaient résisté à ces fortes fumures. Les fougères ont besoin d'être fauchées trois ou quatre fois, en pleine séve, pour disparaître complètement. Ce qui est certain, c'est que les prés de 4 ans m'ont paru être bien engazonnés et produire une excellente herbe. M. Burg m'a dit que ces prés devaient par la suite recevoir, tous les deux ans, 10 mille kilogr. de fumier décomposé. J'ai engagé M. le directeur de la ferme-école d'essayer en petit, dans sa culture; le guano, ce qui n'a pas encore eu lieu ;

ensuite de voir, sur un demi-hectare, si une application de 250 ou 300 kilogr. de guano, faite pendant trois années de suite, ne produirait pas les mêmes résultats que les trois fumures, qui, pour un demi-hectare, emploient 75 mille kilogr. estimés 10 fr. chacun ; ce qui forme une dépense de 750 fr., tandis que le guano n'aurait coûté que 300 fr. pour les trois années.

Comme on a encore une grande étendue de landes à transformer en prés, on ne serait pas embarrassé du fumier, quand même on emploierait une forte quantité de guano, car cela permettrait d'arriver plus tôt à la destruction des landes. Une autre considération pour employer le guano à la transformation des landes en prés ou bonnes pâtures, serait que le transport d'une si énorme quantité de fumier sur des landes très-élevées et escarpées est une opération fort coûteuse et très difficile.

J'ai vu dans cette promenade de fort belles betteraves, carottes, et un jardin légumier très-considérable et fort bien dirigé ; car les élèves de la ferme-école, au nombre de 24, ainsi que les 200 cavaliers, en font une grande consommation, qui est fournie par ce jardin, dont un tiers des élèves s'occupe spécialement ; un tiers de ces jeunes gens est employé aux travaux de culture, et le reste se partage le soin du bétail : ceux-ci apprennent la fabrication de plusieurs espèces de fromages, entre autres de celles de Hollande et de Gruyère. M. Dauzat Dambarrère a acheté, il y a quelques années, un lot du beau troupeau de la

Charmoise, qu'il m'a dit prospérer dans les
pâturages des Pyrénées. La bergerie est formée en rotonde, et se trouve placée sur un
point élevé de la propriété. Il y a encore une
autre bergerie située à l'autre bout de la propriété. J'ai eu beaucoup à me louer de l'obligeance de M. Burg; j'ai appris de lui que je
n'aurais pas dû passer à Tarbes pour venir de
Pau à Lourdes, car j'avais d'abord allongé
de beaucoup mon voyage, et puis la route
directe m'eût fait parcourir un charmant
pays, au lieu d'une immense lande.

Étant retourné à Lourdes, j'y attendis une
diligence qui venait de Cauterets, et se ren-
dait à Bagnères-de-Bigorre, où je fus coucher.
Le pays entre ces deux villes m'a paru fort
joli; il est composé en partie de charmantes
vallées dont les fonds sont en beaux prés, et
les coteaux qui les bordent couverts de vignes
en hautains, d'herbages, de champs, parmi
lesquels il s'en trouve beaucoup qui sont couverts de très-beaux maïs; enfin, de bois et de
châtaigneraies; mais on y voit aussi malheureusement, encore beaucoup de landes.

Je suis parti de Bagnères à huit heures,
après avoir parcouru la ville et ses charmantes promenades pendant plusieurs heures.
Le pays entre Bagnères et Tarbes, ainsi que
quelques lieues plus loin que cette dernière
ville, est très-beau et riche: il est assez bien
cultivé. Une chose surtout est admirable,
tout en étant des plus utiles; je veux parler
de l'immense quantité de rigoles remplies
d'une eau limpide et fraîche, rigoles qui bordent de chaque côté les routes et même les

chemins; elles entourent les champs et traversent ou longent les prés; elles nettoient
aussi toutes les rues des villes et villages, en
y rafraîchissant l'air. Les terres de la vallée
que j'ai suivie en me rendant de Bagnères à
Tarbes se vendent de 1,000 à 1,200 fr., et
même jusqu'à 1,500 fr. les 22ª.50.

Je me trouvais, dans la diligence qui nous
conduisait à Tarbes, à côté d'un homme, d'environ 36 ans, qui était fort bien vêtu; il nous
raconta qu'il était parti de ce pays à l'âge de
25 ans pour Montevideo, n'ayant été jusqu'a-
lors qu'un simple journalier; que, arrivé là, il
s'était trouvé bientôt sans argent; mais qu'un
de ses compatriotes, fixé depuis longtemps dans
ce pays, l'avait employé; que la guerre étant
survenue, il avait servi dans la légion fran-
çaise pendant environ 3 ans, et qu'ayant eu
la chance de ne pas être tué, il avait travaillé
pour un de ses compatriotes qui était tuilier
et chaufournier, et qu'il avait fini par devenir
son associé; ce qui l'avait mis fort à son aise,
ayant deux maisons à Montevideo, et lui
avait permis de revenir dans son beau et bon
pays. Cette personne disait qu'on avait une
vache à Montevideo pour 8 ou 10 fr., et que
dans l'intérieur de ce pays, qu'il disait être
très-sain, on vendait des troupeaux de 500 à
600 chevaux à 5 fr. la pièce, pour être abattus,
afin d'en prendre les peaux et le suif.

Étant repartis de Tarbes à onze heures, nous
sommes arrivés à six heures à Auch, ayant
traversé pendant tout ce temps un pays fort
laid et on ne peut plus mal cultivé. Aussitôt
arrivé, je fus visiter la magnifique cathédrale,

et après avoir dîné je repartis pour Lectoure,
où nous sommes arrivés fort tard. Le lendemain matin je me rendis à la ferme-école de
Bazin, dont le propriétaire, M. Dufourc, était
mort depuis quelque temps ; le frère de la veuve,
M. Lafitte, vient d'en être nommé directeur.
Il était absent, mais je trouvai le chef de pratique, fils d'un fermier de ces environs qui a
été élevé dans cette école, ainsi que les trois
professeurs de l'école de Gan, que j'avais trouvés si bien chez M. Chauviteau, MM. Bouquet, Castillon et Aiguebert. Ce jeune homme
eut la complaisance de me faire visiter la
ferme et une partie de ses terres. Elle contient
75 hectares, dont 25 sont en fort belles betteraves et en colza repiqué, 25 en froment et le
reste en prairies artificielles : une grande partie de celles-ci sont des luzernes. Les vesces
d'hiver sont remplacées par du moha fait en
seconde récolte sur une fort grande étendue, et
qui était fort beau ; mais la semence n'avait
pas été chaulée, comme on le fait pour celle
du froment avec le plus grand succès, en la
trempant pendant 12 heures au moins et 24
au plus dans de l'eau, dans laquelle on fait
dissoudre un demi-kilogr. de vitriol bleu pour
2 hectol. de semence : ce moha se trouvait
avoir une grande partie de ses épis car-
riés. Le chef de pratique m'a dit que tout le
froment était déjà battu, et que la moyenne
de la récolte était de 33 hectol. par hectare :
ce qui est fort beau. Les terres sont excellentes partout où le sous-sol, formé de roches calcaires, ne s'approche pas trop près de la surfa
ce. Les instruments sont ceux de Dombasle et

de Grignon : j'ai regretté de n'y pas voir le rouleau Crosskill et la herse de Norwége. On ne
met que deux bœufs à la charrue, quoique le
sol ait beaucoup de consistance ; on n'a que
deux mules, et point de chevaux. Le troupeau
se compose de 500 bêtes d'espèce du Laura-
gais améliorées par un croisement avec béliers-
mérinos. Les brebis de cette race, qui est petite, coûtent de 18 à 20 fr. la pièce : les béliers
dont on se sert maintenant sont de race new-
kent. On avait un troupeau mérinos, mais il a
mal tourné. Il y a à la ferme-école 25 jeunes
gens ; tous ceux que j'ai aperçus étaient des
hommes faits : ce sont des fils de cultivateurs,
propriétaires, régisseurs et fermiers. Ils n'ont
pas d'uniforme de même que dans les quatre
ou cinq fermes-écoles que j'avais visitées depuis
mon passage à la ferme régionale ; mais, comme
c'était un dimanche, ils étaient bien vêtus. J'ai
de nouveau entendu des cigales dans ces environs, ce qui m'était aussi arrivé à Beyrie, chez
M. Dupeyrat, ainsi que près de Bordeaux. Je
me suis rendu la nuit suivante à Agen, où je
suis arrivé à la pointe du jour ; je n'ai donc
pu juger du pays entre Auch et cette dernière
ville, ce que je regrettai vivement : mais il
n'y avait pas d'autre voiture que celle dont
j'avais profité. La vallée de la Garonne est
très-fertile, même sur les parties qui ne sont
pas en terres d'alluvion ; aussi la cartelée, mesure de 12ª.15, se vend-elle en détail, en bon
fond, de 1,000 à 1,200 fr., et ce prix monte
buelquefois plus haut : ce qui porte celui
de l'hectare de 8,300 à 10,000 fr. J'ai vu et
admiré bien des attelages de superbes bœufs

et d'énormes vaches de la remarquable race
garonnaise, les premiers traînant jusqu'à
30 hectolitres de froment, ce qui peut faire
un poids de 2,300 kilogr. Une paire de ces
bœufs vaut en temps ordinaire, m'a-t-il été
dit, de 450 à 550 fr. Une belle paire de vaches, qui dans cette race sont en proportion
plus grandes que les bœufs, ne vaut qu'une
centaine de fr. de moins. Le grand défaut de
cette race est de n'avoir pas assez de lait, même
pour bien élever les veaux ; d'être fort lente
dans sa démarche, et en outre assez difficile à
engraisser. Les jardins qui entourent la ville
d'Agen sont garnis de beaux arbres chargés
de fruits; mais ce sont surtout les pêchers en
plein vent, portant des pêches d'une grosseur
et d'un coloris admirables, qui me faisaient
plaisir à voir. On m'a dit que les vignes de
ces environs n'étaient pas mal partagées cette
année, et que le vin se vendait 100 fr. la
barrique : c'est à peu près 4 fois son prix de
revient.

Je suis parti le lendemain à six heures
du matin d'Agen, pour me rendre chez
M. de Raignac, commune de la Croix-
Blanche, qui m'avait été indiqué en 1841,
lorsque je passais dans ces environs, comme
un des meilleurs cultivateurs de cette contrée. La pluie m'ayant alors empêché de me
rendre chez lui, je me dédommageai de ce
contre-temps par une matinée délicieuse;
mais j'eus le regret de ne pas le trouver. Je
visitai avec son chef de culture une partie de
ses champs, ses attelages, composés de 8
énormes bœufs et 3 mules; enfin ses pépi-

nières pleines d'arbres rares, entre autres diverses espèces de magnolias, et du plus bel
arbuste à fleurs roses que j'aie jamais vu, dont
le nom est *lagerstrœmia Indica*. Son parc
contient une assez grande quantité de cèdres
du Liban assez gros. Ici, les terres sont fortes
et naturellement peu fertiles; aussi, quoiqu'elles ne soient qu'à 12 kilomètres d'Agen,
ne valent-elles que de 200 à 250 fr. les 12ª.50,
au lieu de 1,000 à 1,400 fr. M. de Raignac
ne cultive que 60 hectares. Il avait récolté
et battu son froment, qui lui a produit cette
année, sur 17 hectares, 452 hectolitres, ou à
peu près 27 hectol. par hectare. Il avait reçu
30 à 40 mille kilogr. de fumier par hectare;
60 mille kilogr. sont donnés aux récoltes
sarclées. Ce fumier est en partie acheté dans
la caserne de cavalerie d'Agen, et coûte,
rendu ici, 4^f.50 le mètre cube. On avait semé
3 hectares, fortement fumés, en maïs fourrage; et une lettre de M. de Raignac, que
j'ai reçue depuis, m'a appris que ce champ
avait nourri exclusivement, pendant 110 jours,
ses 8 bœufs de très-grande taille, qui en consomment chacun 100 kilogr. par 24 heures,
sur lesquelles ils en passent 2 à la pâture;
les 3 mules en mangeaient aussi beaucoup,
et on en a rentré cinq charrettes en sec pour
l'hiver. On le sème, dans ce pays, quatre fois,
à partir du 1er avril jusqu'au 1er juillet, et
on le fait durer jusqu'aux premières gelées,
qui arrivent ordinairement vers la fin de no-
vembre. Le maïs le premier semé, cette année, était bien moins beau que celui qui l'a-
vait été trois semaines plus tard; car le temps

était froid à la levée du premier. J'ai vu sécher ici des prunes de robe-sergent, qui donnent les excellents pruneaux d'Agen, et mademoiselle de Raignac a eu la bonté de me
donner les renseignements suivants : Un pru-
nier de moyenne taille peut produire de 6 à
8 kilogr. de pruneaux; ils se sont vendus
l'année dernière, qui était une année ni chère
ni bon marché, jusqu'à 80 fr. les 100 kilogr.,
tels qu'ils sont séchés, sans en ôter les plus
beaux. On doit laisser tomber les prunes de
l'arbre, afin qu'elles soient parfaitement mû-
res; si elles sont crottées, il faut les laver.
Une femme occupée toute la journée à en faire
sécher peut en faire 25 kilogr. S'il fait beau,
on commence par les étaler sur de la paille,
au soleil, pour les y dessécher à moitié, ensuite on les range sur des claies pour les
enfourner. S'il vient à pleuvoir et que le
mauvais temps se prolonge, les prunes se
gâtent; aussi vaut-il mieux commencer la
dessiccation sous des hangars ouverts, du
côté du Midi, bien aérés, et garnis de tablettes sur lesquelles on met de la paille fraîche; ou bien, ce qui vaut mieux, on met les
prunes immédiatement sur des claies qu'on
place sur les tablettes du hangar. Avec un
four, on peut préparer, dans un mois, 500 kilogr. de pruneaux. La première fois qu'on
les met dans le four, il ne faut pas que la
chaleur dépasse de 60 à 70 degrés Réaumur;
la deuxième, de 80 et 90, et la troisième fois
100 degrés à peu près, le thermomètre étant
placé à environ $0^m.66$ sur le côté de l'ouver-
ture du four et à $0^m.50$ de la circonférence. On

estime les frais de séchage des pruneaux à 6 ou 7 fr. les 50 kilogr.

On ne tient dans la ferme de **M. de Reignac** ni vaches ni bêtes à laine, et l'on n'a que les cochons nécessaires à la consommation du ménage. Les laboureurs gagnent 150 fr., logés et nourris; ceux que j'ai vus étaient des hommes très-forts. La charrue Dombasle et la herse Valcourt sont employées ici; cette dernière est très-bien faite, mais si forte, qu'il faut quatre bœufs pour la traîner; j'ai vu un scarificateur, dont les pieds ne sont que de fortes dents de herse, un rouleau en bois garni de fortes pointes en fer, longues de 16 centimètres. Un rouleau Crosskill du plus grand diamètre et une herse de Norwége rendraient, dans ces terres très-argileuses, d'immenses services. Si M. de Raignac achetait du guano au lieu de fumier, dont la fumure consacrée au froment lui revient à environ 240 fr., et celle des récoltes sarclées et maïs à 400 fr., il ne dépenserait que moitié pour obtenir au moins les mêmes résultats; mais comme le guano ne durerait que deux ans et le fumier trois, en donnant une demi-fumure de guano à la troisième année, il aurait encore une économie de 66 fr. sur les froments et de 135 fr. sur les récoltes sarclées, et la troisième récolte serait bien supérieure à celle qui vient après le fumier. Ayant fait cette observation au chef de culture, qui l'a communiquée à son maître, M. de Raignac m'a écrit qu'il venait de demander du guano à Bordeaux, car il l'avait essayé avec succès il y a plusieurs années, mais il n'en avait plus acheté, craignant qu'on ne lui en vendît qui fût altéré.

Ce propriétaire, cultivateur des plus intelligents, a aussi essayé du drainage avec grand succès; mais l'éloignement de la fabrique de tuyaux l'a empêché jusqu'à cette heure de donner une plus grande extension à cette amélioration capitale. Je me suis rendu ensuite chez M. de Raffin, beau vieillard, qui depuis plus de trente ans cultive une de ses fermes, en y apportant des améliorations. Il était occupé avec son régisseur, ancien élève de M. de Dombasle, à surveiller le battage de son froment, qui se faisait de la manière suivante, sur une immense aire placée à quelque distance de la ferme : trois paires de bœufs traînaient chacune un rouleau de pierre dure, n'ayant pas un mètre de largeur sur un diamètre d'un mètre 33 centimètres; elles faisaient le tour de l'aire, dirigées chacune par un grand bouvier, et le tout marchait on ne peut plus lentement.

L'intérieur de ce cercle immense était de même couvert d'une épaisse couche de froment, qu'on faisait fouler par trois rouleaux cannelés très-légers; à chacun de ces rouleaux était attelée une belle paire de chevaux de travail, qui faisaient le manége autour du point central, en allant au grand trot; ajoutez à cela une vingtaine d'hommes et de femmes, occupés à retourner et secouer la paille. On m'a dit que tout cet attirail battait en trois heures une quarantaine d'hectolitres de froment. En traversant cette propriété, j'ai vu un fort beau champ de disettes très-espacées, de beau maïs pour grain et pour fourrage, ainsi qu'une belle luzernière. Je n'arrivai qu'à quatre heures à Villeneuve d'Agen, jolie ville de 13,000 habitants, située sur les bords du Lot, qui est navigable d'ici à son embouchure dans la Garonne. Après avoir dîné, je me rendis chez le docteur Fabre, dont j'avais anciennement fait la connaissance à une réunion de la Société centrale d'Agriculture, à Paris. Sa charmante maison de campagne, qui est à 3 kilomètres de la ville, a cela de particulier, qu'étant posée sur le penchant d'un coteau, le rez-de-chaussée de l'habitation se trouve, du côté de la basse-cour, être le second étage; le premier de ce côté est occupé par de beaux et vastes greniers; enfin le rez-de-chaussée contient le pressoir et des celliers très-frais et pleins de vin du cru.

Le docteur, étant souffrant, ne put me faire voir ses terres cultivées à moitié par un jeune métayer qui suit ses conseils. Je fus coucher à Villeneuve, et je parcourus la ville et ses environs, le lendemain, jusqu'à quatre heures de l'après-midi, pour pouvoir prendre la voiture de Bergerac, qui me força de coucher à moitié chemin, dans la petite ville de Castiglionet.

Il y a une maison centrale, près de Villeneuve, qui contient 1,400 condamnés; on les occupe à cultiver un grand jardin maraîcher qui ne me parut pas fort bien dirigé.

J'entrai chez un pépiniériste qui eut la complaisance de me montrer une fort belle pépinière, ornée par des plate-bandes couvertes de charmantes fleurs. M. Bonpa, ancien boulanger, a formé ce bel établissement en quittant son état. Il m'a dit qu'il expédiait une

immense quantité de pruniers robe-de-sergent,
âgés de trois ans, à raison de 1 fr. la pièce.
J'ai vu chez lui pour la première fois bien des
plantes et arbustes, et entre autres l'oranger
des Osages, dont on forme d'excellentes haies ;
il vient de semences ainsi que de boutures. Il
cultive deux variétés de *lagerstrœmia Indica*,
qui est un des plus beaux arbustes à fleurs
que je connaisse, et qui supporte jusqu'à 15 degrés de froid. On m'a dit dans ce pays que,
lorsque les chevaux sont maigres et fatigués,
rien ne les remettait plus vite en bon état que
le trèfle incarnat en vert. On fane dans ces environs le haut des tiges de maïs, une fois leurs
fleurs passées. Je ne comprends pas comment
on peut élever et entretenir en si bon état une
si grande et belle espèce de bêtes à cornes, dans
un pays où il y a si peu de prés naturels et
presque pas de prairies artificielles, à part le
maïs fourrage et le trèfle incarnat hâtif et tardif ; et cependant ces énormes bœufs ne reçoivent point d'avoine lorsqu'ils travaillent.
Ce qui m'a paru être le plus grand ornement
de ces jolis pays ce sont, dans cette saison, les
nombreux et grands pêchers à haut vent, qui
sont couverts de magnifiques fruits bien colorés ; on m'a dit qu'ils venaient de noyaux
sans avoir besoin d'être greffés, ainsi que les
brugnons. Les dix-sept lieues que j'ai traver-
sées entre Agen et Castiglionet nous ont fait
monter et descendre beaucoup de fortes côtes,
entre lesquelles se trouvaient de jolies et fertiles vallées. On y voit beaucoup de vignes
garnies de rangées de pruniers robe-de-sergent, et beaucoup de champs plantés de ces

arbres, qui sont séparés les uns des autres par au moins 10 mètres en tout sens. Cet arbre n'est pas difficile sur la nature du terrain, mais il craint l'humidité; étant arrivé à sa grosseur naturelle dans les bons terrains, le corps de l'arbre a un diamètre de 6 à 8 pouces. Je me suis rendu le 31 août au matin à Bergerac, voyage de vingt-quatre kilomètres; on voit beaucoup de champs qui sont partagés en grandes planches d'au moins 10 ou 12 mètres de largeur de terre labourable bordées de deux rangs de ceps, entre lesquels sont placés des pruniers. J'ai vu avec surprise que les côtes que nous descendions pour entrer dans la riche vallée de Bergerac, étaient encore souvent couvertes de mauvais taillis et de bruyères.

Les douze kilomètres que j'ai faits dans cette riche plaine pour me rendre à une lieue plus loin que Bergerac, chez M. Durand de Corbiac, m'ont fait voir des terres légères, mais très-fertiles. J'ai trouvé M. Durand occupé à diriger une quarantaine d'ouvriers employés autour d'une machine à battre allant par la vapeur, qui a été faite par Renaud et Lotz, de Nantes, et a coûté, il y a un an, 4,000 fr.; elle bat, sans les nettoyer, une centaine d'hectolitres en dix heures de travail. Plus de moitié de ces ouvriers sont des hommes, et le reste des femmes à 50 centimes et des gamins à 40. La plupart des hommes sont les vignerons de la propriété, qui sont engagés pour faire les travaux de moisson durant trois mois, et qui ont pour cela 250 litres de froment et autant de seigle, sans nourriture ni autre salaire. Lorsqu'on emploie ces vigne-

rons pendant le reste de l'année à un ouvrage
qui ne regarde pas les vignes, on ne leur donne
que 60 centimes par jour sans nourriture.
M. Durand loue sa machine à battre aux fermiers du pays, à raison de 60 francs par 100
hectolitres de froment battu ; il fournit seulement le chauffeur, qui doit être nourri dans
la ferme. Cette machine n'a besoin que d'un
attelage de deux bœufs pour changer de
place ; j'ai été étonné de voir neuf hommes
employés à alimenter la machine à battre : un
homme coupait les liens des gerbes qu'on lui
apportait ; deux autres tendaient des poignées
de froment aux six hommes employés à les
faire entrer dans la machine. En Écosse, avec
une machine à poste fixe de la force de huit
chevaux, pourvue d'une toile sans fin, sur
laquelle on étale le grain que la toile entraîne
contre les batteurs, il ne faut que deux hommes pour fournir la machine ; elle bat jusqu'à
200 hectolitres en dix heures de travail ; le
grain passe dans deux tarares et dans un cy-
lindre, séparant les graines du froment, qui
alors tombe dans un sac pour être envoyé au
marché, ou pour être enlevé et monté au grenier par la force motrice de la machine.

M. Durand a fait construire, il y a une
dizaine d'années, une roue hydraulique d'après
les dessins d'un ingénieur en chef des mines,
de ses amis, laquelle, avec une chute très-peu
élevée et un petit volume d'eau, fait mouvoir
deux pompes alternativement, qui font monter chaque minute 220 litres d'eau d'une
source voisine, dans son habitation située à
40 mètres au-dessus de la source ; cette eau

12

passe par 200 mètres de tuyaux de fonte, qui
la versent dans un réservoir couvert, d'où
elle se rend dans l'habitation , les écuries et
étables, et ensuite elle sert à irriguer une
étendue d'environ quatre hectares, qui sont en
jardins, parcs et prairies. On n'emploie dans
cette culture que des bœufs pour les travaux
champêtres. Il a construit récemment un immense bâtiment sur le penchant du coteau,
dont le rez-de-chaussé forme plusieurs étables et le dessus une grange ou , pour mieux
dire, un grenier à foin dans lequel les charrettes chargées de foin peuvent entrer. J'y ai vu
une meule composée de couches alternatives
de paille et regain, encore assez vert pour que
son jus s'imprégnât dans la paille, et on avait
ajouté un kilo de sel pour chaque 100 kilos de
fourrage paille ou regain. La toiture de ce bâtiment est faite, je crois, à la Philibert de Lorme.
Il y a en outre une grange construite pour contenir les gerbes d'environ 800 hectolitres de
froment. Je pense qu'il est à regretter qu'on
dépense en France tant d'argent en granges,
car les grains et fourrages sont mieux en
meules bien faites que sous des toitures, et
l'argent employé à ces vastes bâtiments serait
bien plus profitablement dépensé en drainage,
ou en achat de guano et d'os pulvérisés, ou
bien en tourteaux pour la nourriture du bétail et la fabrication d'excellent fumier. M. Durand m'a dit qu'il allait essayer du guano, et
il a déjà drainé une partie de ses terres les
plus humides, au moyen de fagots mis dans
des rigoles espacées par 8 mètres et profondes
de $0^m.66$. Sa propriété se compose d'environ

200 hectares, dont 50 en vignes, à peu près autant en bois, et le reste en terres et en prés. Il a de fort beaux taillis de châtaigniers, qu'on coupe tous les huit ans pour en faire des cercles.

J'ai admiré une belle futaie et des chênes blancs de Hollande des plus remarquables; j'en ai mesuré un qui avait 4 mètres de tour à 1^m.33 de terre. On se sert de charrues américaines; je n'ai pas vu de scarificateur; un rouleau Crosskill et une herse de Norwége seraient fort utiles dans ces terres assez fortes. Sa machine à battre lui a permis de vendre toutes ses avoines, de suite après la moisson, à 12 fr. l'hectolitre, et il vient d'en racheter sa provision à raison de 8 fr. 50 c. Il a des vaches laitières dont il élève les veaux; parmi elles se trouve une belle vache de la Nord-Hollande, qui lui a donné en arrivant le taureau dont il se sert, et plusieurs autres belles jeunes vaches; mais je pense que M. Durand aurait un grand avantage à élever un taureau durham pour remplacer le hollandais. Il engraisse chaque année quatre à cinq paires de bœufs de travail. Il a des truies noires et blanches de l'espèce du Quercy, qu'il croise avec un verrat berkshire; on le lui a vendu pour être de la race du Yorkshire, mais celle-ci est de couleur blanche. Le fumier est on ne peut mieux soigné dans cette culture remarquable. Il est monté en carrés, sur les trois côtés d'un réservoir, dans lequel se rassemblent les jus de fumier et les résidus des commodités; on peut amener de l'eau dans cette espèce de citerne, d'où l'on arrose le fumier avec une

pelle à bateau. M. Durand vient d'augmenter
sa propriété d'une petite terre qui la touchait
et qui contenait beaucoup de vignes, prés,
bois, et des terres, le tout en fort mauvais
état, et qu'il a payée environ mille francs par
hectare. J'ai vu de fort beaux choux branchus, du maïs quarantain qui lui donne une
quarantaine d'hectolitres par hectare; il m'a
dit cultiver le grand maïs blanc du Kentuky
pour fourrage. M. Durand est un peu mécanicien; il a une grande salle, dans laquelle
se trouve tout ce qui peut être utile dans une
habitation et dans une ferme, depuis les car-
reaux de vitres jusqu'aux diverses espèces de
clous; il s'y trouve une forge, un tour, les
instruments de menuisier, de charron et de
charpentier; beaucoup de choses neuves s'y
font, et tout se répare ici, et principalement
par lui. Son habitation est placée dans une
charmante position, d'où l'on jouit d'une vue
admirable; elle est ornée de beaux arbres
et de jardins toujours agréables, à cause de la
facilité qu'il a de les irriguer. M. Durand de
Corbiac a récolté une année environ 600 pièces de vin sur un peu moins de 50 hectares de
vignes; ce vin se vend habituellement de 25 à
30 francs la pièce; il pense qu'il vaudra cette
année 200 francs, mais il n'en récoltera guère
que 50 pièces.

Je me suis rendu chez M. le comte Boudet,
fils du général de l'empire de ce nom, qui
demeure à 10 kilomètres de Bergerac, sur
la route de Libourne. Le château est entouré
de fort beaux arbres, de prés arrosés par un
ruisseau et de belles sources. La propriété se

compose d'une centaine d'hectares, dont une soixantaine en terres labourables, le reste en vignes, prés et un peu de bois. Sa récolte de froment a été fort belle, quoiqu'elle eût été semée si tard, qu'elle n'avait pu lever qu'au printemps; il avait semé pour essais un hectare en froment dit bladette de Toulouse, qui a versé complétement de fort bonne heure, et qui, malgré cela, a rendu plus de 40 hectolitres; son inconvénient, dit-il, est de donner très-peu de paille. Le comte Boudet a été le premier dans ce pays à se servir d'instruments d'agriculture perfectionnés, des charrues de Dombasle et américaines : celles-ci, quoique d'un modèle assez fort, ne coûtent que 35 fr.; il a un scarificateur et une houe à cheval Dombasle et de bonnes herses Valcourt; mais il pèche par le fumier, n'ayant que 14 bœufs de travail, 2 chevaux de voiture, 1 vache, 150 moutons et quelques cochons croisés berkshire; ceux-ci étaient fort maigres. Le mal provient en partie de ce que les énormes bœufs du pays, quoique faisant peu d'ouvrage, car ils marchent très-lentement, mangent énormément, ce qui empêche d'avoir des vaches, des brebis et leurs élèves. Ayant peu de fumier, on ne fait que fort peu de récoltes sarclées, quoiqu'elles viennent fort bien : j'ai vu chez MM. de Raignac, de Raffin, Durand de Corbiac et le comte Boudet, de très-beaux choux-vaches et de belles disettes, mais cela sur une très-petite étendue; on n'a aussi que fort peu de luzernières; on ne fait ni assez de farouch ou trèfle incarnat, ni assez de maïs-fourrage; on ne fait point ou très-peu de vesces d'hiver; on

12.

sème bien du trèfle, mais il ne donne souvent, dans ces pays chauds et sujets à beaucoup de sécheresses, qu'une seule et souvent
maigre coupe ; le seul remède à cela, c'est
d'acheter beaucoup de guano, et de faire avec
lui des racines et des prairies artificielles, de
manière à pouvoir nourrir beaucoup de bon
bétail et de faire par suite beaucoup de bon
fumier ; tout cela viendra bien en employant
300 ou 400 kil. de guano. Il ne faudrait pas oublier les navets d'Éteules et les topinambours ;
ceux-ci donnent non-seulement un grand produit de tubercules, si on les a bien fumés,
mais encore de 10,000 à 15,000 kil. de tiges
couvertes de feuilles, qui forment un excellent
fourrage pour moutons, si on les coupe quinze
jours ou un mois avant l'époque où les gelées
blanches sont à craindre, et en en formant des
moyettes, la pointe en l'air, serrées au milieu
avec un fort lien, afin d'empêcher le vent
de les renverser. Ces tiges contiennent une
moelle très-sucrée, très-appréciée par les bêtes
à laine pour lesquelles leurs feuilles récoltées
encore vertes sont une excellente nourriture.
Dans beaucoup de pays, on trouve une marne
sèche, ou des sables calcaires, qui forment
une excellente litière pour le bétail. A défaut de ces matières, on peut construire dans
les étables des planchers en bois, en ciment,
en asphalte ou en pierres de taille, sur lesquels les bêtes à cornes peuvent se passer
complétement de litière, et de cette manière
on peut leur faire consommer toutes les pailles
passées au hache-paille, puis serrées dans des citernes ; on arrose ensuite les pailles d'eau bouil-

lante, dans laquelle on a dissous des farines de
mauvais grains, de féveroles, pois ou jarousse,
des tourteaux. Dans cette eau, on a fait préalablement bouillir des racines; on recouvre la
citerne une fois bien pleine, bien tassée et bien
humectée, et on laisse cette nourriture d'un
repas à l'autre, à peu près huit heures, à s'at-
tendrir; elle est encore tiède lorsqu'on la
donne au bétail, qui la dévore avec avidité.
Plus il y a de tourteaux et de farine, plus les
bêtes profitent et meilleur est le fumier; ce
n'est pas tout de faire pourrir beaucoup de
litière pour avoir du fumier, il faut que celui-ci provienne de bêtes bien nourries.

En été, au lieu d'envoyer pâturer le bétail
dans les prairies artificielles, où il lui arrive
souvent d'enfler et de périr, où il gâte au moins
une bonne partie de ces fourrages en y marchant, en s'y couchant et en y perdant en
grande partie ses déjections, il faudrait faucher tout ce qui peut se couper en vert, le
faire rentrer à la ferme par des vaches ou par
le taureau dressés à ce petit ouvrage; enfin
faire passer tout le fourrage vert ou sec au
hache-paille, c'est le moyen de ne rien perdre,
pas même les fourrages un peu altérés, qu'on
a soin de mêler en petite quantité à d'autres
fourrages de bonne qualité. Avec ces soins, on
peut nourrir pendant toute l'année au moins
un bon tiers de bétail de plus que si les fourrages n'avaient pas été coupés.

M. le comte Boudet a mis son fils aîné, âgé de
dix-huit ans, à la ferme régionale de Grand-
Jouan; ses deux autres fils sont au collége de Versailles et travaillent pour l'École polytechnique.

Le comte vient de construire deux superbes bâtiments, dont l'un est un triple grenier et l'autre une vaste étable dans laquelle il y aurait place pour le double de bêtes qu'il a maintenant ; ses charpentes sont aussi construites à la Philibert de Lorme. Il a planté beaucoup de peupliers sur les bords de la Dordogne, qui borde d'un côté sa propriété.

Il a planté, il y a six ans, le même nombre d'hectares de terres fortes et froides en vignes rouges. C'est dans ce genre de sol que les bons vins rouges de ce pays viennent. Quant aux vins blancs et sucrés de Bergerac, qui ont assez de réputation, ils sont produits sur les coteaux de ces environs qui bordent la vallée de la Dordogne.

Les vignes plantées par M. Boudet le sont en lignes distantes de $2^m.33$ et sont cependant entièrement cultivées à bras ; elles sont très-vigoureuses et ont du raisin, mais l'oïdium commence à s'y montrer ; ses anciennes vignes reçoivent deux façons à la charrue, comme c'est l'usage dans ce pays, mais on voit par les mauvaises herbes qui les envahissent, qu'il faudrait plus de façons. Le pays que j'ai parcouru en me rendant à Bordeaux m'a paru très-fertile jusqu'à Castillon ; plus loin, il devient fort sablonneux, mais aussi bien mieux cultivé. Cette vallée, qui est longée par la Dordogne, est fort belle ; on la passe à Libourne, où j'ai repris le chemin de fer ; on voit, à partir de là, des cultures maraîchères alterner avec les prés et les vignes. La sécheresse qui dure depuis si longtemps a grillé une bonne partie des maïs-fourrages ;

j'ai aperçu des champs de maïs pour grains
déjà mûrs, dont un certain nombre étaient
complétement privés de leurs feuilles, même
avant la maturité, ce qui doit singulièrement
leur nuire. J'ai remarqué aussi des champs
de lupins mûrs; on m'a dit qu'on les semait
dans ce pays en septembre pour les enterrer
comme demi-fumure au printemps; on sème
aussi pour le même usage des féveroles, du
trèfle incarnat et même des citrouilles. On
les sème fort épaisses dans ce cas et vers
cette époque, on les enterre au moment de
faire le froment.

Je suis allé, le 3 septembre, chez M. le
marquis de Bryas, ancien maire de Bordeaux,
député de l'opposition du temps de Louis
Philippe; il m'a dit être Artésien et aussi propriétaire en Belgique, près de Tournay. La
terre qu'il habite, à 12 kilomètres de Bordeaux, est composée d'environ 300 hectares,
dont une quarantaine en vignes qui m'ont paru
être parfaitement cultivées et dont moitié, à
peu près, viennent d'être drainées, ainsi qu'une
vingtaine d'hectares de terres; cette grande
opération s'est faite en moins d'une année, et
M. de Bryas est en train de continuer cette
amélioration capitale pour les terres humides. Les vignes drainées l'hiver dernier sont
sans contredit infiniment plus belles que les
autres qui les joignent et qui n'ont pas encore
été débarrassées de l'humidité surabondante;
mais je suis persuadé que les tuyaux seront
bientôt bouchés par les racines de la vigne et
que cette dépense aura été faite inutilement.
Les terres drainées que M. de Bryas m'a fait

voir ont un sous-sol de marne compacte ; il n'y a aucun doute que là le drainage fera un effet merveilleux. Le froment qu'on a semé sur une terre qui venait d'être drainée a donné plus de 30 hectolitres à l'hectare.

Les choux caulets et branchus plantés sur la partie du champ déjà drainée sont infiniment plus beaux que les autres. J'ai vu un très-beau champ de maïs aussi sur cette terre drainée ; M. de Bryas m'a dit qu'il ne réussissait pas sur terre non drainée. J'ai vu un champ de quatre hectares qui porte de fort belles betteraves après drainage. Il a fait venir une machine à battre de la force de deux chevaux, de chez Dezaunay, de Nantes ; il l'a payée 800 fr. ; elle bat six hectolitres de froment par heure. Ses vingt-quatre vaches laitières de grande taille et de couleur noire et blanche, sont très-bonnes, car on ne les remplace, depuis une trentaine d'années, que par des génisses venant de vaches qui donnent 20 à 28 litres à nouveau lait ; on dit qu'elles ont de la peine à tarir six semaines avant le vêlage.

M. de Bryas a assaini 110 hectares de marais, qu'il loue 180 francs l'hectare à des maraîchers ; d'autres terrains du même genre se louent jusqu'à 250 fr., mais ils sont un peu plus rapprochés de la ville et assainis depuis plus longtemps. On y cultive principalement des choux et des carottes ; j'y ai vu fort peu de chanvre ; il y vient cependant fort bien. Ces terres sont disposées en planches larges de 5 ou 6 mètres, séparées par des rigoles servant à les assainir, et aussi à leur fournir

de l'eau pour les arrosages. Les pressoirs du
marquis sont les mieux organisés que j'aie
jamais vus ; ils sont fort petits et placés au-
dessus d'espèces de cuviers dont les douelles
sont mal jointes, supportés par des maies en
pierres de taille bien cimentées. La vendange
contenue dans des tonneaux défoncés, chargés sur des tombereaux, arrive contre la
maie ; les cuviers étant pleins, on abaisse le
pressoir, etl e jus coule depuis la maie dans
celle des neuf énormes cuves qu'on veut remplir. Celles-ci sont placées à un étage infé-
rieur ; on y ajoute la quantité de rafles jugée
nécessaire ; lorsque les cuves ont suffisamment fermenté, on les vide au moyen d'une
pompe portative, qui élève le vin dans des
conduits placés contre les murs du cellier,
d'où il remplit en partie les innombrables barriques, qui ne doivent l'être que de manière à
recevoir chacune une part égale du contenu
de toutes les cuves que la vendange de l'année a pu remplir, afin que le vin de toutes les
barriques soit parfaitement pareil. M. de
Bryas a eu la bonté de me conduire chez un
de ses voisins, M. Yvoix, qui demeure à 4 ou
5 kilomètres de Bordeaux, sur la route du haut
Médoc. Cet agriculteur est né aussi dans le
Nord, il a acheté, il y a trente ans environ, trois
cents hectares de landes qu'il a transformées
en bois de diverses natures, et dont la partie
qui entoure son habitation contient une in-
finité d'espèces d'arbres rares, d'une grande
beauté. Comme M. Yvoix a eu la bonté de
me donner par écrit des détails on ne peut
plus intéressants sur les plantations, et qu'à

ma prière il m'a permis de publier sa lettre,
je ne ferai pas usage des notes que j'ai prises
après ma trop courte visite. J'ai visité le lendemain un autre voisin de M. de Bryas,
M. Guichenet, ancien vétérinaire-chef de
l'armée; il a acheté, il y a déjà assez longtemps, des bruyères bordant la route qui ne
sont qu'à 8 kilomètres de la ville; il s'y est construit une maison de campagne, et y a formé
23 hectares de prés, qu'il arrose chaque année avec 80 hectolitres d'urine de vache sans
y ajouter d'eau, ce qu'il fait même par les
temps les plus secs et la plus grande chaleur.
Un arrosement de ce genre, fait par la sécheresse, détruit toute espèce de verdure comme
si le gazon était mort; mais lorsque le temps
redevient humide, la prairie reverdit et elle
produit en moyenne, m'a-t-il dit, de trois à
quatre mille kilos d'excellent foin. M. Guichenet tient quarante vaches à lait et une
vingtaine d'élèves, dont les urines remplis-
sent fréquemment sa citerne à purin, qui est
loin d'être assez vaste; c'est ce qui le force
d'arroser ses prés souvent fort mal à propos.
Il a formé sa vacherie en allant chercher dans
les environs de Guinguam, en Bretagne, de
petites vaches de couleur fauve, auxquelles
il a donné par la suite un taureau durham;
il s'est servi plus tard des taureaux provenus
de ce croisement. Ses vaches, les meilleures,
arrivent à donner de 16 à 18 litres après le
vélage, mais la moyenne du produit en lait
pendant les 365 jours de l'année, ne s'élève
qu'à 6 litres. Il plante tous les ans une dizaine
d'hectares en choux de Poitou, et il prétend

que leurs feuilles consommées pendant l'hiver par les vaches, ne communiquent aucun mauvais goût au lait. Il cultive aussi une assez grande étendue de ses terres, excessivement sablonneuses, en betteraves et en topinambours. Il compte faire l'acquisition d'un taureau durham bien écussonné, afin de ne pas diminuer le produit en lait, et de donner plus de poids à son bétail. M. Guichenet a six chevaux pour sa culture et le fumier de six autres en ville.

Je suis ensuite retourné dans les Landes et me suis arrêté, une ou deux stations avant d'arriver à la Teste, pour me rendre de là à environ deux lieues, à Malleville, chez M. Boessière, qui possède sur les bords du bassin d'Arcachon, une propriété fort étendue. M. Boessière a été officier d'artillerie. Il a une cinquantaine d'hectares en salines, dont il partage le produit avec les sauniers, qui font l'ouvrage des salines. Sa part de sel lui produit un revenu net de 18,000 à 19,000 fr. en moyenne, car les années pluvieuses produisent moins.

Les ouvriers sauniers payent 100 fr. par hectare, des terres qu'ils cultivent entre les salines.

M. Boessière possède une centaine d'hectares de prés, dont une partie est irriguée avec les eaux d'une petite rivière, et le reste sont des prés salés. Il tient seize juments poulinières, qui font des chevaux de cavalerie, vendus, à l'âge de quatre ans, 600 fr. en moyenne.

Il a une centaine de bêtes à cornes de l'espèce du pays; il n'a pas encore cherché à

13

l'améliorer par un croisement qui pourrait
convenir avec la nourriture dont il dispose
pour ces bêtes. Il a toujours cinq cents brebis de pays, qui parcourent ses quinze cents
hectares de landes. S'il leur donnait des béliers cheviot, cela lui serait d'un immense
avantage. M. Boessière ayant plus de cent
hectares d'anciennes salines, en tire le parti
suivant.

Il les a transformés en plusieurs étangs, dans
lesquels il peut introduire à volonté l'eau de
la marée montante, mais il est forcé de faire
passer cette eau à travers des filets à fort petites mailles, afin d'empêcher les poissons gros
comme le doigt, de pénétrer dans ses étangs,
ce qui a été ainsi décidé par le Gouvernement,
après les réclamations des pêcheurs du bassin
d'Arcachon. Ces tout petits poissons arrivent
au bout de trois ans en général, à peser
750 grammes; on les vend, et le produit
moyen de ces étangs est de 25,000 francs.

M. Boessière m'a dit que sa terre lui donne
un revenu de 45,000 fr. Il a eu l'obligeance
de me renvoyer le soir à la station du chemin
de fer, dans un char à bancs attelé de deux
jolis chevaux arabes.

J'ai été fort étonné de voir, dans un pays
où la terre n'est qu'un sable des plus maigres,
des villages fort bien bâtis, les maisons ayant
toutes au moins trois ou quatre grandes croisées; elles étaient toutes bien crépies et blan-
chies, et annonçaient généralement de l'aisance. On voit près des villages des champs
de fort beau maïs.

J'ai quitté Bordeaux pour me rendre à

Ruffec. Le pays qu'on parcourt avant d'arriver à Angoulême est beau et assez bien cultivé ; on y voit une quantité de champs dans lesquels il y a de simples et doubles rangées de ceps ; les intervalles en sont cultivés à la charrue et couverts de céréales ou de prairies artificielles. Les vallées qu'on suit contiennent beaucoup de prés parmi lesquels il y en a de bons, mais une grande partie a besoin de drainage. On m'a dit qu'il avait été récolté les années précédentes immensément de vins dans ces pays, que le vin de 1848 valait 200 fr. la pièce, celui de 1850, 150 fr., celui de 1853, 130 fr. Arrivé à Ruffec, très-petite ville où le choléra enlevait chaque jour beaucoup de personnes en proportion de sa population, je pris un cabriolet qui me conduisit chez M. d'Hémery, grand propriétaire. Il m'avait été signalé comme étant un bon cultivateur ; il m'a fait voir une fort belle étable, dans laquelle étaient trente énormes bœufs de l'espèce salers, qui font les travaux de culture et sont engraissés lorsqu'ils sont vieux ; ils valent, étant devenus bien gras, de 1,500 jusqu'à 1,800 fr. la paire. M. d'Hémery récolte beaucoup d'orge et d'avoine, et environ six cents hectolitres de froment. Il a une demi-douzaine de chevaux ou mulets de forte taille, qui ne font que charroyer. J'ai vu de belles luzernières : elles souffrent maintenant de l'extrême sécheresse. On se sert dans cette culture des instruments aratoires de Dombasles ; on n'y a pas encore de machine à battre, mais M. d'Hémery a l'intention d'en faire faire une marchant par la vapeur. Il vient de

vendre, m'a dit mon conducteur, la superficie d'un bois futaie à l'administration du chemin de fer, pour 300,000 fr. Les terres de ce
pays sont calcaires et pierreuses.

Ne voulant pas coucher à Ruffec, à cause
de l'épidémie, j'en partis assez tard pour me
rendre au château de la Chevrerie, chez M. le
baron Aymé, fils du général de ce nom, qui
m'avait aussi été indiqué comme un des meilleurs cultivateurs de ces pays. Nous avions
35 kilomètres à faire, aussi n'y arrivâmes-
nous que vers dix heures. Le baron me fit visiter le lendemain matin sa culture, qu'il a
commencée, il y a dix ans, en suivant l'exemple du général, qui avait aussi amélioré sa
propriété dans ce pays. La culture est singulièrement arriérée. Les fermes y sont d'une
étendue de 60 à 80 hectares, dont un tiers
seulement est cultivé, les deux autres tiers
restent en friches après un trèfle, qui, au
bout de quelques années, se couvre de genêts
et de fougères. On y nourrit de six à huit
juments mulassières, dont les produits sont
vendus vers l'âge d'un an, de 300 à 500 fr.
la pièce; ce sont les fermiers d'une autre partie du Poitou, qui paraît être plus fertile que
celle-ci, qui les emmènent et ne les conservent aussi qu'une année, puis les revendent
avec un certain bénéfice à d'autres cultivateurs poitevins; ceux-ci les font labourer jusqu'à l'âge de quatre ans, époque à laquelle
ces bêtes sont achetées et emmenées par des
maquignons espagnols, ou par des gens du
Dauphiné, qui les payent 600 à 800 fr.

Les poulains ou muletons sont nourris dans

leur première année, en partie avec de l'avoine, du maïs et même avec du pain ; on leur consacre les plus grands soins ; leurs mères, au contraire, sont traitées bien mal : elles mangent les restes des bœufs, des vaches et des moutons.

Le baron a eu la bonté de me conduire chez un paysan des environs, qui tient six énormes baudets et un étalon d'espèce mulassière. Ces baudets font leur service du mois de février à la fin de juillet ; on paye le saut 10 fr., et l'on dit qu'environ les deux tiers des juments saillies retiennent et produisent. Les baudets sont énormes de taille et de membres ; ils sont couverts de longs poils et ne doivent pas être étrillés ou brossés, car on ne voudrait pas de leurs services, s'ils n'étaient pas couverts de poils et même de plaques composées de poil feutré, qui pendent autour d'eux, ce qui les rend hideux ; ils sont tenus chacun dans une boxe obscure, d'où ils ne sortent jamais que pour remplir leur service. Ce brave cultivateur chez qui nous étions, est celui qui a élevé et vendu le fameux baudet qui était dans le parc de Versailles et que j'ai vu, il y a quelque temps à la ferme régionale de Grand-Jouan. Il a eu l'obligeance de faire sortir ses six baudets les uns après les autres, et ce n'est pas une petite affaire, car il a la plus grande peine à les maîtriser, quoiqu'il soit très-fort et les tienne au moyen d'un mors énorme, auquel est attachée une courte mais forte chaîne qu'il tient à la main et qu'il tourne autour de leur nez quand ils deviennent par trop turbulents. Quand il les sortait de leurs boxes, ils se cabraient sur lui, ils avaient l'air de vouloir l'abattre ou de chercher à le mordre ; enfin on aurait pu penser que c'étaient des bêtes féroces, tant elles étaient ingouvernables et hideuses, avec leurs tignaces pendantes autour d'elles ; mais ce qui paraît extraordinaire, c'est que ces bêtes si fortes et si terribles soient si délicates dans leur jeunesse ; aussi c'est, dit-on, la chose la plus rare dans ces environs, qu'on réussisse à en élever ; on est obligé d'aller les acheter dans les environs de Ruffec, où l'on réussit plus facilement. Notre homme nous a fait voir une grande ânesse de la même espèce que ses baudets ; il l'a depuis plusieurs années, sans avoir pu lui faire amener un produit à bien. On achète les baudets de 2,000 à 5,000 fr. la pièce. On ne leur fait faire auplus que quatre sauts par jour ; ils reçoivent, après chaque saut, un litre d'avoine mêlée de son ; leur nourriture se compose de foin et d'un litre d'avoine mélangée de son à chacun des trois repas.

M. le baron Aymé m'a dit que lorsqu'on attendait la naissance d'un de ces jeunes ânons, un homme était obligé de coucher pendant six semaines ou deux mois près de l'ânesse, afin de l'empêcher d'étouffer son ânon en se couchant dessus, ou bien de lui casser un membre en marchant sur lui. Les juments mulassières, pour être appréciées dans ce pays, doivent être fortes sans être hautes sur jambes, avoir les sabots larges et plats, et beaucoup de crins aux paturons.

Le baron a fait copier une partie des instruments aratoires anglais qui se trouvent chez

M. le vicomte de Curzay; il vient d'acheter
une machine à battre de Lotz aîné, faite pour
deux chevaux, qu'il a payée 850 fr. On y attèle ici trois chevaux, et elle a battu en sept
heures 40 hectolitres de froment avec 20 ouvriers ou ouvrières.

La culture s'étend sur 80 hectares,
dont un tiers est en luzerne; les betteraves,
rutabagas, carottes et pommes de terre promettent une belle récolte. Il a récolté cette année quatre hectares de colzas repiqués, qui
ont produit 3,000 fr., l'hectolitre ayant été
vendu 26 fr.; ce qui fait près de 29 hectolitres l'hectare. Les bœufs de travail employés
dans ces environs sont aussi d'espèces salers,
qu'on y amène âgés de trois ans. Le baron,
qui a été parfait pour moi, m'a envoyé à
Melle, où j'ai trouvé une diligence venant de
Niort et allant à Poitiers. Je l'ai quittée à
Lauzun, où passe l'embranchement du chemin de fer qui réunira Poitiers à Rochefort et
à la Rochelle.

J'ai vu près de Melle quelques luzernières
et une culture un peu moins arriérée. J'ai
pris à Lauzun un cabriolet qui m'a conduit
chez le vicomte de Curzay. M. Price, régisseur anglais de la propriété, m'a fait voir une
partie de la culture. Les récoltes sarclées sont
cultivées à la manière anglaise et sur une
grande échelle; il y en a une quarantaine
d'hectares, mais elles souffrent de l'extrême
sécheresse qui dure déjà depuis si longtemps.
Elles sont très-propres et fort bien espacées.
M. Price m'a donné le détail suivant sur leur
culture, et les frais qui en résultent. Ce que j'ai

à objecter à cette culture qui, du reste, me paraît être excellente, c'est que les engrais qu'on y consacre ne sont pas assez considérables pour produire des récoltes complètes, et qu'alors les racines ressortent à un prix trop élevé.

	fr.
M. Price donne un labour de défoncement en automne, qui exige un attelage de quatre bœufs, ouvrage estimé..................	40.00
Un labour de printemps....................	30.00
Un coup de scarificateur qui passe sur 3 hectares 1/3.............................	4.00
Plusieurs hersages........................	5.00
15,000 kil. de fumier à 10 fr. le 1,000........	150.00
250 kil. de guano........................	75.00
Un labour pour couvrir les engrais..........	20.00
4 kil. de semence de rutabagas ou navets.....	12.00
Un hersage.............................	2.50
Éclaircir et sarcler......................	11.50
2 coups de houe à cheval..................	5.00
Arrachage..............................	30.00
Transport à la ferme.....................	20.00
Rangement en silos......................	7.00
Loyer de l'hectare.......................	50.00
	462.00
Défalquer la moitié du prix des engrais.......	112.00
Reste.............	350.00

En comptant le produit à 35,000 kil., la tonne de racines revient à 10 fr. et on a une terre propre; je pense qu'on devrait faire passer par le semoir en même temps que la graine, un engrais pulvérulent, composé d'un mélange de suie, cendres lessivées, poudrette, de 50 à 100 kilos de guano, du superphosphate de chaux; tout cela convient pour assurer la bonne levée des plantes et activer leur croissance, dans une époque où elles sont si exposées à être détruites par les insectes, al-

tises, vers ou araignées, et enfin par la sécheresse ; car l'engrais mis en contact avec la
graine hâte tellement son développement,
que ses racines s'enfoncent en peu de temps
assez profondément pour trouver de l'humidité et supporter ainsi la chaleur.

M. Price m'a donné des épis d'un froment
roux qui est venu d'Amérique et dont il fait
grand cas. Il m'a fait voir une luzernière semée en lignes, afin de pouvoir la sarcler à la
houe à cheval.

M. de Curzay, après avoir amélioré la
ferme de Bassecour qu'il vient de construire
entièrement à neuf, vient d'y mettre un métayer ; il a conservé les anciens bâtiments
pour y établir une réserve, et M. Price est
chargé d'améliorer deux fermes qui contiennent des bruyères considérables, qu'on va
défricher et cultiver avec du noir animal.

La ferme neuve contient de fort belles étables, faites pour loger 60 bœufs, six écuries
où il y a place pour autant de chevaux, une
bergerie pour 150 bêtes et une porcherie destinée à 50 cochons ; il y a trois petites granges
et six travées de hangars.

La belle maison de ferme a des caves, un
rez-de-chaussée, un premier et de beaux
greniers ; elle est partagée en deux, pour loger d'un côté le régisseur, le bureau et le
comptable, et de l'autre le fermier. Dans les
bâtiments de la réserve se trouvent les bouti-
ques et hangars du maréchal, du charron et
du menuisier, une fort belle étable pour 16
vaches et 10 élèves, six boxes pour loger des
taureaux et des bêtes à l'engrais ; elles sont

assez grandes pour loger deux vaches ou trois élèves chacune, une écurie pour 10 chevaux et enfin une grange.

J'ai vu une douzaine de vaches et élèves, et deux taureaux de race hereford, qui sont en fort bon état; le reste du bétail se compose de vaches salers et parthenaises avec leur suite, composée d'élèves croisés hereford.

Je n'ai pas vu de bêtes à laine; on m'a montré un fort beau cochon qui était très-gras.

En fait d'instruments, j'ai vu deux vieilles machines à battre anglaises, un bon scarificateur monté sur bois, qui se fait ici pour 250 fr.; deux petits semoirs, l'un pour grains et l'autre pour récoltes sarclées; ils coûtent 100 fr.; une charrue, une bonne houe à cheval, ainsi qu'une herse de Howard; un coupe-racines de Gardner; deux charrues à soussol, dont une de Smith de Deanston et l'autre de Read, un laveur à racines; un bon tombereau anglais, mais fait pour deux chevaux; deux bonnes herses doubles, un hache-paille de Cornes, c'est celui qu'on estime le plus en Angleterre, on l'établit ici pour 450 fr.

Le château et la ferme sont situés sur une hauteur assez escarpée, au pied de laquelle coule une petite rivière. On y a établi une chute et une petite roue à augettes qui fait mouvoir deux petites pompes foulantes, élevant 40 litres d'eau par minute à 35 mètres de hauteur, d'où elle arrive au château et dans la ferme. M. de Curzay se rendant le lendemain à Poitiers, m'y a conduit et je suis allé coucher à Châtellerault, d'où je me rendis

le matin suivant chez M. Moll, à Lespinasse,
terre située à 8 kilomètres de la ville. Il m'a
fait voir dans son jardin quelques pieds de
maïs blanc du Kentucky, dont j'avais rapporté l'année précédente la graine de Hambourg, qui la tire tous les ans d'Amérique ;
il ne mûrit pas dans la Silésie et en Saxe,
où on le cultive en grand comme fourrage
vert ; ses tiges sont très-grosses et s'élèvent
à plus de quatre mètres, lorsqu'on fume bien.
Il est ici fort beau et à feuilles très-larges,
mais je ne crois pas que son grain parvienne
à maturité. J'avais aussi donné à M. Moll quelques graines d'un petit maïs blanc, nommé à
Vienne *poscorn* et qui avait été envoyé à
M. Vilmorin, en place d'un maïs jaune aussi
à petits grains plats, mais dont les épis sont
longs et les tiges plus élevées que le grand
maïs cultivé en Hongrie ; cette variété m'avait
été recommandée dans ce pays, en 1850.
Elle produit plus de fourrage que l'autre
et ne demande pas autant de graine ; car elle
est fort petite dans cette espèce. Le maïs poscorn est ici haut d'environ 1^m.30 ; il est très-
feuillu, mais n'a pas l'air non plus de vouloir mûrir. M. Moll a reçu de M. Vilmorin
un peu de maïs chinois, qui est encore bien
moins avancé que les deux autres. Il a défriché une soixantaine d'hectares ou environ
moitié de ses excellentes bruyères ; il y fait
de très-belles et bonnes récoltes de colzas,
en donnant 5 hectolitres de noir animal par
hectare. L'an dernier, il avait récolté sur un
nouveau défrichement 40 hectolitres sur cette
étendue, et cette année le même champ a

donné, après avoir reçu une seconde dose de
noir, une trentaine d'hectolitres, aussi par
hectare. Ses plus beaux colzas ayant été rouillés ce printemps, cela a de beaucoup réduit
le produit moyen de la récolte; il a vendu le
produit de 10 hectares de colza à peu près
6,000 fr. Ses 20 hectares de froments, qui
étaient de toute beauté, n'ont cependant
rendu que 20 hectolitres, car ils ont été
fortement rouillés. La marne sortant du coteau qui avoisine son habitation s'emploie
dans ce pays à raison de 300 à 400 mètres cubes
par hectare; il a heureusement à l'autre bout
de ses bruyères une marnière dont on ne met
que 60 mètres cubes par hectare. M. Moll
vient d'acheter sa quatrième paire de bœufs,
elles sont toutes de race parthenaise; celle-ci a
été payée 850 fr.; c'est bien de l'argent.

Son troupeau de brebis berrichonnes a été
d'abord croisé par des béliers southdown,
dont les moutons, âgés de trois ans, donnent
de 20 à 25 kil. de viande nette. Il a acheté,
l'an dernier, deux beaux béliers charmoise,
mais il trouve que, jusqu'à présent, les produits de ce croisement sont inférieurs aux
autres. J'ai vu chez M. Moll un entrepreneur
de battage, possédant plusieurs machines à
battre, dont le moteur est la vapeur; elle ont
été faites à Nantes par une des maisons Lotz,
et ont coûté 4,300 fr. pièce. L'entrepreneur
fournit, avec la machine, deux hommes habi-
tués à diriger le battage; il sont nourris chez
le cultivateur, qui paye 50 c. par hectolitre de
froment, et fournit le charbon de terre, l'huile
et une trentaine de personnes occupées au

battage ; le grain ne se trouve pas vanné par
la machine. M. Moll m'a dit qu'il avait employé en trois jours de battage 760 kil. de
charbon, ce qui fait une dépense de 3 c. par
double décalitre de grain ; la main-d'œuvre
lui a coûté 7 c. pour la même mesure de grain
et 10 c. à l'entrepreneur, cela forme 20 c.,
ou 1 fr. par hectolitre ; il faut ajouter la valeur de l'huile employée aux engrenages et
la nourriture de deux hommes. On a battu,
par jour, 2,600 gerbes d'un poids moyen de
12 kil. En Angleterre, et principalement dans
le comté de Lincoln, il y a beaucoup d'entrepreneurs de battage de grains, et voici ce
que j'ai appris sur ce sujet en 1851 chez M.
Willam Torr, fermier très-capable du comté
de Lincoln, qui passe pour le mieux cultivé
d'Angleterre. L'entrepreneur fournit la machine à vapeur locomobile, la machine à battre
qui est détachée, et les quatorze hommes qu'il
faut pour cette besogne ; il faut en outre trois
hommes pour approcher les gerbes et entas-
ser la paille; ceux-ci sont au compte du cultivateur, qui paye 2^f.50 pour le battage de
280 litres de froment, et 1^f.87 1/2 pour celui
de l'orge et de l'avoine. On bat, pendant
11 heures de travail effectif, de 50 à 60 quar-
ters de froment, mesure qui équivaut à 280
litres, ou 140 à 168 hectolitres. Comme le
battage fait par des machines à poste fixe qui
dépendent des fermes, ne coûtent guère que
le tiers de celui-ci, le grain complétement
nettoyé. M. Torr compte monter une machine
à vapeur à poste fixe, dans chacune des deux
fermes qu'il fait valoir. J'ai visité dans la

soirée, à Châtelleraut, M. Beauchaine, jeune
homme fort instruit, que sa santé délicate a
décidé à remplacer son père, qui était pépiniériste. Il m'a fait voir deux taureaux durham dont un pur sang et des vaches croisées
durham, qu'il a achetés encore jeunes de
MM. Salvat; ce sont de très-belles bêtes. Il
m'a donné un maïs blanc venu d'Amérique,
qui est très-hâtif; je lui en ai donné plusieurs
variétés que j'avais recueillies dans mon
voyage. Il cultive trois des variétés de froments anglais que j'avais données à M. Moll.
M. Beauchaine chaule ses terres à raison de
100 jusqu'à 200 hectolitres par hectare; il
paye le poinçon, contenant 240 litres de chaux,
5 fr.; c'est bien cher.

M. Beauchaine m'a donné plusieurs variétés
de froments et une de pommes de terre, qu'il
estime beaucoup, car elle n'a pas encore été
malade. Il n'avait pas encore essayé de guano,
et il m'a promis qu'il allait en demander. Je
me suis rendu le lendemain matin à Montmorillon. On suit, pendant une bonne partie du
trajet, les charmants bords de la Gartampe
et de Langlin, qui sont souvent très-pittores-
ques; je fus de Montmorillon à la colonie de
la Gabillière, dont M. l'abbé Fleurimont a été
le fondateur en 1844; il a établi la petite
colonie sur une ferme appartenant à l'hôpital
de Montmorillon, dont elle est éloignée de
6 kilomètres; elle se composait de plusieurs
étangs, d'une vingtaine d'hectares de terres
labourées, et le reste, d'une étendue de 300
hectares, était en bruyère. L'abbé en a défriché depuis lors une soixantaine d'hectares, qui

lui donnent de belles récoltes; il a transformé un étang en un grand jardin, où j'ai trouve beaucoup de jeunes arbres fruitiers, poussant très-vigoureusement, et couverts de beaux fruits. Les carrés du jardin donnent d'excellents légumes. Un autre étang est devenu un pré qui est irrigué avec l'eau d'un étang supérieur. Son bétail se compose de 2 chevaux, de 1 poulain, 6 bœufs et 24 vaches ou élèves de divers âges ; d'une centaine de bêtes à laine et de quelques truies, dont il vend les petits, âgés de six semaines, après avoir réservé ceux qu'il lui faut, pour élever et engraisser pour la consommation de la colonie. Il serait à désirer que des cultivateurs bienfaisants et charitables lui envoyassent, l'un un jeune taureau croisé durham, un autre un bélier southdown, un troisième un verrat anglais, et un quatrième un coq et une poule cochinchinois. Ces petits dons aideraient ce bon abbé, qui, depuis dix ans, s'est entièrement consacré à conduire à bien cette œuvre si bonne et si utile. Il avait un secours annuel de 4,000 fr. de l'État; il lui a été retiré, l'an dernier, au moment où la cherté des céréales lui eût rendu ce secours si utile; il a donc été forcé de s'endetter, pour empêcher les cinquante bouches de la colonie de mourir de faim. Il y a à la colonie quatre sœurs, qui conduisent le ménage, la lingerie, la laiterie, et soignent les malades. La colonie a eu le grand bonheur de n'être pas visitée par le choléra ou même par la cholérine, dont on se plaignait presque partout, sur la route que je venais de parcourir. J'ai vu à la colonie un champ considérable de topinambours, plante dont j'avais remarqué beaucoup de petits champs dans la matinée. L'abbé fait tuer un mouton chaque semaine pour la consommation de l'établissement; car il dit que ces pauvres bêtes ne se vendraient que 6 fr. la pièce, la peau et le suif valent la moitié de ce prix, et les 10 kil. de viande avec les abattis, lui font plus de profit que 3 francs; on l'ajoute à du porc salé pour faire la soupe. Le bail est de quarante-cinq ans, dont le premier tiers paye 1,100 fr. par an, le second payera 1,200, et le troisième, 1,300 fr.; mais à fin de bail, ou si la colonie cessait d'exister, les constructions érigées par la colonie sont acquises à l'hôpital sans qu'il ait d'indemnité à solder.

M. l'abbé a construit une tuilerie où l'on fait des tuiles, des briques et de la chaux, qui servent à ses constructions; il emploie aussi cette dernière à la confection de composts; de cette manière il met en même temps que les fumures, 15 hectolitres de chaux par hectare, comme cela se pratique dans la Mayenne, d'où il a tiré son chef de culture. Cet homme, ainsi que trois autres sous-chefs, parmi lesquels est le jardinier, gagnent 300 fr. chacun. Je suis allé coucher le même jour au Blanc, d'où je me rendis le lendemain matin au château de la Choletière, chez M. le comte de Basterot, dont l'ami, M. d'Alméno, dirige la culture depuis plus de quinze ans; elle s'étend sur environ 100 hectares, qui font partie du plateau de la Brenne. M. d'Alméno emploie depuis quelques années, avec de bons résul-

tats, un engrais qu'il compose de la manière
suivante : ayant d'abord fait calciner de l'argile calcaire dans une chaudière plate, n'ayant
que 22 centimètres de profondeur, il la pulvérise et la mélange avec une égale quantité de
suie, ou bien de cendres ; il fait venir tout le
sang des boucheries du Blanc, de Châteauroux, de Poitiers et de Châtelleraut ; ces trois
dernières villes sont au moins à dix ou douze,
lieues de chez lui, et le sang qu'il se procure
ainsi lui revient en moyenne à 3 fr. l'hectolitre, rendu chez lui. Il fait bouillir le sang
dans la même chaudière qui sert à calciner
l'argile ; il achète les vidanges du Blanc, qu'il
désinfecte avec du sulfate de fer dissous dans
l'eau.

On mélange les vidanges avec le sang, et
puis on y ajoute le compost ci-dessus mentionné, à pareille dose ; on met 50 hectolitres
de cet engrais, réduit en poudre, par hectare.
Il estime son prix de revient à 2 fr. l'hectolitre ; il peut en fabriquer environ 700 hectolitres par an, ce qui forme la fumure de
14 hectares pour des récoltes de froment.
M. d'Alméno compte essayer comparativement du guano avec son engrais. J'ai vu chez
lui de fort beau maïs jaune de Pensylvanie,
qu'il a eu de M. Dupeyrat il y a deux ans, et
qui a bien mûri chaque fois, quoique cultivé
sur un plateau fort élevé, et non pas dans la
belle vallée de la Creuse. Il cultive, depuis
six ans, le froment richelle de Naples d'hiver
fort en grand, et récolte le plus beau grain
qu'on puisse voir ; il le vend presque tout pour
semence. Un de ses voisins, M. Fombelles,

qui m'a dit cultiver un millier d'hectares, a
vendu cette année 800 hectolitres de ce beau
froment à M. Darblay. M. d'Alméno a cultivé cette année, dans son jardin, un froment
poulard rouge de printemps qui est excessivement productif; on le dit venu de Sibérie.
Il cultive en petit les froments anglais, dont
je lui ai donné une petite quantité en 1852,
et préfère le hunter, fenton-barn, redschaf-
white, redstrawwhite et le spalding rouge. Il
a cultivé, cette année, une grande étendue en
betteraves de Silésie, voulant monter une distillerie; mais l'extrême sécheresse de cet été
s'est montrée si contraire à ses racines, qu'il
a remis ce projet à l'année prochaine.

Je me suis rendu ensuite au Blanc et de là
au château de la Barre, sur la route d'Argen-
ton, chez M. le comte de Bondy. Cette charmante habitation à tourelles est située dans la
délicieuse vallée de la Creuse, qui borde
cette terre pendant environ 4 kilomètres; le
comte, venant d'acheter les deux terres de
Romefort et de Corps, qui le touchaient l'une
à gauche et l'autre à droite, ces trois propriétés réunies forment un ensemble de plus de
800 hectares, dans lesquels se trouve une
assez grande étendue de prés et de bois. Le
régisseur de cette belle terre est un ancien
élève de Grignon, M. Favret; il s'occupe de
drainer des prés qui bordent un affluent de la
Creuse, ruisseau dont il compte plus tard employer les eaux à leur irrigation. M. de
Bondy possède deux moulins dont le plus
considérable se trouve sur les bords de la rivière en amont. Il compte bientôt, lorsque le

bail du meunier sera expiré, établir une nouvelle roue hydraulique, qui fera monter l'eau de la Creuse à 15 mètres, et l'amener ainsi dans un canal qui la conduira au château et lui permettra d'irriguer son parc, ses potagers et une cinquantaine d'hectares de prés. M. Favret n'avait cultivé jusqu'à présent qu'une réserve peu étendue, mais les bons résultats de cette culture ont engagé M. de Bondy à la porter à 100 hectares. Il répare tous les bâtiments d'exploitation des fermes et en ajoute de neufs partout où cela paraît utile, et ce n'est pas une petite affaire, car la terre a maintenant sept fermes et deux moulins. La terre contenant un grand nombre de vieux chênes, épars sur les pâturages et les hauteurs quelquefois rocheuses, on a plusieurs truies dans chaque métairie, qui, avec leurs élèves, vont à la glandée. La part du propriétaire dans les porcheries monte à plus de 1,000 fr. Les cheptels des métairies sont composés de beau bétail du pays et bien suffisamment garnis. Madame de Bondy m'a mené dans une de ses nouvelles acquisitions, la terre de Corps; il s'y trouve plusieurs grands viviers, qui étaient comblés et qu'elle a fait remettre en état; une belle source les traverse et on va s'y occuper de pisciculture. L'immense potager est fort bien cultivé, et ses murs sont garnis de beaux espaliers et de treilles très-considérables, couvertes du plus beau chasselas; ce qu'il y a de fort remarquable, c'est que l'oïdium n'y a attaqué qu'un seul cep. J'avais aussi remarqué dans les rues de la ville du Blanc, qu'une treille considérable qui était chargée de grappes, n'en avait qu'une qui fût attaquée par cette funeste maladie.

On m'a dit que les vignes de ces environs ne produiront presque pas de vin cette année.

Je ne connais pas une terre où je me plairais davantage qu'à la Barre, surtout depuis qu'on l'a presque doublée par l'acquisition de ses deux voisines. Il y a beaucoup de gibier en plaine, au marais et au bois; on trouve dans ceux-ci des sangliers, des chevreuils et même des cerfs de temps en temps.

La rivière fournit beaucoup d'excellent poisson, et donne ainsi le plaisir de la pêche. On n'est ici qu'à quelques lieues du chemin de fer du centre et à quinze lieues de celui de Bordeaux. M. de Bondy m'a fait visiter une propriété de Brenne qui est en vente; elle avait été acquise, il y a plusieurs années, par un Belge, qui y a bâti une belle maison de maître avec de considérables bâtiments d'exploitation; il a défriché des bruyères qui, d'après les chaumes, paraissent avoir produit de belles récoltes. J'y ai vu deux champs de beaux topinambours. Le régisseur est un Percheron; aussi cultive-t-il à la manière de son pays: il prend une récolte de froment sur fumure, sème l'année suivante une avoine et un trèfle; celui-ci reste jusqu'à la Saint-Jean de la quatrième année, époque à laquelle on le laboure si la sécheresse ne s'y oppose pas; on donne une demi-jachère; on fume et on recommence l'assolement, qui ne pourra durer longtemps sans rendre la terre incapable de donner une bonne récolte de trèfle. Le régisseur paraît être connaisseur en chevaux; il en achète, les remet en état et les revend. Nous avons rencontré sur la queue d'un étang, le troupeau des vaches de sa culture; il se composait de bêtes du pays qui, ici comme dans d'autres parties de la Brenne, m'ont paru infiniment meilleures que celles de la Sologne; il me semble aussi que les habitants de cette dernière sont moins bien constitués et plus faibles que ceux de ces parages. Les métayers de ce pays cultivent pour leur usage une petite espèce de colza qu'ils nomment rabette, mais qui n'est pas la navette.

J'ai fait une visite à M. de la Millanderie, au château de l'Épine, commune de Ciron, qui se trouve sur la rive droite de la Creuse; il vient de faire construire une ferme dans les bruyères qu'il a défrichées, et il la fait valoir ainsi que les bonnes terres des bords de la rivière; il a été le premier dans ce canton à employer du noir animal dans ses défrichements, et son exemple a été suivi par ses voisins.

M. de la Millanderie, qui est membre du Conseil général du département de l'Indre, fait partie d'une Commission chargée d'examiner les étangs situés dans deux communes, dont la sienne en est une, de désigner 1° ceux de ces étangs qui, ayant un fond sablonneux, ne sont pas malsains et peuvent donc être conservés en eau, sans nuire à la salubrité du pays; 2° ceux de ces étangs qui, moyennant des améliorations, peuvent être amenés à ne plus être insalubres, et 3° enfin ceux qui, par leur fond vaseux, leurs queues et leurs bords

marécageux et couverts de joncs ou plantes
aquatiques, occasionnent le mauvais air et
par suite les fièvres intermittentes et autres
maladies. Ces fléaux dépeuplent et désolent,
non-seulement la Brenne, mais encore les pays
environnants, même ceux dont le fond de terre
est parfaitement perméable, tel que ce qui
est connu sous le nom de Champagne du
Berry, mais qui, se trouvant situés entre la
Sologne et la Brenne, reçoivent, par les vents
qui ont traversé un de ces deux pays, l'air
vicié. M. de la Millanderie a visité, avec cinq
ou six membres de cette Commission, les
230 étangs existants dans les deux communes ; trente de ces étangs ne se trouvaient pas
mentionnés sur l'état qui leur avait été adressé
par la préfecture ; cet état désignait l'étendue
cadastrale de cette immense quantité d'é-
tangs, que je regrette de ne m'être pas pro-
curé. La Commission avait aussi été chargée
de faire exécuter le curage d'une des deux
petites rivières qui traversent la Brenne,
dont la dépense a été payée pour un tiers par
les propriétaires riverains et le reste par l'É-
tat. Il est à regretter que les nombreuses Com-
missions chargées du même travail dans les
autres parties de la Brenne , n'aient pas montré la même activité que celle dont je viens de
parler et qui était présidée par M. de la Millanderie. C'est l'empereur lui-même qui a
demandé ce travail. M. Bethmont, l'ancien
ministre, propriétaire de la terre de Ruffec,
près le Blanc, fabrique des tuyaux de drainage pour sa propriété ; il défriche beaucoup
de bruyères. On m'a dit au Blanc que trois

banquiers de cette ville et des environs venaient d'être condamnés à la privation de
leurs droits civils et à de fortes amendes, pour
avoir fait l'usure. J'ai visité, le 24 septembre,
une terre située à 8 kilomètres du Blanc et
qui est habitée, une partie de l'année, par
un des Messieurs de Poix ; il était alors dans
une autre terre qu'il possède près de Namur,
en Belgique. J'ai vu dans la ferme de la Bassecour, une vingtaine de bêtes à cornes, dont
un taureau croisé durham, une vache de
même race, une forte vache hollandaise,
deux charollaises, le reste en grosses vaches
des marais du Poitou, quelques petites bretonnes, et enfin des élèves provenant de ce
taureau avec ces vaches. M. de Poix a créé
une petite chute sur le bord de la Creuse,
qui n'a qu'un mètre de hauteur, elle fait
tourner deux turbines, dont la plus petite
fait monter l'eau au château et dans les jardins à environ 10 mètres de hauteur ; l'autre
sert à l'irrigation de plusieurs hectares de prés
et de prairies artificielles. J'ai vu dans cette
culture des luzernière et des choux-vaches
bien soignés et fort propres. A une petite
distance de là, je suis entré dans l'ancienne
abbaye de Fontgombeau, où s'est établie, depuis quelques années, une succursale de l'abbaye des trappistes de la Meilleraie, près de
Nantes. Les frères sont ici au nombre de
trente, et dirigent une colonie d'enfants repris de justice au nombre d'environ 120 individus. Le supérieur, qui est des environs de
Bruxelles, eut la bonté, quoique fort souffrant, de me faire voir son établissement et

une partie de la culture ; elle ne s'étend encore que sur une vingtaine d'hectares, en
partie bordant la Creuse. Ces terres sont pour
la plupart fort légères ; il y en a cependant
aussi quelques hectares qui sont fertiles; ils
viennent d'en acheter sept hectares pour
14,000 fr. ; ils ont aussi acquis une dizaine
d'hectares de bruyères, situées à 12 kilomètres de la colonie; j'en ai oublié le prix. L'assolement adopté est : 1re année, choux-vaches
avec 50 mètres cubes de fumier ; 2° pommes
de terre et haricots ; 3° froment ; 4° trèfle ;
5° froment ou seigle ; tout cela sur la première
fumure et sur terre très-usées. J'ai indiqué
au bon frère l'adresse du guano du Pérou de
Nantes, afin qu'il puisse en essayer, car tout
souffre ici du manque d'engrais ainsi que de
la sécheresse. On repique des choux de
Poitou après la récolte du seigle. Le jardin est
fort grand et m'a paru bien tenu. Le cheptel
se compose de quelques chevaux et vaches et
huit truies dont une partie provient de croisements avec des verrats anglais; les petits
de l'espèce anglaise sont retenus longtemps
d'avance à 80 fr. la paire pour en propager la
race. J'ai vu une bande nombreuse de petits
garçons attelés à une petite charrette à bras,
transportant des déblais de construction de
la magnifique église dont il ne reste que les
murs et le chœur, qui est très-beau et très-
vaste ; il doit être reparé avec les fonds fournis par le gouvernement et deviendra une
belle église; la partie la plus ancienne de
cette abbaye date, assure-t-on, du onzième
siècle. Il est fâcheux que le moulin de l'ab-

baye, qui la touche et qui est une véritable
gêne pour elle, ne lui appartienne pas, et que
son propriétaire veuille trop en faire payer la
convenance.

Je me suis rendu à Preuilly, petite ville où
j'ai loué un autre cabriolet pour aller chez
M. Gaulier de la Selle ; c'est à lui qu'est
due la bonne idée du pralinage des semences
au moyen du noir animal ; aussi les trois
communes dans lesquelles la belle et grande
terre de la Selle se trouve située emploient-
elles tous les ans plus de 200 hectolitres de
noir pour opérer des défrichements de bruyères, et MM. Gaulier des Bordes, cousins de
M. de la Selle, dont la terre est dans le voisinage, en emploient autant dans de grands
défrichements qu'ils font.

M. de la Selle, que j'avais engagé en 1848,
lors de la première visite que je lui fis, d'essayer du guano dans ses vieilles terres usées,
s'en est si bien trouvé, qu'il en a fait venir
cette année 45,000 kilogr., dont 35,000 pour
lui et ses nombreux métayers, qui en payent
très-volontiers leur moitié ; les 10,000 kilogr.
restants seront détaillés par sacs conservant
le plomb Montané, ce qui est la preuve que
le guano n'a pu être fraudé, par l'épicier de
la Selle, aux cultivateurs environnants, car
ce placement donnait trop d'embarras à
M. de la Selle, qui avait pris cette peine jusqu'à cette année, de même que pour le
noir.

Il vient de faire venir de chez MM. Allier,
de Petit-Bourg, un verrat et une truie croisés
Essex et Berkshire qui n'ont pas encore pro-

14

duit ; l'autre truie, de race new-leicester, a
donné six jolis porcelets ; mais, ayant été
trop précoce, elle est restée petite ; ces bêtes
se trouvent dans une porcherie nouvellement
construite, fort soignée et commode, qui va
être augmentée. M. de la Selle vient de construire un four à chaux ; il consomme 2,000
bourrées ou mauvais fagots de bruyères par
fournée produisant 140 hectolitrés de chaux
qui coûtent 210 fr. ou 1 fr. 50 l'hectolitre,
ce qui est fort cher : la cuisson seule de la
fournée revient à 60 fr. Je pense que, si l'on
se servait de houille dans un four continu,
on dépenserait moins, malgré l'éloignement
où l'on se trouve ici d'un canal ou d'un chemin de fer. M. de la Selle va essayer le drainage, qui fera à merveille dans la plus grande
partie de ses terres. Cet habile et très-actif
propriétaire a déjà défriché 200 hectares de
bruyères ; il en a encore 400 à rendre productifs. Il a construit une belle ferme à laquelle il va ajouter une bergerie. Il y a fait
monter, il y a bien des années, une machine
à battre à poste fixe, ce qui ne l'a pas empêché d'en acheter une locomobile avec un
manége tournant autour de la machine ; elle
vient de chez Renaud et Lotz de Nantes, est
de la force de deux chevaux et coûte 850 fr. ;
elle bat beaucoup étant attelée de deux forts
chevaux, mais a l'inconvénient de couper la
paille de manière à en empêcher en partie
le bottelage ; il la loue 15 fr. en fournissant
deux hommes qu'il paye, mais qui sont nourris par le cultivateur pour lequel ils battent.
Beaucoup de fermiers, et même de forts pe-

fits cultivateurs, viennent la demander. M. de
la Selle m'a conduit dans une locature qui
touche une grande étendue de bruyères, lesquelles font partie d'une terre nommée le
Roulet, qu'un habitant de Paris, nommé
M. Gravier, vient d'acheter de M. de Menou
pour 485,000 fr.; elle est située près du
bourg de Saint-Flovier; cette locature a été
louée il y a trois ans par M. de la Tremblaye,
propriétaire des environs, à condition de défricher une certaine étendue de bruyères qui
devront être marnées plus tard. Il en a déjà
défriché 60 hectares, et il s'est engagé à en
défricher encore 30 pour un fermier picard
à qui il vient de louer ces 90 hectares. On ne
connaît pas les conditions de ce bail, qui
aura encore une durée de quinze années,
mais avec l'obligation d'augmenter les bâtiments, qui sont trop exigus. M. de la
Tremblaye payait chaque année 150 francs
pour cette locature, pendant un bail de dix-
huit ans. M. de la Tremblaye était occupé
du battage de sa très-belle récolte, formant beaucoup de grosses meules d'avoine
d'hiver, de seigle, de méteil et de froment.
Il ne sème ces deux dernières céréales que
sur la troisième année du défrichement;
chacune a reçu 350 kilog. de noir neuf,
payé 18 fr. les 100 kilog. pris à Tours;
les avoines d'hiver, qui ouvrent l'assolement,
lui ont produit 30 à 36 hectol. par hectare,
les autres céréales de 18 à 24 hectol. Les
marnages stipulés sur le bail doivent être de
50 mètres par hectare et se font à partir de
la quatrième année. Il lève les bruyères au

moyen d'une très-grosse charrue, imitation
de celle venue il y a vingt-cinq ans des environs d'Ostende, et dont l'importation est
due à MM. Doynel de Quincey et de Jouffroy
Gonsens. M. de la Tremblaye met six chevaux
à cette charrue et m'a dit qu'il faisait un
hectare en deux jours, même en hiver, car
elle retourne complétement des tranches
larges de 0^m.40 ; il sème sur le premier labour après deux coups de herse de fer, et est
si content des résultats de cette entreprise,
qu'il cherche d'autres bruyères à louer ou à
acquérir. Il se sert pour les labours suivants
d'une excellente charrue, presque pareille à
nos charrues belges-américaines, de même
sans avant-train et ne coûtant que 52 fr., ce
qui m'a paru être très-bon marché ; elle est
fabriquée à Saint-Flovier par le sieur Cor-
neau ; elles sont si bien faites, que, si je cul-
tivais encore, j'en ferais venir. M. de la Selle
m'a ensuite conduit chez un commerçant de
Paris, M. Salleron, qui a acheté il y a dix
ans une ferme d'environ 100 hectares, dont
un tiers se trouvait en bonnes bruyères ; il l'a
louée, je crois, assez récemment, à un fermier
des environs de Dammartin nommé Benoist
Cécile, qui y obtient de belles récoltes.
M. Salleron a planté, depuis huit ans, beaucoup de pruniers d'Agen, dont les fruits font
d'excellents pruneaux, qu'il vend facilement
à Paris.

Il fait monter une distillerie de betteraves,
qui se compose de deux appareils faits par
Derosne et Cail et coûtent 6,000 fr. ; ils devront faire en douze heures 6 hectolitres

d'alcool à 36 degrés ; il y a deux chaudières à défécation dont le prix est de 500 fr. ; dix cuves à 60 fr. pièce, 600 fr. ; deux presses, 800 fr. ; une râpe, 300 fr. ; un manége, 1,000 fr. Il fait construire deux réservoirs carrelés pour contenir le jus, qu'on défèque de suite au sortir de la râpe, afin d'obtenir du bon goût ; deux autres réservoirs pour refroidir le jus sortant de la chaudière à défèquer, d'où ce jus se rend dans un réservoir ci-dessus mentionné. Tout cela, excepté le manége et les deux alambics, se trouve placé dans un cellier voûté, au-dessus duquel sont posées la râpe et les deux presses à percussion. Il cultive lui-même une certaine étendue de betteraves et en a acheté même à une distance de 16 kilomètres : il les paye au plus 20 fr. les 1,000 kilog. Il a pris un brevet d'invention pour un nouveau procédé de distillation dans lequel on se sert, en place de levure, de son pour établir la fermentation ; ce procédé a été employé pendant de longues années dans les colonies françaises par un distillateur de profession que M. Salleron s'est associé ; il le loge et lui assure une part dans les bénéfices nets.

Nous nous sommes rendus le lendemain, 16 septembre, M. de la Selle et moi, chez M. Tétard, habitant de Paris, qui a acheté, il y a plusieurs années, la terre de Saint-Gervais, située à 8 kilomètres de la ville de Loches ; je l'avais déjà visité il y a quelques années, mais je n'avais pas trouvé M. Tétard chez lui. Sa culture se partage en deux fermes, dont la plus considérable est située à

près d'une lieue du château et occupe un plateau fort élevé, sur lequel il a établi une luzernière considérable et productive, mais
une grande partie de cette ferme est composée de terres très-siliceuses et peu fertiles; il en a planté une partie en lignes
simples de ceps, à intervalles de 10 mètres;
on les cultive à la charrue, et l'on sème des
céréales et prairies artificielles entre les rangées de ceps. M. Tétard a été forcé de vendre
son troupeau, composé de brebis de ce pays,
auxquelles il avait donné des béliers de la
partie du Berry nommée le Crevant; ces
bêtes avaient été atteintes de cachexie, qui
lui avait déjà enlevé le tiers du troupeau. La
ferme située près du château contient toujours une quarantaine de vaches, que lui
achète un boucher dans les foires environ-
nantes: il les revend au moment de vêler,
avec un certain bénéfice, après les avoir
nourries à l'étable pendant huit à dix mois.
M. Tétard élève des cochons du pays. Il a fait
venir depuis huit ans une machine à battre de
Duvoir. Elle a coûté 1,900 fr., mais n'a jamais exigé de fortes réparations; elle a le
grand inconvénient, pour des cultivateurs
qui ne vendent pas leur paille fort chère, de
ne battre que 18 à 20 hectolitres de froment
par jour. Celles qu'on fait dans les environs
d'Angers, à Chef et surtout à Château-Gon-
thier, entre autres chez le sieur Stubenrauhc,
et qui sont locomobiles, coûtent, pour deux
chevaux, 500 fr, et pour quatre, 700; cette
dernière bat bien quatre fois autant que celle
de Duvoir; mais, à la vérité, elle ne vanne

pas, étant faite pour être mise au pied des meules.

M. Tétard vient de faire venir une charrue de Dombasle avec un avant-train Pluchet, que le fabricant vend 120 francs. Il a une houe à cheval de M. Bouscasse, faite à la Rochelle, qui a coûté, prise sur place, 120 fr. : elle fonctionne bien, mais je lui préfère infiniment, pour la culture des betteraves, rutabagas, carottes et navets, celle de M. Maxime Lemaire, commune de Saint-Rimeau, près Bresles, départemnt de l'Oise. Ces houes à cheval cultivent trois lignes de racines à la fois, et coûtent 150 francs, étant montées sur trois roues. Les terres de cette ferme sont fertiles et produisent de fort belles récoltes. M. Tétard, ayant vu chez M. de la Selle les remarquables effets produits par l'emploi du guano, en achète depuis lors une quantité assez considérable. J'ai vu chez lui des râteaux-brouettes dont il fait grand cas; ils se fabriquent dans la commune de Genillet, département de l'Indre; c'est un diminutif du râteau à cheval. M. de la Selle possède un fort bel étalon de pur sang, autorisé par l'administration des haras, pour lequel il a 600 fr. d'indemnité par an ; cet étalon a sailli cette année soixante et une juments. On élève ici quelques poulains qui promettent. M. de la Selle obtient, maintenant qu'au moyen d'une bonne culture et du guano il fume abondamment, de belles récoltes sur des terres qui étaient précédemment réputées improductives et laissées en friche.

M. de la Selle m'a encore conduit chez

M. de la Ferrière, dont le château est peu distant de la ville de Ligueuil. Ces environs sont en terres calcaires d'une grande fertilité. Nous n'avons pas trouvé cet agriculteur chez lui, ce que je regrette infiniment, car c'est aussi un homme très-progressiste ; nous avons vu dans ses écuries une trentaine de jeunes chevaux entiers, âgés de trois à quatre ans, qu'on castre pour en faire des chevaux d'officiers de cavalerie, après les avoir dressés ; ils viennent pour la plupart des environs de Marans et de la Rochelle. Nous avons aperçu un petit troupeau de brebis poitevines, très-hautes sur jambes, auxquelles on a donné un bélier charmoise ; les produits avec ces brebis mal faites ne m'ont pas plu ; je crois qu'il eût mieux valu employer des brebis du Berry, et surtout celles de Crevant ; elles n'eussent pas coûté autant que les poitevines et eussent donné de bien meilleurs produits. Nous avons encore vu ici des meules fort bien faites et un champ considérable de belles betteraves et carottes, semées en lignes et fort bien sarclées. J'ai couché à Ligueuil, et le lendemain je me suis rendu au château de Pierre-le-Roux, qui a été construit, il y a une trentaine d'années, par M. de la Ville le Roux, au milieu d'une très-grande étendue de bonnes bruyères, qu'il a défrichées en grande partie. Cet agriculteur habite une autre terre non loin de Tours ; il n'a dans celle-ci qu'un maître valet, qui cultive cette grande ferme sans avoir assez d'attelage ni assez de bétail. Il a essayé, il y a une couple d'années, du guano ; il s'en

est si bien trouvé, qu'il en emploie beaucoup, m'a-t-il été dit par un laboureur, car
le maître-valet était absent. J'ai continué mon
voyage en suivant la route de Loches, et me
suis arrêté pour déjeuner chez M. Cornu,
dont j'avais fait la connaissance au congrès
d'Agriculture de Paris. Il a acheté, il y a
quelques années, cette propriété et y a construit une habitation ; il défriche ses bruyères, qui lui donnent de fort belles récoltes de
céréales. Je me suis rendu ensuite au château
de Chanceau, chez madame Schneider, qui
fait de grands travaux de drainage, d'irrigation et de plantations de bois ; elle a pris, à
cet effet, un des frères Simon, très-connus
comme irrigateurs, pour diriger ces améliorations.

Le lendemain, je me suis rendu à la ferme-
école des Hubaudières, département d'Indre-
et-Loire, dont M. Daveluy, excellent cultivateur du département du Nord, est le directeur
et fermier. Le propriétaire de cette terre est
M. Faure, riche fabricant de Lille, qui a de
grandes propriétés dans ce département.
M. Daveluy, un des amis de feu M. Malingié,
cultive les Hubaudières depuis une douzaine
d'années ; il a eu fort à faire pour tirer un
bon parti de cette propriété, composée d'une
grande étendue de terres calcaires, peu profondes, qui, sous le climat du centre, ont
fort souvent à souffrir de la sécheresse ; il ne
les fume jamais, et, après les avoir laissées
trois ans en pâturage à moutons, semé dans
une orge d'hiver avec des trèfle blanc, lupuline et pimprenelle, il laboure, ressème de

14.

l'orge d'hiver, et le même pâturage, après une
jachère complète, servant à nettoyer la terre.
Cet assolement s'étend sur 150 hectares dont
un cinquième, ou 30 hectares, produisent de
l'orge d'hiver de ce pays, et non de l'escourgeon, qui ne réussit bien qu'avec de très-
fortes fumures. M. Daveluy a de meilleures
terres calcaires, sur lesquelles il fait, chaque
année, 50 hectares de froment, autant d'a-
voine d'hiver, des sainfoins et luzernes. Il a
toujours une quarantaine de vaches à lait,
achetées dans le pays, qu'il engraisse lorsque
le lait diminue; elles ne sortent jamais de
l'étable. Il a 1,000 ou 1,100 bêtes à laine,
provenant d'un croisement de béliers charmoise et brebis berrichonnes, mais qui en sont
arrivées au quatrième et même au cinquième
croisement; il trouve que ces bêtes commencent à dégénérer. M. Daveluy a 12 chevaux
et 16 bœufs de trait, beaucoup de cochons de
race craonaise, qu'il croise aussi avec des
verrats essex-napolitains et new-leicester. Il a
construit un bâtiment spacieux pour loger
les jeunes gens de la ferme-école; il a un petit moulin qui sert à moudre tous les grains
consommés chez lui. J'ai admiré un champ
de 8 hectares en fort bonnes terres, contenant de très-belles disettes blanches, devant
donner un grand poids par hectare, malgré
l'extrême sécheresse de l'été et de l'automne.

J'ai vu de très-beaux choux-raves, des citrouilles, et une grande pépinière de colzas,
avec laquelle il compte repiquer 20 hectares;
il a eu de belles récoltes de céréales, qu'il
était occupé à dépiquer avec une machine à

battre à vapeur de Lotz, qu'une personne de
Loches a fait venir pour la louer; elle employait vingt-cinq personnes pour cette opération. M. Daveluy se sert depuis une couple
d'années de l'engrais Lainé; il lui en faut
pour 150 fr. par hectare, et il en achète pour
1,500 fr. Je l'ai engagé à essayer comparativement du guano du Pérou, étant persuadé
qu'en n'en mettant que pour 100 fr. par hectare il aura de plus belles récoltes, tout en
économisant un tiers de la dépense. Il m'a
dit qu'il le ferait.

Je me suis rendu de là au château de Pont,
chez M. Millet, ancien officier supérieur; madame Millet est bien connue par les agriculteurs pour avoir écrit plusieurs ouvrages et
bien des articles sur l'agriculture, qui sont
très-estimés. Leur jolie habitation, pas encore
complétement terminée, est placée sur la
pointe d'un monticule, d'où l'on jouit de
charmants points de vue. Leur seconde
ferme, qui est aussi cultivée par cette fort
aimable famille, se trouve de même posée
sur un coteau arrondi, mais un peu moins
élevé. Cette ferme est pareillement entourée
de ses terres; elles sont séparées par une jolie vallée contenant de bons prés qu'une petite rivière traverse. Cette jolie propriété est
d'une contenance d'environ 100 hectares, et
m'a paru fertile. M. Millet le fils est un ancien
élève de Grand-Jouan; il est à la tête des travaux de culture, et m'a paru avoir bien profité de son séjour à la ferme régionale. Mademoiselle Millet s'occupe beaucoup de la basse-
cour et du troupeau; celui-ci est composé de

brebis berrichonnes qui ont des béliers de la
Charmoise ; il n'y a que trois vaches à lait,
mais une quarantaine de génisses achetées
vers l'âge de dix-huit mois, pour être reven-
dues un an plus tard au moment de vêler, ce
qui produit un bénéfice brut de 50 à 60 fr.,
sans compter le fumier. On met toujours de
la marne sous le bétail afin qu'elle s'abreuve
de l'urine. Mademoiselle Millet élève beaucoup de fort belles volailles ; elle croise avec
un grand succès des poules normandes, espèce de Crèvecœur, avec des coqs cochinchinois ; cela augmente la grosseur des œufs et
donne des poules qui couvent plus volontiers que leurs mères et pas trop, comme
l'espèce cochinchinoise. Ces volailles croisées
sont très-lourdes et ont une excellente chair ;
elles s'engraissent bien en quinze ou dix-huit
jours ; on les achève avec des boulettes de
farine de sarrasin, mêlée avec celle d'orge,
qu'on trempe dans du lait non écrémé. Je
pense qu'on ferait bien d'ajouter à ce mélange
de farines aussi celle de maïs. Il vient d'arriver ici une machine à battre de la force de
deux chevaux, coûtant 600 fr. chez Lotz, à
Nantes. Elle emploie sept personnes, et bat
en huit heures de travail de 20 à 22 hectol.
de froment ; elle se transporte facilement
d'une ferme à l'autre, malgré les mauvais
chemins.

M. Millet fait grand cas des froments anglais dont je lui ai donné des échantillons ;
ceux qu'il préfère pour ses terres calcaires
sont le chiddam et le froment rouge de
Brown.

Le maïs à dents de cheval, venant d'Amérique chaque année pour être cultivé dans le nord de l'Allemagne, comme fourrage vert, et dont j'avais rapporté en 1853 un peu de semence de Hambourg, est venu fort grand chez M. Millet; mais il est à craindre que la plus grande partie de ses épis n'arrivent pas à une complète maturité. C'est le midi de la France qui pourrait nous fournir, ainsi que l'Allemagne, cette graine, qui se vend de 50 à 60 fr. l'hectolitre, ce qui ferait assurément une récolte bien productive. J'ai été étonné de voir de fort belles betteraves dans un champ très-pierreux, des rutabagas de bonne grosseur, malgré l'extrême sécheresse, d'énormes navets rouges, tout cela assez en grand et fort bien sarclé. On m'a fait voir deux essais comparatifs de la culture des betteraves d'après la méthode Kœchlin; on avait fait une couche le long d'un mur bien exposé, sur laquelle furent semées des betteraves globes jaunes; on recouvrait cette couche la nuit avec des paillassons, comme cela se fait sur les bords du Rhin pour obtenir de bonne heure du replant de tabac; on a repiqué les betteraves globes jaunes venues sur couche, à côté de celles de même espèce semées en ligne sur place. Les premières avaient de 75 à 80 centimètres de tour, mesure à la main, à peu près le double des secondes. Celles-ci avaient reçu 30,000 kil. de fumier par hectare, mais semées sur billons à la Northumberland, c'est-à-dire le fumier mis dans le billon se trouvant par conséquent placé sous les lignes des plantes, ce qui exige moins d'engrais pour produire une bonne récolte sarclée.

J'ai aussi vu dans un champ pierreux de fort beaux choux cabus et de Poitou ; mais ils avaient reçu, en sus de la fumure ordinaire, un peu de chiffons de laine mis à chaque pied. Ce moyen est aussi excellent pour faire prospérer les plantations d'arbres dans les mauvaises terres ; de 2 à 3 kil. de chiffons de laine par arbre feront merveille ; on éparpille les chiffons à mesure qu'on rebouche le trou. J'ai engagé à faire un essai de guano. J'ai mangé ici d'excellentes pommes de terre, l'une longue, on la nommait la hâtive, à feuilles de chêne ; l'autre, dont on fait aussi grand cas, est la bleue. On estime beaucoup les haricots jaunes de la Chine, qui sont excellents en vert comme en sec. On fait ici d'excellente farine de maïs ; pour cela, on cueille les épis lorsque les grains sont encore mous ; on les met dans un four presque aussi chaud que pour cuire le pain ; ils doivent être presque grillés et noirs avant de les moudre.

Madame Millet a fait planter des mûriers, il y a huit ans, dont les feuilles lui servent à faire une éducation de vers à soie, dans le but de faire de la graine. Il faut 100 kil. de cocons pour produire 1 once de graine. Elle a fait cette année 50 onces de graine, qui ont été vendus 500 fr.

M. Millet a eu la bonté de me conduire à Montrésor et de me faire visiter le château, qui vient d'être complétement restauré et meublé d'une manière extrêmement riche. Cette terre, d'une étendue de plus de 3,000

hectares, a été achetée il y a quelques années
par un Polonais, le comte Branitsky, qui n'y
vient que de temps en temps pour chasser.
Les écuries contiennent une dizaine de beaux
chevaux. La grille de la porte cochère du
château, qui a été coulée à Pocé, forge dans
les environs de Tours, a été ajustée à Paris
et a coûté 5,000 fr.

Le régisseur, ancien officier polonais, qui
a bien voulu nous montrer le château, nous
a dit que la cheminée du grand salon venait
d'un des châteaux qui fut habité par Louis XIV
et qu'elle leur avait coûté 30,000 fr., avec la
garniture; la boiserie en chêne de ce salon a
coûté 16,000 fr. La culture de la réserve ne
peut guère être très-perfectionnée, le régisseur étant seul pour administrer cette énorme
propriété; il ne dispose que de laboureurs de
ce pays, qui est aussi arriéré que possible; il
est très-occupé de faire réparer les bâtiments
des fermes de cette vaste terre, qui étaient
en bien mauvais état.

L'église de Montrésor est fort belle. Je suis
allé de là coucher à Ecenillé, petite ville située près d'immenses bruyères, appartenant
à quelques communes, qui commencent à les
vendre à des cultivateurs, lesquels comprennent le très-bon parti qu'on peut en tirer en
les défrichant.

J'ai visité le lendemain M. Lhome de Praille,
un de ces cultivateurs courageux, qui con-
sacrent leur savoir-faire et une grande activité
à transformer un désert en une terre très-
productive. M. de Praille a acheté, en septembre 1850, de compte à demi avec deux

de ses amis, 170 hectares de ces bruyères, situées à trois kilomètres d'Ecenillé. Il y a construit une jolie, mais très-petite maison, à laquelle il a joint d'abord deux bâtiments, et plus tard deux autres qui complètent à peu près une belle ferme; il a défriché en quatre ans 125 hectares. Cette propriété, qu'il a nommée Terre-Neuve, est située des deux côtés d'une belle route qui conduit à Valençay. Elle a coûté d'achat 28,000 fr., ou 164 fr. 75 par hectare. Les quatre bâtiments, dont l'un est une grange contenant un grenier à grain considérable, qui est planchéié, peuvent loger 70 têtes de gros bétail. Les deux derniers, qui ont chacun une longueur de 20 mètres sur 8 de large, et dont les basses gouttes ont 6 mètres de haut, sont couvertes en ardoises et ont coûté 11,400 fr. Les récoltes ont été fort belles, excepté les colzas, qui n'ont donné que 11 hectolitres l'hectare. Les vesces d'hiver n'y sont jamais venues belles, le terrain ayant un sous-sol fort imperméable; celles de printemps ont donné 7,000 kilog. Cette année, l'avoine d'hiver n'est pas venue aussi belle que les années précédentes; celle de printemps a produit 58 hectolitres. Le froment rouge de Kent a donné 20 hectolitres; il y a maintenant 24 hectares en trèfle mêlé de reygrass anglais, qui promet d'être bien productif l'an prochain. Voilà la manière de défricher que M. de Praille regarde comme la meilleure.

Il laboure dès que les emblaves sont terminées, pendant tout l'hiver, tant que la gelée ne s'y oppose pas; il herse avec une herse

de fer en long, de manière à détacher assez
de terre des tranches de bruyères, afin de
combler les intervalles des tranches, couvrir
et étouffer la bruyère ; il mélange la semence
d'avoine d'hiver avec 400 kilog. de noir animal de raffinerie, acheté dans les grandes
raffineries de Paris. Afin d'éviter la fraude ;
il humecte un peu le noir pour en faire
coller autant que possible contre la semence,
qui n'est répandue qu'en septembre, cinq à
six mois après le défrichement ; après avoir
assez hersé pour enterrer la semence, il fait
piocher bien menu une tranche de bruyère
par des tâcherons, auxquels il donne un centime par mètre courant, pour jeter cette
terre, assez émiettée, sur une planche de 4
mètres de large ; les rigoles doivent avoir
0^m.30 de profondeur, afin d'égoutter le mieux
possible ces terrains souffrant beaucoup de
l'humidité. L'avoine étant coupée et enlevée,
le champ reste en pâture naturelle jusqu'en
avril ; il donne alors deux labours et des hersages pendant le cours de l'été et repique en
septembre du colza, qui produit ainsi une
vingtaine d'hectolitres, tandis que celui semé
à la volée n'en produit guère qu'une douzaine ; ce colza a reçu 400 kilog. de noir ; la
troisième année il sème du froment avec 300
kilog. de noir, ou bien de la vesce d'été qui
est semée et reçoit la même quantité de noir
sur pareille préparation de la terre ; la quatrième année, sur le froment il sème du trèfle
qui doit recevoir en automne une couverture de fumier long, ou bien au printemps
500 kilog. de guano, et après l'avoine, des

pommes de terres ou des choux de Poitou.

M. de Praille établit ainsi la dépense du défrichement d'un hectare.

Les frais occasionnés par une charrue attelée de six bœufs, dirigée par un homme et un garçon, pendant un mois, se répartissent ainsi :

	fr.
Le laboureur, n'étant pas nourri, pendant un mois.	40.00
Le garçon.	20.00
Le foin consommé par six bœufs, 18 bottes de 6 kilogr. ou 3,240 kil. à 4 fr. les 100 kil. .	130.00
3 lit. d'avoine par bœuf ou 6 hectol. à 6 fr. l'un. .	36.00
Le maréchal, 1 fr. par chaque jour de travail.	25.00
Intérêt et faux frais.	30.00
Litière de bruyères et ajoncs, pour la couper.	6.00
Total.	287.00

Une bonne charrue de Dombasle renforcée versera, si le champ a de 500 à 600 mètres de longueur, un hectare en trois jours d'hiver, ou en moyenne 8 hectares par mois, pour un hectare.	36.00
2 hersages à 4 bœufs.	10.00
Pour former les planches de 4 mètres bordées d'une rigole profonde de 0ᵐ.30, dont la terre émiettée doit couvrir la semence. . . .	20.00
400 kilogr. de noir mêlés avec l'avoine. . . .	56.00
2 hectol. d'avoine d'hiver semée du 1ᵉʳ au 17 septembre.	14.00
Le semeur.	1.50
Total.	137.50

Hersage et un coup de rouleau.	6.00
Fauchage de l'avoine.	10.00
La rentrée.	5.00
Battage à 0ᶠ.25 l'hectolitre.	12.50
Total.	171.00

Produit, 40 hect. à 6 fr.	240.00	340.00
5,000 kilogr. de paille à 20 fr. le mille.	100.00	
		171.00
Bénéfice.		169.00

D'après ce calcul, la première récolte payerait presque le prix d'achat et les dépenses
de défrichement, ainsi que celles de la première récolte.

M. de Praille compte adopter l'assolement
suivant, une fois la quatrième récolte enlevée :

1re sole, récolte sarclée ou avoine d'hiver
fumée;

2e sole, froment sur la récolte sarclée et
vesces sur l'avoine;

3e sole, colza repiqué fumé ;

4e sole, froment, 5e trèfle, 6e avoine.

M. de Praille prend son noir chez M. Bruyère, raffineur à Paris; le transport de Paris à
Châteauroux lui coûte 13 fr. les mille kilog., à
condition de prendre un waggon entier; il est
à dix lieues de cette ville, et estime le port de
cette ville chez lui à 10 fr. les mille kilog.

L'emballage du noir en tonnes de 5 à
8 hectolitres lui coûte 50 centimes par hectolitre.

Il fait maintenant des rigoles de 66 centimètres de profondeur dans les parties de ses
champs qui souffrent le plus de l'humidité ;
il met dans ces rigoles de mauvais fagots,
de menues branches de chêne, qu'il paye
5 fr. le cent. Un de ces fagots dédoublé garnit 1^m.30 de rigole ; il estime que ces fagots
lui reviennent, rendus sur place, à 10 fr. et
servent à garnir 133 mètres de rigoles ; si
l'on faisait des tuyaux dans le voisinage, il en
faudrait 444 pour garnir la même longueur
de rigoles, qui coûteraient environ 10 fr. Les
rigoles destinées aux fagots doivent être plus

larges au fond ; on est forcé de recouvrir les
fagots de bruyères, ce qui ne se fait pas pour
les tuyaux ; ceux-ci dureraient toujours, tandis que les fagots seront pourris, au plus tard,
dans quinze ans, et il faudra recommencer le
drainage. Ces rigoles ne lui coûtent que 5 fr.
les 100 mètres. Je crois qu'il serait essentiel
d'agir comme les cultivateurs anglais qui dé-
frichent des bruyères ; ils drainent avant de
défricher. Cela demande, à la vérité, environ
200 fr. par hectare ; mais il vaudrait infiniment
mieux ne défricher d'abord qu'une vingtaine
d'hectares, si le capital manque pour en drainer davantage, et attendre que les trois ou
quatre premières récoltes donnent les moyens
de recommener une certaine étendue de nouveaux drainages ; car les bruyères drainées
avant d'être cultivées donneraient des récoltes
bien plus considérables que celles retournées
sans être drainées ; ensuite le défrichement
serait bien moins pénible pour les laboureurs
et leurs attelages. La première fois que je suis
venu à Terreneuve, j'ai vu plusieurs charrues
occupées à donner un second labour, et j'ai vu
que les laboureurs lâchaient très-souvent les
mancherons de leur charrue, afin de n'être
pas forcés de passer dans des flaques d'eau,
et l'ouvrage se ressentait bien de cet inconvénient M. de Praille ne serait plus forcé
de former des planches de quatre pieds
de largeur, au moyen de rigoles de $0^m.50$
de profondeur, dont il en faut 2,500 mètres
pour achever un hectare ; à 1 fr. les 100
mètres c'est 25 fr, ; l'économie de cette dépense pendant huit années payerait le drai-

nage ; mais ces rigoles ne font qu'emmener
l'eau qui a séjourné à la surface, ainsi que
celle qui se trouve dans la couche supérieure
de la terre, sur une épaisseur de 0^m.30 ; la
terre reste froide et par conséquent ne produit pas l'augmentation de revenu d'au
moins 15 pour 100, qu'on reconnaît généralement être le résultat d'un drainage bien
fait. Les choux vaches, betteraves, carottes
et pommes de terre, faites ici sur une petite échelle, prouvent qu'on peut les cultiver
avec avantage sur des bruyères défrichées.
M. de Praille a apporté du Poitou une pomme
de terre longue et plate, qui a produit beaucoup et n'a aucunement souffert de la maladie, à côté d'autres variétés qui ont été très-
attaquées. Il m'a conduit chez un de ses voisins, le comte d'Entraigues, au château de
la Moustière. Ce grand propriétaire s'occupe
aussi d'améliorations agricoles ; il a déjà défriché beaucoup de bruyères au moyen du
noir, et, lorsque le produit des premières récoltes l'a indemnisé de ses dépenses de défrichement et de marnage, il cède ses terres
en bon état à ses métayers.

Il a fait venir, il y a déjà plusieurs années,
un petit troupeau, composé d'un taureau et
de plusieurs vaches de la petite race bretonne, de couleur noire et blanche, qui est
fort bonne laitière et très-sobre ; il en fournit
des génisses à ses métayers, qui en sont fort
contents.

M. d'Entraigues a essayé du guano, dont
il a été si satisfait, qu'il vient d'en demander
6,000 kilog. Ses nombreux défrichements de

bruyères ont tellement amélioré ses métairies, que leur produit a plus que triplé.

Combien les propriétaires qui ont encore de grandes étendues de bruyères, de pâtureaux et de mauvais taillis, auraient à gagner, s'ils suivaient les bons exemples donnés par M. le comte d'Entraigues !

M. de Praille et le notaire d'Ecenillé, M. Gillet, m'ont dit qu'on avait vendu, il y a peu de temps, une assez grande étendue de bruyères peu éloignées de cette petite ville, à raison de 125 fr. l'hectare ; ils ont ajouté que les communes de Praut et d'Heugne, qui en possèdent une énorme étendue, doivent en vendre bientôt.

La ville d'Ecenillé est habitée par plusieurs riches marchands de chevaux, dont le commerce consiste à aller acheter de jeunes chevaux en Poitou et à les vendre fort cher, mais à crédit, aux fermiers et aux métayers du Berry ; au bout de trois ans ils viennent les racheter fréquemment au-dessous de leur valeur ; les fermiers se trouvant fortement endettés vis-à-vis d'eux, ils exigent de leurs débiteurs le remboursement ou bien la livraison des chevaux au-dessous de leur véritable valeur ; ils sont remplacés par des poulains âgés de trois ans ; de cette manière les pauvres fermiers, ne pouvant pas payer, deviennent les esclaves des maquignons.

Je me suis rendu le 22 septembre chez M. Lavaux, fermier des environs de Meaux, qui cultive depuis longues années une propriété près de Buzançais, dont son frère est devenu le propriétaire. Cet excellent cultiva-

teur, qui a fait de très-grandes améliorations
dans ce pays, lequel a grand besoin de bons
exemples, a obtenu une très-belle récolte de
céréales cette année; il aura une moyenne
de 28 hectolitres de froment, quoique ses 6
hectares de froment de mars, compris dans
ces chiffres, n'en aient produit que 13
à l'hectare. Il couvre ses trèfles avec une
excellente marne pleine de coquillages ma-
rins, afin que la marne reste une année exposée aux influences atmosphériques, ce qui la
rend tout de suite très-productive ; il emploie
des attelages étrangers pour hâter autant que
possible le moment où toutes ses terres
auront reçu cette grande amélioration. La
ferme se compose de 165 hectares, dont 25
sont en bois taillis ; il paye 5,000 fr. de fermage ; il est propriétaire d'un moulin et
d'une trentaine d'hectares d'excellentes terres
calcaires, qu'il fait aussi valoir ; sa ferme se
compose de très-bonnes terres un peu fortes
pour les deux tiers, et de terres légères pour
le reste. Il s'occupe de monter une distillerie
et a déjà 35 hectares de betteraves, dont la
plus grande partie sont très-belles, malgré
l'excessive sécheresse qui règne depuis plusieurs mois. Ainsi que M. Davelny, il les a
sarclées malgré la sécheresse, et a toujours
tenu la terre fort meuble, tandis que bien
d'autres récoltes sarclées que j'ai vues dans
ce voyage resteront fort médiocres pour n'a-
voir pas subi cette opération suffisamment et
à propos.

M. Lavaux avait créé un superbe troupeau
en donnant d'abord des béliers mérinos à

des brebis du Berry, et plus tard des béliers southdowns ; mais ayant perdu 160 bêtes par le sang de rate, il a engraissé les autres pour s'en défaire. Il ne fera plus d'élèves, voulant engraisser moutons et bêtes à cornes avec les résidus de distillation. Ses nombreux attelages de bœufs sont nourris maintenant avec un mélange de menues pailles, balles et feuilles de betteraves, qu'on entasse en l'arrosant avec de l'eau salée ; on laisse fermenter le tout pendant vingt-huit heures ; chaque bœuf a en outre une botte de foin.

L'assolement que M. Lavaux adoptera à cause de la distillation est le suivant :

1er sole, betteraves, avec 45,000 kilog. de fumier par hectare ;

2e sole, colza avec guano ;

3e — froment avec 45,000 kilog de fumier ;

4e — trèfle rouge ou vesce d'hiver, sur lesquels on étalera les 45,000 kilog. de fumier destinés aux betteraves.

Il continue depuis longtemps à faire son fumier de la manière suivante : son bétail a pour litière des bruyères; le fond de la place à fumier reçoit une couche épaisse de 0m.66 de bruyères trempées dans un lait de chaux assez épais; on met par-dessus une couche de fumier sortant des étables ou des écuries; on recouvre le fumier d'une nouvelle couche de bruyères pareille et préparée de même que la première, et l'on continue ainsi chaque fois qu'on sort le fumier de dessous le bétail; on arrose fréquemment le tas avec un lait de chaux. M. Lavaux fabrique ainsi d'énormes

tas d'engrais ; mais pour cela il faut cultiver
à portée de grandes bruyères.

M'étant rendu le lendemain au château de
Lancosme, situé à 12 kilomètres plus loin que
Buzançais, dans la partie du Berry connue
sous le nom de Brenne, laquelle contient un
très-grand nombre d'étangs , je n'ai malheu-
sement pas trouvé le régisseur ni son chef
de culture; ce dernier est sorti, m'a-t-on dit,
de la ferme-école du département de l'Indre,
qui se trouve à deux lieues de Châteauroux.

J'ai vu des brebis de pays auxquelles on a
donné un bélier charmoise et des béliers
Crevant, des vaches de la contrée auxquelles
on a donné des taureaux limousins. J'ai parcouru une partie de terres calcaires et une
autre excessivement siliceuse, les unes et
les autres fort maigres: j'ai vu des prés irrigués. La réserve se compose d'une demi-douzaine de métairies dont on a remis les bâtiments en bon état de réparation. J'ai remarqué que les troupeaux étaient gardés par des
bergères. Ce que j'ai vu enfin m'a fait regretter que les nouveaux et très-riches propriétaires , qui sont de Tournay en Belgique,
pays admirablement bien cultivé, n'aient pas
fait venir quelques familles de cultivateurs
prises dans les terres légères du Hainaut,
pour les mettre dans quelques-unes de leurs
métairies afin de servir d'exemples aux tristes
colons partiaires des environs, en leur faisant
voir ce que de bons cultivateurs peuvent faire
dans les pauvres terres, lorsqu'ils ont su produire beaucoup de fumier après avoir fait venir du guano, qui est utile dans les meilleu-

15

res terres, mais indispensable dans les pauvres terres du centre de la France.

J'ai trouvé dans les environs du château de belles avenues, de magnifiques noyers, enfin quelques bouquets de vieux pins maritimes très-beaux. Il est à regretter que les anciens propriétaires de cette immense terre, voyant la bonne réussite de ces derniers, n'en aient pas semé leurs plus mauvais sables, ce qui eût embelli le pays et donné une grande valeur à cette terre. Les 12 kilomètres qui séparent le château de Lancosme de Buzançais sont de nature calcaire, plus ou moins bonne, mais bien mal cultivés.

Après avoir quitté la terre de l'Ancosme, je me suis rendu à une lieue de l'autre côté de Buzançais, chez M. Lejeune, habitant de la Ferté-sous-Jouarre, qui a acheté, il y a peu d'années, un château et 400 hectares en grande partie de bonnes terres calcaires, difficiles de culture, le sol étant fort et souvent pierreux. Il les a payés 320,000 fr., mais le tout était en fort mauvais état. M. Lejeune en cultive lui-même les trois quarts, et il a deux métayers dans le reste. Il a un peu de bois et de vignes; celles-ci donnent du bon vin pour l'ordinaire. Il vient de planter une vigne avec des ceps venus du Médoc et de la Bourgogne. Son troupeau se compose de mille brebis berrichonnes, auxquelles il donne depuis 2 ans des béliers southdowns; il a aussi un bélier new-kent, venant d'un château voisin, propriété du comte de la Rochefoucauld, dont le régisseur, M. Saulnier, est un bon cultivateur. Les agneaux de M. Lejeune sont fort beaux ; j'ai vu quatre poulains qui sont très-grands pour leur âge, car ils sont bien nourris et lâchés dans un petit enclos. M. Lejeune a le double du nombre de bœufs qu'il lui faudrait strictement, car il préfère ne les faire travailler que la demi-journée, quoiqu'il en mette quatre à la charrue ; on leur fait faire de fortes demi-journées en attelant de bonne heure jusqu'à onze heures, et en en prenant quatre autres à une heure jusqu'à la nuit. Il donne ainsi des labours très-profonds ; ses bœufs sont en très-bon état, lorsqu'on les met à l'engrais, dès que les semailles, ainsi que les labours préparatoires, pour le printemps sont terminées. Il couvre les parties des champs dont le sol n'est pas assez profond de 11 centimètres de terre prise dans des chaussées d'anciens étangs et sur les ados des fossés ; il en faut 800 mètres par hectare pour obtenir cette épaisseur. Il fume à raison de 50 mètres cubes de fumier, et en achète beaucoup à Buzançais, à raison de 4 fr. le mètre. Je l'ai engagé à essayer le guano, car je pense qu'en ajoutant le prix du port de 50 mètres du fumier qu'il faut aller chercher à une lieue et conduire encore jusqu'à 2 kilomètres dans les champs, ces fumures sont plus chères que celles de guano, sans compter qu'il faut bien des journées d'attelage pour amener 50 mètres, qui ne fument cependant qu'un hectare.

Le produit des céréales est doublé ici depuis que M. Lejeune s'est mis à cultiver sa propriété ; il récolte 24 à 25 hectolitres de froment, au lieu de 11 à 12; il a eu jusqu'à 50 hectolitres d'avoine. J'ai admiré un champ de 8 hectares de disettes, une grande étendue de trèfle mêlée de ray-grass, et de beaux sainfoins. J'ai remarqué une très-belle vache flamande dans le petit nombre de ses vaches à lait.

En retournant à Ecenillé, j'ai traversé une partie de la culture de M. Sainteville, gendre du comte de Menou. Il a construit de beaux bâtiments dans une ferme peu considérable, qu'il a singulièrement augmentée par des défrichements de bruyères et de mauvais bois, qui avaient été détruits par le pâturage. On m'a dit qu'il avait fait de fort belles récoltes, et entre autres 1,500 hectolitres d'avoine. Sa ferme ne contient que du bétail de pays.

Etant arrivé près de Saint-Aignan, j'ai quitté la route pour aller rendre visite à M. Duquesnoy, à la Quézardière. Il n'avait pas encore commencé à distiller ses pommes de terre, auxquelles il ajoute depuis une couple d'années des betteraves et des topinambours. Il y a plus de vingt ans qu'il a monté sa distillerie, afin de pouvoir faire beaucoup de bon fumier; il a quatre citernes destinées à recevoir les balles de froment et la paille hachée qu'on arrose avec les résidus de distillerie; on met une couche de paille hachée qu'on saupoudre avec des tourteaux de colza et de noix; on ajoute une autre couche de menue paille et de tourteaux, et ainsi de suite jusqu'à ce que la citerne soit presque pleine. Alors on arrose son contenu avec les résidus bouillants, de manière que tout soit

bien trempé. On couvre la citerne, afin d'y
conserver la chaleur pour attendre le prochain repas; on met plus de tourteaux pour
les bêtes à l'engrais que pour les bœufs de
travail, vaches et élèves. Comme le nombre
des animaux, tout compris, est de cinquante
à soixante têtes, on n'a pas ou fort peu de litières de bruyères, qu'on est obligé d'aller
chercher assez loin; pour cela, M. Duquesnoy a fait scier en long et par le milieu de
très-gros rondins de chênes, qu'il a fixés
sous les animaux, la partie sciée en dessus;
cela forme un plancher sur lequel les animaux sont placés; derrière eux on a formé,
avec les mêmes éléments, une rigole qui a
40 centimètres de largeur sur 15 de profondeur; elle est placée en travers et contre le
plancher. Cette rigole contient toujours de
la marne, qu'on enlève chaque jour pour être
remplacée par de la nouvelle, afin de lui faire
absorber de même qu'à la précédente les
urines et fientes liquides. Un âne de bonne
taille, attelé à un petit manége, fait fonction-
ner le hache-paille, car tous les fourrages
consommés dans la ferme sont coupés, ce
qui fait que rien n'est perdu. Si l'on a du
fourrage moins bon, on en mêle un peu avec
le meilleur. On engraisse des montons avec
la même nourriture, qui est donnée aussi
aux chevaux; il n'y a que les cochons qui
font table à part, car on ne leur fournit pas
de paille hachée.

La sécheresse est si intense cette année,
qu'elle a empêché le trèfle incarnat hâtif et
tardif, ainsi que le mélange composé de ves-

15.

ces, de seigle, d'avoine et orge d'hiver, de lever. Les personnes les plus âgées ne se souviennent pas d'avoir éprouvé une sécheresse aussi prolongée.

M. Duquesnoy m'a donné sept gros bouquets de beaux épis des meilleures variétés de froments anglais; je lui avais donné des échantillons d'une quinzaine d'espèces, en revenant d'Angleterre en 1851. Les espèces qu'il a trouvées les meilleures sont les suivantes : 1° froment blanc du pays de Galles, que M. Massé de la Guerche, département du Cher, cultive depuis sept ans et vend presque tout pour semence : 2° blanc à balles rouges ; 3° Hunter ; 4° blanc de Feuton; 5° rouge d'York ; 6° Momie ; 7° le Hopetoun; 8° le Spalding prolifique rouge ; 9° blanc à paille rouge; 10° rouge Westdown; 11° Chiddam ; 12° rouge Standard.

Je me suis rendu le lendemain de grand matin au château de la Basme, chez mon frère; j'ai vu avec plaisir dans ces environs de petits champs de betteraves et de choux cavaliers, même chez de très-petits propriétaires, et des navets d'Éteules fort bien levés; c'étaient les premiers que je visse dans ma tournée. J'avais parcouru beaucoup de terres calcaires qui, ainsi que les terres fortes, souffrent infiniment plus de la sécheresse que les terres légères. Aussi beaucoup de grands et bons cultivateurs anglais quittent-ils les pays mêmes de bonnes terres fortes, pour aller louer des terres légères et naturellement peu fertiles, car ils savent en tirer un excellent parti par la culture des récoltes sarclées, auxquelles ils donnent des engrais pulvérulents, os en poudre, cendres, nitrate de soude et surtout du guano, sans oublier les chiffons de laine.

Les terres légères ont encore le mérite de se cultiver à bien moindres frais. Je suis allé voir, le 27, M. le curé de Tenay ; il a engraissé, principalement avec les résidus de la distillerie du Roger, qui est à 1 kilomètre de chez lui, deux cochons, dont celui qui venait d'être tué pesait 150 kil. J'ai vu chez lui un beau bélier et une brebis new-kent avec six brebis charmoises, un agneau mâle et deux femelles de cette dernière espèce ; il venait de refuser, pour les trois derniers, 500 fr.

Je suis allé de là au Roger faire une visite à M. Févé, beau-frère de MM. Bernard, riches fabricants de sucre à Lille. M. Févé est leur régisseur d'une propriété de 105 hectares, contenant un petit château et un moulin. M. Févé a construit une fabrique considérable d'orge perlée : il achève une superbe étable qui contiendra 120 bœufs ; elle a coûté 32,000 fr. Au pignon le plus élevé de ce grand bâtiment se trouvent trois citernes, dont la plus grande sert à rafraîchir les résidus de distillerie, qu'un attelage de quatre bœufs y amène dans un tonneau contenant 13 hectol. ; lorsqu'ils sont arrivés à une température convenable, ils se rendent dans les deux autres citernes, d'où on les laisse s'écouler, en levant deux petites vannes, dans les deux mangeoires, à chacune desquelles il y a place pour soixante bœufs ; ces bêtes sont

placées face à face, leurs têtes ne sont séparées que par deux doubles râteliers au-dessus
et entre lesquels se trouve placée une poutre
qui sert de sentier au vacher chargé de remplir les râteliers de foin, ce qu'il fait armé
d'un crochet, tirant à lui, alternativement de
droite et de gauche, le foin qui garnit les deux
moitiés du grenier, et en avançant d'un pas
pour recommencer ainsi jusqu'à ce que les
cent vingt habitants soient tous servis ; ils
reçoivent en même temps le foin et les résidus, qu'on améliore par un ajouté de tourteaux ou de farines. Les fonds des mangeoires sont faits en grandes tuiles bombées,
ayant $0^m.33$ de longueur sur une pareille largeur intérieure ; les côtés des mangeoires
sont formés d'épais madriers entaillés de manière à y incruster les tuiles, qui sont jointes
entre-elles par du ciment ; les supports des
mangeoires sont en pierre de taille, ainsi que
le pavé, qui est muni, derrière les bœufs,
d'une rigole étroite servant à recevoir et à
diriger les urines dans deux énormes citernes ou purinières, placées au bout de l'étable,
contre le second pignon et sous le pavé : un
chemin creux, qui se trouve du côté extérieur
du pignon, permet de placer les tonneaux à
engrais liquides sous un gros robinet, qui
transmet le purin des citernes dans la tonne,
dont la capacité est de 13 hectol. Les bœufs
sont attachés au moyen de licols de chaînes
à deux branches qui les empêchent de mo-
lester leurs voisins. Au-dessus des trois citernes à résidus, se trouve le bureau du comptable, M. Sanson, ancien fermier des environs

de Paris, qui est chargé de l'achat et de la
vente du bétail, M. Sanson a 10 pour 100 du
produit brut, c'est-à-dire, s'il achète pour
30,000 fr. de bétail et qu'il en vende po
45,000 fr., il a pour lui 1,500 fr., il n'est ni
logé ni nourri. A côté du bureau se trouve le
logement des deux seuls bouviers chargés du
soin de ce nombreux bétail, qui ne reçoit
point de litière.

La distillerie de M. Févé fournit, maintenant qu'elle est en plein travail de distillation de grains, 325 hectol. de résidus par
vingt-quatre heures M. Févé m'a dit que les
cent quarante bœufs qu'il veut engraisser,
car il a une ancienne étable pouvant en contenir encore vingt, pourront à peine consommer la moitié de ces résidus ; aussi ai-je vu
arroser avec ces résidus tout chauds des terres en jachères ; il espérait, tout en fertilisant
ces terres, détruire l'agrostis qui s'y trouvait
en abondance, après la destruction du sainfoin par les gelées du printemps. M. Févé
m'a fait voir un petit appareil très-simple, au
moyen duquel on répand très-également l'engrais liquide contenu dans ses grandes tonnes montées sur roues ; le trou par lequel
le purin doit s'échapper avec force de la
tonne lorsqu'il en est temps, étant bouché
par une forte cheville lorsqu'on va au champ,
cette cheville ou, pour bien dire, ce bouchon pousse sur le côté une planchette de
forme ovale, tenue au moyen d'une grosse
pointe au-dessus du trou ; lorsqu'on lâche le
purin en enlevant le bouchon, la planchette
reprend sa place en tournant sur la pointe,

qui ne la serre pas trop contre le jet-liquide;
l'engrais s'échappe donc en formant une
nappe qui arrose 3 mètres de largeur fort
également.

M. Févé a semé 6 hectares de ses terres
en betteraves de la manière suivante, et a
obtenu une levée parfaite, après avoir fumé
et labouré le champ à plat, hersé et roulé;
il a tracé avec un rayonneur des lignes séparées par 0^m.45 ; des hommes suivant chacun
une ligne donnaient des coups de talon à
chaque longueur de leur pied, ce qui mettait environ 0^m.40 entre les trous ; une femme
déposait deux ou trois graines dans chaque
empreinte de talon, une autre femme la sui-
vait, portant un panier plein d'un compost
fertilisant dont une poignée bouchait chaque
trou; le résultat a été un champ sans lacunes.

M. Févé compte faire des marchés avec les
cultivateurs du voisinage, qui amèneraient
leurs betteraves et topinambours, et emmè-
neraient des résidus de distillerie pour engraisser et nourrir leur bétail; je pense qu'il
serait plus sûr de réussir en leur louant des
terres pour y faire lui-même ses betteraves,
pendant une année, avec une fumure par po-
quet.

Je suis allé du Roger à la Patouzellerie,
propriété de 165 hectares de bonnes terres
ou bois, que MM. Vasseur, qui habitaient
précédemment Lille, ont achetée il y a quelques années pour 180,000 fr., sans compter
les frais. L'aîné de ces messieurs a une belle
et nombreuse famille; il a pris l'habitation :
il a gardé pour sa part une étendue de 123

hectares. Son frère, qui n'est pas marié,
s'est approprié une ferme de 42 hectares, où
il a placé un domestique marié, auquel il
donne 600 fr.; ce ménage est chargé de
nourrir les domestiques de la ferme, le propriétaire demeurant chez son frère. Le bétail
se compose de 3 chevaux, 8 vaches, 100 brebis berrichonnes et 2 béliers de race charmoise; j'ai oublié le nombre des veaux et
agneaux; il n'y a de cochons que pour la
nourriture du ménage. M. Vasseur aîné a un
troupeau de brebis de Sologne et aussi des
béliers charmoises; il a de même un bel attelage. J'ai vu chez ces messieurs 4 hectares
de très-beaux colzas, destinés au repiquage.
On a défriché une partie des bois dans laquelle on a eu quatre belles récoltes au moyen
du noir. Leurs récoltes de céréales ont été
abondantes; ils ont de belles prairies artificielles en luzerne et trèfle. Ils vont commencer à drainer, ce qui fera un bien infini à une
grande partie de leurs terres, naturellement
fertiles, mais gâtées par le sous-sol imperméable.

Je suis allé ensuite à la Charmoise faire
une visite à madame Malingié, veuve du célèbre agriculteur que j'ai infiniment regretté
de voir mourir dans la force de l'âge, lui qui
eût pu encore rendre tant de services émi-
nents aux agriculteurs de la plus grande partie de la France, encore si arriérés. M. Paul
Malingié, le second fils, a été nommé directeur de la ferme-école de la Charmoise, à la
place de M. Charles Malingié, qui a loué une
grande ferme près de Bourges. J'ai trouvé

M. Paul occupé à faire arracher et repiquer du colza ; cela lui coûte 55 fr. par hectare. Il ne se trouve maintenant que vingt-deux jeunes gens à la ferme-école. Tous les béliers dont il a pu disposer ont été vendus à des prix avantageux. Le troupeau, avant d'avoir été partagé entre les deux frères, a produit l'an dernier 25,000 fr. M. Malingié ne compte pas concourir l'an prochain à Poissy.

J'ai visité le 1er octobre M. Dupan, au château de la Maison-Blanche, près de Romorantin ; il a transformé une grande étendue de bruyères marécageuses en bonnes terres, au moyen de grands canaux d'écoulement et de nombreux fossés, qui ont coûté 8,000 fr.; il est en train d'achever cette amélioration par un drainage complet ; la première partie de ce dernier travail s'est faite avec des pierres, faute de tuyaux. Il vient de commander 30,000 tuyaux à un tuilier de Romorantin, à qui M. Mariotte a fourni une machine de Calla ; ce tuilier payera M. Mariotte en lui fournissant des tuyaux. M. Dupan a eu cette année de fort belles récoltes de froment et d'avoine, dans une propriété où l'on ne faisait avant lui que du seigle et du sarrasin, mais il marne à force avec les déblais sortis des canaux et fossés les plus profonds. M. Dupan ne demeurant qu'à 3 kilomètres de la ville, achète une grande quantité d'engrais, tels que vidanges, suie, cendres ; on lui amène de mauvais chevaux qu'on abat sur des composts formés de marne, terre, et des divers engrais cités plus haut. Il s'occupe de partager ses 250 hectares de terres labourables

en cinq fermes, dont une reste à construire.
Il compte les louer à mesure qu'elles se trou-
veront dans un bon état de production, à des
métayers pris parmi les familles du pays de
Luxembourg qu'il occupe; il leur fournira
tout ce qui leur sera nécessaire pour qu'ils
puissent bien cultiver, et par conséquent gagner de l'argent; et pour les stimuler à bien
faire, il alloue déjà à celui qui occupe maintenant une ferme, 20 centimes par mètre de
fumier fait dans la ferme, et 2 fr. pour chaque millier de kilogramme de racines, qu'il
aura produit par la bonne culture et les sarclages des carottes, betteraves, rutabagas et
pommes de terre.

Il avancera l'argent nécessaire pour se procurer les engrais qui seront jugés utiles dans
leur culture, et dont ils rembourseront la
moitié sur les deux premières récoltes. M. Dupan, qui est Genevois, ira l'an prochain en
Suisse, pour en ramener un fruitier fribour-
geois et un vacher qui devront soigner ses
40 vaches, et fabriquer du fromage de
gruyère.

Il m'a conduit chez M. Leroux, négociant
du Havre, qui a acheté la ferme du Lio,
composée d'une centaine d'hectares de terres labourables, mais qui n'a point de prés
ni de landes à défricher; le précédent propriétaire ayant défriché et usé les pâtureaux
et bruyères, il n'y a qu'une dizaine d'hectares qui autrefois formaient un étang sur terres fortes, qui soient restés encore assez fertiles.

M. Leroux, homme très-intelligent et actif,

nous a fait parcourir une partie de sa culture,
qui est très-bien dirigée, mais qui souffre encore de l'extrême sécheresse; ses trèfles incarnats n'ont pu lever, faute d'humidité. Son
troupeau, composé de 250 brebis et autant
d'élèves de divers âges, est très-beau et plutôt trop gras que pas assez; il a été formé
depuis six ans avec des brebis solognotes et
des béliers du remarquable troupeau mérinos
de M. Dargent, un des meilleurs cultivateurs
du pays de Caux, près de Fécamp; M. Leroux
donne maintenant à ses brebis des béliers
d'Alfort, petit troupeau créé par M. Yvart, et
qui contient moitié de sang Rambouillet, un
quart Dishley et un quart de Mauchamp;
cette race a une excellente conformation, une
toison lourde et qui se vend cher, une grande
aptitude à prendre la graisse, même fort
jeune et produit à un âge peu avancé un
poids de viande considérable.

M. Leroux a adopté l'assolement suivant:
1ʳᵉ sole, betteraves et carottes sur 15 hectares avec une forte fumure, trèfle sur 15 hectares; 2ᵉ sole, 15 hectares de vesces d'hiver
après les racines, et 15 d'avoine après le trèfle; 5ᵉ sole, 50 hectares en froment, sur 10
desquels il sèmera du trèfle incarnat hâtif et
tardif après l'enlèvement du froment; cette
récolte dérobée sera remplacée par des betteraves repiquées avec une forte fumure; sur
5 hectares du chaume de froment il sème
des navets avec 200 kil. de guano, qui sont
suivis de carottes; enfin les 15 hectares qui
n'avaient pas encore produit du trèfle rouge
sont semés en trèfle sur le froment de la

3e sole ; cette culture complète l'assolement, qui de fait en est un de six ans, et le trèfle rouge se trouvera revenir tous les six ans, ce qui est trop rapproché dans les bonnes terres, à plus forte raison dans les sables. Il lui reste encore 10 hectares à employer en autres récoltes. Mais je n'aime pas voir mettre du froment après de l'avoine, cela à cause de la propreté de la terre, car avec de l'engrais et surtout du guano, on peut faire bien des choses qu'on croyait impossibles avant de connaître ce dernier engrais. M. Leroux aura dans cet assolement plus de moitié de ses terres destinées à produire de la nourriture de bétail, sans compter les pailles, qui dans bien des fermes progressives, sont complétement passées par le hache-paille, ensuite arrosées avec un bouillon de racines coupées, tourteaux et farines de grains inférieurs. Le bétail couche sur des marnes sablonneuses ou sur des planchers unis qu'on lave deux fois par jour, pour la propreté, et en même temps pour confectionner les engrais liquides, qui servent à arroser les champs, ce qui rend surtout les terres légères très-productives.

M. Leroux s'occupe d'augmenter son troupeau, qui s'est trouvé réduit, l'an dernier, de 150 têtes, par le claveau ; il eût bien fait de faire inoculer ses bêtes à laine aussitôt après avoir appris que cette maladie existait dans les environs. Il ne compte garder que 7 ou 8 vaches et ses bêtes d'attelage, voulant avoir le plus possible de bêtes à laine, en proportion de l'étendue de sa propriété ; je crois

qu'il n'est pas prudent de n'avoir qu'une espèce de bétail, car les années humides amè-
nent la cachexie ; le claveau est aussi un véritable danger pour les bêtes ovines.

Les attelages se composent de 6 chevaux
de travail et de 4 gros bœufs. Sa récolte lui
promet, d'après les premiers battages, de 24
à 25 hectolitres de froment par hectare.

M. Leroux n'a encore fait que des drainages irréguliers, en mettant des perches de
pins en guise de tuyaux ; j'espère que maintenant qu'il trouvera des tuyaux à Romorantin, il en emploiera, car le drainage avec de
jeunes pins est plus cher, et ne peut pas durer longtemps ; du reste, il est homme trop
capable pour ne pas essayer, au moins sur
quelques hectares, le drainage complet.
M. Leroux a été le premier, dans ces environs, qui ait employé du guano; il le fait
toujours fort en grand et avec un véritable
profit.

M. Dupan m'a conduit ensuite chez M. Chavannes, à trois lieues plus loin. M. Chavannes
a terminé le défrichement de ses 150 hectares de bruyères, il a donc une culture de
200 hectares ; comme son fumier est loin de
suffire à une aussi grande étendue de culture,
il vient de demander du guano. Le noir animal aura été bientôt employé partout, pendant quatre ans après défrichement.

Il a de fort beaux replants de colza pour repiquer 8 hectares; tous ceux qu'il avait semés
à la volée, ont manqué, à cause de l'excessive sécheresse.

Ces messieurs ont eu beaucoup de fro-

ments versés; je les ai engagés à demander à
M. Duquesnoy, près Saint-Aignan, de son froment rouge d'York, et à M. Massé, à Marton
près la Guerche (Cher), de son froment blanc
du pays de Galles : l'un et l'autre sont fort
beaux, produisent beaucoup et versent difficilement.

Le lendemain, 2 octobre, je me suis rendu
chez M. Mariotte, au château de Trécy, à une
lieue de Romorantin, route de Salbris; il
continue ses drainages, les premiers ayant
fait merveille; il a plus de 20 hectares d'assainis et en aurait davantage sans l'extrême
sécheresse et le manque de bras en été; ses
drainages, faits à 14 mètres d'intervalle et
1m.25 de profondeur, en payant les tuyaux
20 fr. le mille, ne lui coûtent que 160 fr.
l'hectare. Il a obtenu sur des sables complétement usés avant d'être en ses mains, de
fort belles betteraves et des carottes encore
supérieures; il vend ces dernières, à Romorantin, 3 fr. l'hectolitre. Elles étaient en lignes espacées de 50 centimètres; mais ses
terres ont été marnées, drainées et fortement
fumées, sans oublier les sarclages; ceux ci,
faits complétement à la main, coûtent chacun
20 fr. Il n'a pas de semoir et a donc fait semer ses betteraves et carottes à la main, en
suivant les lignes tracées par le marqueur;
les betteraves étaient laissées à 40 centimètres les unes des autres dans les lignes. Cette
semaille, qui économise de 2 à 3 kil. de graines coûtant 3 fr. le kil., ne revient qu'à 6 fr.
l'hectare, et a encore le grand avantage de
réussir mieux que celles faites au semoir. Il

projette de faire beaucoup de semenceaux de betteraves. Il a 1ʰ.50 de topinambours plantés depuis trois ans dans un champ non encore amélioré ; il leur donne chaque année 15,000 kil. de fumier par hectare, un labour et deux sarclages ; les tiges et tubercules fournissent une énorme quantité de nourriture pour les moutons, bêtes à corne et chevaux ; il en vend comme semence à 3 fr. l'hectolitre. Il vient de lui arriver 5,000 kil. de guano de la maison Maes, à Nantes, qui coûte 280 fr. rendu. Il achète beaucoup de déchets de laine dans les grandes filatures et manufactures de draps de Romorantin ; il les paye 20 fr. les 1,000 kil. M. Mariotte n'engraissera cette année qu'une vingtaine de bœufs, les trouvant trop chers d'achat pour pouvoir espérer un bénéfice à la revente. Il a une vingtaine d'hectares de colzas, dont moitié repiqués. La terre de Trécy, d'une contenance de 400 hectares, revient maintenant, toutes dépenses comprises, à 365,000 fr. ; elle a produit cette année 4 pour 100 du capital dépensé.

Il a semé un décalitre de graine de lupins blancs, qui avait coûté 4ᶠ 50 ; il a produit vingt fois la semence, qu'il ressèmera au printemps pour semence et essayer leur résultat comme fumure verte. J'ai vu 1 hectare de très-beaux navets, semés comme récolte sarclée après demi-jachère.

Je suis allé déjeuner chez M. Julien, à environ 6 kilomètres de Trécy. Il a acheté, il y a quatorze ans, pour 220,000 fr., une terre d'une étendue de 560 hectares, dont 400 en marais ou mauvais prés ; il a dépensé une trentaine de mille francs en assainissements; il a redressé le cours tortueux de trois branches de la petite rivière de Rène, fait faire d'innombrables fossés, reboucher les anciens lits de la rivière et aplanir l'ensemble de ce terrain sauvage. Après ces travaux, très-bien dirigés et faits aussi économiquement que possible, M. Julien est arrivé à créer une propriété d'une haute fertilité, où, depuis plusieurs années, j'ai toujours vu des récoltes admirables. Il engraisse, avec l'immense quantité de fourrages et de racines qu'il récolte, un grand nombre de bêtes bovines et ovines. Une belle étable pour quarante bœufs sera remplie cet hiver. J'ai admiré de fort belles betteraves et autres récoltes sarclées, bien venues malgré l'extrême sécheresse. Mais les navets sont encore attaqués par les petites chenilles noires, qui ont aussi fait des ravages l'an dernier. M. Julien a essayé de les éloigner en semant des cendres de bois sur les feuilles humides de rosée, ce qui n'a pas réussi ; tandis que la suie, employée de même, a obtenu l'effet désiré. Il a une grande étendue de colzas semés en place, qui ont le plus grand besoin de pluie. On s'occupe toute l'année chez lui à marner ; il met 50 mètres à l'hectare ; il chaule aussi ses terres; mais, n'ayant pas de four à chaux, celle qu'il prend à Romorantin, à 10 kilomètres de chez lui, lui revient à 1f.75 l'hectolitre.

La mère de M. Julien, qui habite Paris, a acheté une ferme de 100 hectares qui se trouvait au milieu de la propriété de son fils, et a construit une maison de campagne.

En retournant à Trécy, je suis entré chez M. de Beauchêne, ancien président du tribunal de première instance de Romorantin. Il a commencé à améliorer sa propriété il y a vingt-cinq ans, et a donné depuis lors de fort bons exemples aux propriétaires du pays, ainsi qu'aux fermiers et métayers de Sologne qui en ont le plus grand besoin. Deux sur trois des colons de sa terre ont profité de ses conseils; le troisième n'a rien voulu changer à sa routine, et M. de Beauchêne attend que l'âge avancé de cet homme lui rende cette ferme. Un métayer, qui n'a presque que des sables maigres de Sologne, fait si bien que, sur 51 hectares de ces pauvres terres, le produit moyen des dix dernières années a été, pour la moitié du propriétaire, de 1,700 francs; l'autre métayer, qui jouit de 103 hectares de meilleures terres, dans lesquelles se trouvent des marnières et de la pierre à chaux, n'a donné un produit moyen, pendant le même espace de temps, que 2,500 francs. Cela confirme l'idée, que j'ai depuis longtemps, que les fermiers ou métayers du centre de la France n'ont ni assez de capacité, ni assez de capital et enfin pas assez d'activité, pour cultiver plus de 40 à 50 hectares. Dans d'autres parties de la France, où la culture est moins mauvaise ou assez bonne, il n'y a que des métairies de 15 à 30 hectares. C'est probablement la dépense nécessaire pour construire les fermes qui empêche les propriétaires de partager en

deux les métairies du Centre; mais on bâti-
rait une métairie comme elles le sont en général dans ce pays, et cela à plus forte raison
lorsqu'elle n'aurait que moitié d'étendue en
terre pour moins de 5,000 à 6,000 francs,
surtout en construisant les murailles en pisé
et en couvrant les bâtiments en chaumes ou
en papier goudronné; et si alors deux fermes
de 40 ou 50 hectares donnaient chacune
1,500 ou 1,700 francs, cela ferait 3,000 ou
3,400 francs, au lieu de 2,500; on aurait
alors un bel intérêt du capital mis en bâtiments. Comme souvent on ne peut disposer
d'un capital suffisant pour construire à la fois
toutes les fermes nécessaires, on pourrait
commencer par en faire une, par la suite une
seconde, et ainsi de suite.

Une autre méthode de diminuer la trop
grande étendue des fermes, laquelle existe
souvent dans des pays peu fertiles et fort
arriérés en culture, est d'en retrancher
aussi par degré les terres les plus mauvaises
qui seraient transformées en bois, semés ou
plantés. M. de Beauchêne, pour encourager
ses métayers qui ont suivi son exemple et
ses conseils, leur a bâti à tous deux une
bonne maison d'habitation et a transformé
les anciennes en étables, devenues trop peu
considérables, les bestiaux ayant augmenté
par suite de l'amélioration de la culture et de
l'augmentation des prairies artificielles, ainsi
que de celle des récoltes sarclées, de choux-
vaches ou navets. Il faut convenir du reste
que de bons cultivateurs méritent bien d'être
logés d'une manière un peu confortable. M. de

16.

Beauchêne, qui cultive une cinquantaine
d'hectares des plus mauvaises terres, retirées
aux métayers, mais qui jouit de bons prés sur
les bords de la Saudre, engraisse, en y comprenant celles des deux métairies, environ
50 bêtes à cornes à l'étable; en hiver, on
fait passer dans ces trois cultures tous les
fourrages par les hache-pailles, et les racines
par les coupe-racines; ces dernières sont
bouillies avec des tourteaux et des farines
de sarrasin; on arrose avec cette soupe
toute bouillante les foins et pailles coupés,
qui restent ainsi pendant huit heures, d'un
repas à l'autre. Il s'occupe dans ce moment
de la construction d'une belle étable dans sa
basse-cour pour l'engraissement du bétail.

Il vient de vendre, à raison de 43 fr. la
douzaine, un troupeau considérable de dindons élevés chez lui, et que l'acheteur expédie à Paris.

M. de Beauchêne emploie toujours avec
succès de la suie sur les luzernes, ainsi que
du plâtre, mais en ne semant ce dernier
engrais qu'après la première coupe, par un
temps chaud et humide; il produit alors chez
lui un fort bon résultat dans les mêmes
terres où il restait sans effet lorsqu'il avait
été répandu au printemps.

Il a acheté chez M. Mariotte du replant de
colza, que celui-ci a de reste, à raison de
1ᶠ.25 le mille, car sa pépinière n'a pas
réussi; l'arrachage est aux frais de l'acheteur. M. de Beauchêne vient de mettre 20
hectolitres de chaux sur un hectare, pour
en comparer l'effet à celui que produira un

marnage de 48 mètres cubes. Pour être
juste, il fallait mettre 100 hectolitres de
chaux contre 50 mètres de marne. Il m'a dit
que la Sologne et surtout les bords du chemin de fer qui la traverse se peuplent d'acquéreurs, étrangers au pays, qui plus ou
moins cherchent à y introduire des améliorations, et que cela est fort heureux; car,
disait-il, il y a bien peu d'anciens propriétaires qui s'occupent d'améliorer leurs biens.
Je suis parti le 4 octobre, au matin, de chez
M. Mariotte, pour M. rendre chez M. Yvert,
qui possède une terre à deux lieues avant
d'arriver à Vierzon, en suivant la route d'Orléans. Il m'a fait voir la fabrique d'engrais
pulvérulent, pour laquelle il achète toute la
suie de Vierzon; il l'abreuve du sang des
nombreuses boucheries qui envoient, de
Vierzon à Paris, de la viande; comme ce
commerce tend à s'augmenter, il a maintenant quatre ou cinq fois plus de sang qu'il
ne pouvait s'en procurer il y a deux ans; il
est obligé d'y jeter du tan, car il n'a plus
assez de suie pour cette masse de sang.

Il faut 18 mètres de tan, qu'il peut enlever dans les tanneries sans les payer, pour
absorber 5 hectolitres de sang; après quelque temps ce mélange absorbe encore 3 hectolitres de sang; enfin, plus tard, il s'appro-
prie encore deux nouveaux hectolitres de
sang. M. Yvert mélange aussi beaucoup de
sang avec des vidanges; il est payé par les
habitants de Vierzon pour l'enlèvement des
matières fécales. Il faut 18 mètres cubes de
tan pour absorber 5 mètres de vidanges, la

première fois qu'on opère ce mélange; la
seconde fois il absorbe 3 mètres de cette matière, et la troisième encore 2 mètres cubes.

M. Yvert achète une quantité fort considérable de charrée qu'il pulvérise et mêle ensuite avec de la chaux tombée en poussière,
mettant trois quarts de la première et un
quart de la seconde; celle-ci est éteinte de la
manière suivante : la chaux en pierre, mise
dans une caisse percée de trous, est trempée
dans du purin préparé comme je le dirai plus
loin, jusqu'à ce que les pierres soient toutes
délitées, et l'on opère de suite le mélange
avec la cendre lessivée; on ne réunit ce dernier engrais à ceux formés avec du sang ou
des vidanges qu'au moment de les répandre
sur la terre. On met 30 hectolitres par
hectare pour toutes les récoltes qui suivent
les racines ou le colza, lesquelles ont été fortement fumées avec les boues de la ville de
Vierzon, qu'on estime 6f.50 le mètre cube.
M. Yvert emploie 100 mètres par hectare
lorsque c'est la première fumure que le
champ reçoit, ou 80 mètres lorsque c'est la
seconde.

Les fumiers composés de la manière suivante servent de même que les boues de
ville à la fumure des récoltes sarclées; ils
sont formés avec les diverses espèces de
paille qui restent, une fois que les litières
nécessaires aux 13 chevaux de trait et à une
dizaine de vaches à lait en ont été distraites;
car on n'a plus, depuis une couple d'années,
ni moutons ni aucun élève, mais seulement
quelques cochons à l'engrais. M. Yvert a donc

construit deux grandes citernes à purin à
côté d'un puits, qui fournit toute l'eau dont
on a besoin pour remplir ces citernes. A mesure qu'on les vide, il y fait mettre les vidanges qui lui restent après la composition
de ses composts devenant des engrais pulvérulents; il y met aussi toutes les panses de
bêtes à cornes et à laine tuées dans les nombreuses boucheries de Vierzon, qui envoient
les quartiers de derrière à Paris; ces panses
sont payées 5 fr. le mètre cube à deux lieues
de la ferme. On ajoute de la chaux vive à
à ces matières animales, pour aider à leur
décomposition. Voici comment il forme ses
quatre tas de fumier : on trempe les bottes de
paille dans le purin ou engrais liquide dont
je viens de parler; on en forme ensuite un tas,
qu'on a soin d'arroser souvent au moyen
de deux grandes pompes, qu'on peut diriger
alternativement, chacune sur deux tas de
fumier; ces citernes contiennent chacune
400 hectolitres de purin. M. Yvert n'emploie
ce fumier que lorsque la paille est consom-
mée et devenue de couleur d'un brun foncé,
afin de soulever le moins possible les terres
sablonneuses. Ce fumier lui revient à 7ᶠ.50
le mètre cube. En supposant qu'il en puisse
faire à peu près autant que la ville de Vier-
son lui fournit de boues, qui lui reviennent
à 6ᶠ.50 le mètre, cela ferait une moyenne
de 7 fr. le mètre cube d'engrais. Les fumures de récoltes sarclées lui coûtent donc
700 fr. ou 560 fr. par hectare. Il m'a dit
qu'il ne savait pas à combien lui reviennent
ses engrais pulvérulents ensemble, car les

quatre manipulateurs de ces poudrettes, qui
gagnent 8 fr. par jour et autant pour les
nuits où ils sont occupés de vidanges, sont
très-souvent dérangés de leur principale oc-
cupation. Ces gens lui fabriquent maintenant
environ 1,800 hectolitres de poudrette par
an. L'assolement adopté par M. Yvert est
de 6 ans, chacun desquels a 23 hectares d'é-
tendue, en tout 138 hectares. 1re sole, colza
recevant 100 ou 80 mètres cubes de boue
de la ville ou de fumier, coûtant 7 fr. sans
la conduite et l'épandage dans le champ;
2e sole, froment de mars, recevant 30 hectolitres de poudrette, ainsi que les quatre récoltes suivantes, qui sont : la 3e, trèfle; 4e,
froment d'hiver; 5e, sarrasin; 6e, avoine; et
puis l'assolement recommence. M. Yvert qui
s'était défait de son bétail il y a trois ans,
parce qu'il trouvait les sables trop maigres
pour fournir une nourriture qui ne fût pas
trop chère, dit qu'il va, maintenant que la
partie de la propriété qu'il cultive est assez
améliorée pour fournir de la nourriture qui
n'est plus onéreuse, changer son assolement en remontant sa basse-cour en bétail. M. Yvert a choisi, il y a trois ans, dans
du froment Richelles de Grignon, 5 litres
triés à la main, grain par grain, qui ont
été semés en lignes et ont produit en troisième récolte 48 hectolitres d'un grain de
toute beauté, dont il va en semer 15 au
semoir à raison de 170 litres par hectare.
Comme il sera forcé, pour former son nou-
vel assolement, de semer en froment 8 hectares qui viennent d'en donner, il ne veut

pas consacrer à ces derniers sa belle semence; il y mettra du froment rouge de
Saumur. Il cultive à part et en petit sept à
huit variétés de froment Richelles, qu'il a
séparées d'après les couleurs de la paille ou
de la fleur, etc., etc., et qu'il examine avec
le plus grand soin pendant le cours de leur
croissance. Il cultive aussi comme essai diverses variétés de colzas, pour choisir les
plus productives et celles qui ne mûrissent
pas en même temps, afin d'avoir plus de
temps pour récolter cette plante, qu'il n'est
pas facile de prendre à temps lorsqu'on fait
sa culture en grand. Il en a trouvé une
espèce à écorce très-fine, que les huiliers
apprécient beaucoup. J'ai eu lieu d'admirer
les 23 hectares de colzas, semés à raison de
6 lignes par planche large de 3 mètres, la
rigole entre deux planches comprise. Cette
semaille a eu lieu vers le milieu d'août; les
derniers semés sont levés les plus clairs et
souffrent le plus de la chenille noire. M. Yvert
repiquera les places les plus éclaircies avec
du replant arraché dans les colzas les premiers semés.

M. Yvert s'est créé un potager dans un
champ de sable de Sologne, complétement
usé; il l'a défoncé à 50 centimètres, l'a bien
marné et ensuite fumé vigoureusement tous
les ans au moins une fois, et l'a transformé
en un jardin très-productif et fertile; il y a
planté des quenouilles qui sont superbes, ce
qu'elles doivent en partie à ce qu'elles ont
reçu plusieurs fois un litre d'un engrais,
provenant des raclures de peaux poilues des

mégissiers. Cet engrais connu dans ce pays
sous le nom d'engrais-laine, a coûté 3ᶠ.50
l'hectolitre. M. Yvert vend son froment ordinaire, rendu à Paris, 28 fr. l'hect.; le port
et tous les frais compris lui reviennent à
2 fr. l'hect.; mais il faut pour cela remplir
un waggon entier qui contient 163 hect.,
dont le poids est de 5,000 kilog. Il a un cy-
lindre en zinc de Pernollet pour nettoyer
son froment, qui, venu de Ferney-Voltaire,
lui a coûté rendu 120 fr. Il parvient avec cet
instrument et quelques tamis en peau de
cochon, à nettoyer parfaitement son froment
sans y laisser la moindre graine; un homme
habitué à cette besogne nettoye très-bien de
40 à 50 hectolitres par jour. Il a vendu son
superbe froment Richelles, pesant 84 kilog.
l'hectolitre, 40 fr. pour semence. J'ai vu un
trèfle semé au printemps dernier haut de 40
centimètres; il avait été semé dans un froment
qui avait reçu 25 hectolitres de poudrette,
composée de suie abreuvée de sang pour
moitié, avec les cendres lessivées contenant
un quart de chaux éteinte. Ce froment était
venu après une récolte de colza, fait sur
ancienne terre de Sologne complétement
usée, qu'il cultivait pour la première fois;
mais il l'avait défoncée à 33 centimètres,
et le froment avait reçu 100 mètres cubes de
son fumier de ferme. Le colza avait rendu 26
hectolitres vendus de suite après avoir été
battu 27ᶠ.50, et le froment Richelles de mars,
venu après lui, avait produit 18 hectolitres.
M. Yvert m'a dit avoir acheté pour 90,000 fr.
d'engrais pour fertiliser 140 hectares qui

sont en bon état de production, mais il n'a
ni marné, ni chaulé, ce qui est la chose par
excellence pour ces terres, qui n'ont pas la
moindre parcelle de calcaire, sans oublier le
drainage, dont ces terres ont le plus grand
besoin. Il blâme au contraire les personnes
qui ont recours au marnage ou au chaulage,
et pense qu'une application de 4 hectol. de
chaux mêlée à 12 hectol. de cendre lessivée,
faite tous les ans, remplace parfaitement
une forte dose de marne ou de chaux. Je
pense au contraire qu'un chaulage d'au
moins 100 hectol. (car il n'a pas de marne),
qu'il aurait pu fabriquer dans un four construit à deux lieues de chez lui, au bord du
canal du Berry, et près d'une carrière de
bonne pierre à chaux grasse, lui serait revenu à 75 cent. l'hectol., en faisant venir
de l'anthracite de Commentry; ce qui, port
compris jusqu'à la ferme, eût formé une
dépense de 100 fr. par hectare. S'il eût
ajouté à cela, après un labour de défoncement fait préalablement et avant l'hiver, qui
eût ramené de l'argile du sous-sol à la surface
dans la majorité de ses champs usés, une
application de 500 kilog. de guano pour une
céréale, coûtant, lorsqu'il a commencé à cultiver, 150 fr., port compris, la dépense eût
été de 250 fr.; et, s'il eût voulu faire de
suite une récolte sarclée, 1,000 kilog. de
guano ou 300 fr. ajoutés aux 100 fr. de
chaulage, c'était alors une dépense de 400
fr. au lieu de 700 fr. S'il avait défriché tout
d'abord ses bruyères par un labour de 0m.18
de profondeur, et qu'il les eût semées en

colza, en seigle ou en avoine d'hiver sur ce
premier labour, après quelques hersages, en
ajoutant à la semence 5 hectolitres de noir
animal résidu de raffinerie de sucre et non
de fabrique de betteraves, la même fumure,
répétée quatre années de suite, lui eût donné
quatre belles récoltes, dont les quatre fumures réunies eussent coûté alors au plus 250
fr., et ses quatre récoltes lui eussent fourni
l'argent pour le drainage et le chaulage, sans
compter le fumier pour continuer une série
de récoltes profitables, qui n'eussent assurément pas exigé l'avance d'un capital aussi
considérable pour acquisition d'engrais.

Je me suis rendu le lendemain, 5 octobre,
chez M. Poisson, fermier et directeur de la
ferme-école d'Aubussay, près de Vierzon.
J'y ai vu un taureau durham, des vaches
charolaises et de pays, et des élèves croisés.
Le troupeau, que j'ai vu au parc, était composé de bêtes provenant de béliers mérinos
et de brebis berrichonnes, auxquelles on a
donné depuis des béliers de la belle race
que M. Yvart a créée à Alfort. J'ai vu de belles
luzernières ; une pièce de colza de 12 hectares, dont les deux tiers, semés anssitôt après
un orage, sont superbes, et le reste de la
pièce, semé seulement huit jours plus tard,
est beaucoup trop clair. On était occupé à
sortir d'un petit étang plus d'un mètre d'é-
paisseur de vase pour en former des composts.

Une machine à battre, que M. Poisson a
fait venir des environs de Paris, dont le
manége exige la force de 3 chevaux, ne

bat cependant que 20 hectolitres par jour.

La porcherie contient des verrats d'espèce berkshire et des truies de pays.

Je me suis rendu de là à la Ferté-Reuilly, chez un de mes anciens laboureurs luxembourgeois, qui est métayer à la ferme du château de ce nom. Le sieur Michel Vanderscheidt y est entré il y a 18 mois, aux conditions suivantes : il donne le tiers de toutes ses récoltes de grains et graines, fournit toutes les semences et partage les bénéfices ou pertes du cheptel. Il cultive d'excellentes terres et a de fort bons prés; la ferme s'étend sur 65 hectares. Il tient 2 forts chevaux et 4 bons bœufs ; il a 200 moutons et bon nombre de bonnes vaches de pays qui, par la quantité et la qualité des prés, sont d'une belle espèce dans ces environs. Vanderscheidt, jouissant du droit de parcours sur une grande étendue de prés après la fenaison, va augmenter le plus possible le nombre de ses bêtes à cornes, car il a pour le reste de l'année de très-belles récoltes de trèfle et de betteraves. Il a un assez beau champ de colza semé à la volée. Ses froments et avoines ont donné cette année une fort belle récolte qui, se vendant à un haut prix, le mettent de suite dans une bonne position. Son beau-frère, le sieur Demulder, Flamand-Belge, qui est un excellent cultivateur, arrivé dans cette terre comme laboureur il y a une vingtaine d'années, est devenu, par son intelligence et par son activité, d'abord maître-valet dans une ferme que défunt M. Pradet, propriétaire de cette belle et bonne terre, faisait valoir; plus tard, métayer, et enfin fermier depuis plusieurs années, payant 2,400 fr. pour 65 hectares, dont 6 en prés. Le fermier précédent, tout en ne payant pas moitié de ce fermage, a fait de mauvaises affaires. Demulder a un champ de fort belles disettes; il a tous les ans un beau champ de lin. Il a une grande étendue de belles luzernières et d'excellents trèfles. J'ai vu une superbe pépinière de colza avec laquelle il va repiquer une douzaine d'hectares et dont une bonne partie est déjè plantée. Sa grange est complétement remplie, et il a encore beaucoup de grain en meules très-bien faites et couvertes par lui. Il a de fortes juments ramenées de son pays, avec lesquelles il fait de bons élèves; il vient d'obtenir, au Concours du Comice d'Issoudun, un prix pour une pouliche, et un autre pour l'étendue et la beauté de ses prairies artificielles. Demulder est allé l'hiver précédent en Belgique, au marché de Malines, et en a ramené 1 taureau et 9 génisses d'espèce hollandaise blanches et noires, qu'il a payées sur place 1,100 fr., quoiqu'il s'en trouvât parmi elles deux ou trois agées de 2 ans, promettant déjà de devenir fort belles. Son troupeau dépasse 200 têtes. Ces deux braves gens sont d'excellents cultivateurs, qui donnent de fort bons exemples à ceux du pays. Vanderscheidt a aussi remporté deux prix, dont l'un était le 1er prix de labourage, ainsi que celui pour la ferme la mieux tenue dans son intérieur.

Vanderscheidt m'a conduit le soir à Issoudun, d'où je suis parti à deux heures du ma-

tin avec le courrier pour Lignières, chez mon
ami M. Durand. Lui étant absent, ses fils
m'ont conduit, le 6 octobre, chez un ancien
maréchal des logis des dragons de la garde
impériale sous Napoléon le Grand; son nom
est Deltombe; il est des environs d'Orchies,
département du Nord, où il cultivait une petite propriété qu'il a vendue il y a douze ans
à raison de 5,000 fr. l'hectare, et il est venu
avec sa femme, un fils et une fille non ma-
riés, qui ont une trentaine d'années, enfin une
fille encore fort jeune. Ils ont acheté, à quelques lieues de Lignières, une ferme de plus
de 50 hectares pour 26,000 fr., les frais
compris. Le cheptel donné avec la ferme valait 3,000 fr. M. Deltombe a acheté ici
10 hectares avec le produit de la vente d'un
hectare dans les environs d'Orchies, et encore me paraît-il qu'il a payé trop cher alors,
car j'ai vu acheter plusieurs fermes dans le
cours de ce voyage, qui ont des terres valant les siennes, à raison de 350 fr. l'hectare, les bâtiments et les arbres existant sur
la propriété n'étant pas estimés. Cette brave
famille, prudente et très-laborieuse, ne fait
jamais une amélioration qu'elle n'ait l'argent
pour en solder la dépense; ils ont un peu de
prés bien maigres et un petit taillis, qu'ils
ont coupé peu de temps après leur arrivée;
ils pensent l'abattre dans deux ans, et ils
emploieront l'argent qui en proviendra à
acheter une machine à battre de la force de
deux chevaux, avec laquelle ils battront de
4 à 5 hectolitres de froment par heure, et
qui ne leur coûtera que 500 fr. à Château-

Gontier (Maine-et-Loire), chez le sieur Stu-
bennanch, fabricant de machines à battre locomobiles.

M. Deltombe chaule ses terres à raison de
100 hectolitres l'hectare, qu'il paye 1f.10
l'hectolitre à une distance qui lui permet de
faire trois voyages par jour. Il fume à raison
de 32 mètres cubes pour le froment, et obtient sur ses terres chaulées, qui, avant d'être
à lui, ne donnaient que de tristes récoltes
de seigle, jusqu'à 24 hectolitres de froment
par hectare. Ce bon vieillard était occupé,
pendant que son fils battait, à enlever dans
les gerbes la nielle et l'ivraie pour faire de la
semence exempte de mauvaises graines. Je
l'ai engagé à demander à M. Durand 2 hectolitres de ses beaux froments anglais, qui
produisent de plus beaux grains et en bien
plus grande quantité que les froments du
pays. Il a donc prié ces messieurs de lui
en apporter au marché de Lignières. Il n'a
pu faire venir le trèfle que sur ses terres
chaulées. Ce brave homme, ayant remarqué
chez un cultivateur distingué du voisinage,
M. Béraud, ancien professeur à l'École d'A-
griculture de Roville, les excellents résultats
des fumures de guano, vient d'en demander;
c'est l'exemple de M. Durand qui a amené
M. Béraud à employer cet engrais fort en
grand, et plusieurs autres cultivateurs des
environs se sont aussi mis à en faire venir.

Nous avons visité, non loin de chez M. Deltombe, une petite ferme composée d'une
trentaine d'hectares, dont 1 en pré et 2 en

taillis, qui est à vendre pour 10,000 fr. Le fermier paye 400 fr. de loyer.

M. Deltombe a 2 chevaux, 4 bœufs, quelques vaches et élèves, 120 bêtes à laine et des cochons; je pense que, si sa ferme n'eût été que moitié en étendue et qu'il eût conservé la moitié du capital mis à cette acquisition disponible pour pouvoir pousser ses améliorations plus rondement, il s'en fût bien trouvé. Lorsqu'on achète des terres de petits prix, on est disposé, surtout lorsqu'on vient d'un pays où elles sont fort chères, à en acheter pour une trop grande partie de son capital, et l'on ne conserve pas assez d'argent pour tirer un bon parti de ce qu'on a acheté; c'est pour cela que beaucoup de nouveaux acquéreurs dans le Centre de la France ne réussissent pas, et non, comme le pensent de bons agriculteurs qui ne connaissent pas cette partie de la France, parce que les cultivateurs venus là, de pays bien cultivés, ont voulu faire comme chez eux, c'est-à-dire bien. Lorsqu'on prend une terre usée et naturellement peu fertile, on en tirera un bon parti en la drainant si elle est à sous-sol imperméable, en la marnant ou la chaulant suffisamment, si elle ne contient déjà pas beaucoup de parties calcaires, en lui donnant de très-fortes fumures après l'avoir laissée en jachère complète et l'avoir défoncée avec la charrue à sous-sol, afin d'éviter de ramener d'un coup trop de sous-sol à la surface. Comme le fumier manque dans ces fermes sortant des mains de si mauvais cultivateurs, on a la ressource d'acheter des cendres lessivées, de la suie, des chiffons de laine. Ces derniers, on les fera venir des grandes villes et surtout de Paris : c'est un des engrais les plus actifs, des plus durables et encore des meilleur marché; on ne les vend à Paris que 60 fr. les 1,000 kilog.; 2,000 ou 3,000 kilog. forment une très-bonne fumure, qui ne serait pas remplacée par 40 ou 60 mètres cubes de fumier d'auberge, lequel coûte ordinairement de 4 à 5 fr. le mètre et vaut dans bien des parties de notre pays le double; mais, en nous en tenant aux premiers chiffres, nous en avons pour 160 ou 200 fr.; 2,000 kilog. de chiffons ne coûteront que 120 fr., sans le port; si nous mettons 60 mètres cubes, nous aurons pour 240 ou 300 fr. de dépense, et, pour les 3,000 kilog., 180 fr. Les chiffons sont une fumure aussi durable au moins que le fumier; le port de 40 ou 60 mètres de fumier, supposés sortant de la ferme, et à plus forte raison s'il vient de plus loin, coûtera au moins autant que celui des chiffons tirés de Paris.

Les cultivateurs qui se fixent dans les pays à culture arriérée, et par conséquent usés et maigres, ont maintenant l'immense ressource du guano, dont 400 ou 500 kilog. produisent une fort belle récolte dans les plus mauvaises terres si elles ne sont pas argileuses, car celles de cette nature s'emparent de l'engrais en général et surtout d'un engrais pulvérulent, ne le lâchent que difficilement et lentement. Le guano, qui est fort cher maintenant, coûtera, en en prenant 15,000

kil. à la fois, 32ᶠ 50 les 100 kil.; mettons à
35 fr., le port compris, 400 kil. coûteront
140 fr., 500 kil. 175 fr.; mais, au lieu de
durer trois ans comme le fumier, il ne fera
sentir très-bien son effet que deux années;
il faudra donc ajouter la troisième année
70 fr. ou 87ᶠ.50 : ce sera donc 210 fr. contre
240 fr. de fumier, ou 262ᶠ.50 de guano contre 300 fr. de fumier.

D'après ce que nous avons vu dans notre
dernier article, les engrais de ferme sont plus
chers que ceux du commerce, cela n'empêche
pas qu'il ne faille faire tout ce qu'il est possible pour produire chez soi énormément de
fumier, et l'on y arrivera si l'on donne à ses
racines, à ses trèfles ou autres prairies artificielles, du guano, aux premiers jusqu'à
1,000 kil., et aux autres 300 kil.; on aura
ainsi beaucoup d'excellente nourriture pour
le bétail et par suite beaucoup de fumier.

Etant revenu chez MM. Durand, dans leur
terre de Bois-d'Hubert, j'ai vu avec plaisir des
champs assez étendus de fort belles betteraves globes rouges, jaunes et blanches, des
rutabagas et des navets malgré l'extrême sécheresse, et de très belles et abondantes
pommes de terre qui n'en présentaient que
fort peu atteintes de la maladie. Ces messieurs ont fini par mélanger les produits des
nombreuses variétés de froments que je leur
avais rapportées d'Angleterre dans mes
voyages de 1847 et 1851, car la culture séparée de bien des espèces leur avait causé
trop d'embarras. Ce mélange leur donne d'a-
bondantes récoltes de fort beau froment,

17

dont ils vendent une grande quantité comme semence. La partie de leurs colzas qui a été semée en lignes vers le commencement d'août en recevant 300 kil. de guano, est de toute beauté et fournira le meilleur replant qu'on puisse désirer ; celle semée en même temps sans avoir reçu de guano, quoique le champ eût été bien fumé, n'est pas belle ; le reste de cette pépinière, semé plus tard, a mal levé à cause de l'extrême sécheresse de l'été. Ils ont une quarantaine de fort belles bêtes à cornes provenant de croisements suisses et charolais.

Ils ont acheté un jeune taureau qui leur a été vendu comme durham pur sang ; mais il est d'une telle maigreur, malgré une bonne nourriture, qu'on doute fort qu'il soit de pur sang. Ils ont des cochons provenant d'un verrat essex napolitain et des truies hampshires qui sont beaux mais ont le nez trop long ; aussi vont-ils acheter un new-leicester afin de corriger ce vilain défaut. Ils emploient depuis trois ans en grand du guano et s'en trouvent à merveille.

Ils drainent ici, comme dans leur propriété de Bel-Air, située à la porte de Lignières, déjà depuis quelques années, avec grand succès.

Il y a dans la terre de Bois-d'Hubert des espèces de sources ou fondrières dans lesquelles on peut enfoncer de longues perches sans en trouver le fond ; elles fournissent une eau boueuse et visqueuse ; ils n'ont pas encore trouvé le moyen de se débarrasser de cet inconvénient. M. Durand le père a planté à Bel-

Air dans une mauvaise terre située en pente,
à une bonne exposition, des ceps de vigne
placés en lignes dans des rigoles ayant un
mètre de profondeur, dont le fond avait
0^m.33 de largeur, qu'on a remplies de
bruyères bien tassées sur 0^m.20 d'épaisseur;
les rigoles rebouchées, on y a mis les ceps à
2 mètres de distance dans les lignes ;
celles-ci sont à 8 mètres les unes des autres.
les intervalles sont cultivés à la charrue et
semés en céréales et prairies artificielles alternativement, d'après la méthode du vigneron Lussandeau, de Chissay, près Montrichard. Les rigoles sont revenues, le mètre
courant, à 7 cent. 1/2. Pour améliorer ce
sable caillouteux et ferrugineux, M. Durand
le père a mélangé, dans celui servant à reboucher les rigoles, de la vase et des ordures
de fossés faits en terres argileuses, auxquelles
terres on avait ajouté de la chaux. Des rutabagas semés dans l'intervalle des ceps sont
devenus fort beaux sans qu'on leur ait donné
d'engrais; le mélange de terres de nature
opposées et la chaux ont produit ce bon effet.
La propriété de Bel-Air consiste en une charmante petite maison de campagne, en vingt et
quelques hectares de terres médiocres ou
mauvaises, et en bons près, très-souvent inondés mal à propos par la rivière l'Ormon, dont
les eaux sont très-fertilisantes.

M. Durand, dont la propriété est traversée
par la grande route, rendra service aux propriétaires voisins de la ville de Lignières en
leur donnant l'exemple d'une bonne culture,
par l'introduction de bons instruments d'a-

griculture et d'engrais qui leur sont inconnus, par le drainage et la plantation d'arbres à fruits nouveaux des meilleures espèces, comme il l'a fait depuis bien des années dans sa terre de Bois-d'Hubert, où ses fils continuent ce qu'il a si bien commencé. J'ai vu chez lui des betteraves, des rutabagas et des carottes superbes ; il n'a donné à ses récoltes sarclées, qui se trouvent dans une terre d'alluvion n'ayant jamais été labourée profondément, mais dont la surface était bien usée, que 400 kilog. de guano, et cela a suffi pour produire ces belles racines. Il a donné une jachère complète à une mauvaise pièce de terre, qui avait été abandonnée comme improductive, pour la débarrasser de l'énorme quantité de chiendent dont elle était infestée; il lui a appliqué 300 kilog. de guano par hectare, y a semé des pois verts, et dans une autre partie, de l'avoine, qui ont produit tous les deux de fort belles récoltes. Un pâtureau défriché par le précédent propriétaire, qui y avait semé cinq années de suite de l'avoine, mais qui n'avait presque rien récolté les deux dernières années, tant la terre était lasse et sale, fut également mis en jachère; la jachère complète bien soignée fut suivie d'une application de 300 kilog. de guano, et d'une semaille de ray-grass d'Italie semée seule en automne. Ce champ, d'une étendue de 2 hectares, produisit, malgré l'extrême sécheresse qui l'a privé de la troisième coupe, et dont la seconde coupe porta de la graine, 30,000 kilog. d'un excellent fourrage.

M. Durand va drainer ses prés, qui sont froids, quoique en sol d'alluvion. Les tuyaux lui viennent de Saint-Amand-sur-Cher, ville à 26 kilom. de Lignières; les petits tuyaux se payent 25 fr. le mille, ce qui est trop cher; ils ne devraient coûter que 18 fr., le charbon de terre de Commentry venant à Saint-Amand par bâteau sur le canal du Cher; en Allemagne on les paye de 12 à 15 fr. et en Belgique à peu près le même prix.

M. Durand vient d'arranger une bergerie dont le plancher est à claires-voies; il y mettra 120 brebis de Crevant, leur donnera d'abord un bélier dishley, et, aux produits femelles du premier croisement, un bélier de la race créée par M. Yvart, dont les brebis donnent des toisons de 12 à 14 fr.

M. Durand chaule ses terres à raison de 100 hectol. par hectare; la chaux lui coûte $0^f.875$ prise au four, cela en raison de la grande quantité qu'il en achète. Lorsque MM. Durand retournent une prairie artificielle ou un pâturage de deux ans, ils mettent à leur charrue belge-américaine, sans avant-train, un petit avant-soc qui enlève une bande de gazon de la largeur de la main sur une profondeur d'environ $0^m.03$; on n'aperçoit pas alors la moindre verdure une fois le labour fait, et ce perfectionnement augmente si peu la traction, qu'ils retournent ainsi tous leurs trèfles avec leurs charrues attelées de deux bœufs élevés chez eux et encore jeunes.

Les betteraves récoltées en 1853 avaient été fumées également bien et avant l'hiver,

17.

chose essentielle. Un champ qui avait reçu 250 kilog. de guano produisit 50,000 kilog. de racine par hectare; un autre champ qui n'avait pas reçu de guano ne donna que 40,000 kilog. Une pièce de colza de 3 hectares, qui avait reçu 750 kilog. de guano, eut un rendement double des autres champs de colza semés sans fumure.

M. Durand m'a conduit chez M. Béraud, ancien professeur de Roville, qui a acheté il y a plusieurs années, entre Lignières et Chezal-Benoist, route d'Issoudun, une terre de plus de 300 hectares; il y a construit une jolie habitation, et, dans la basse-cour, une grange considérable et fort élevée. Lorsque M. Béraud a acheté cette terre, il s'y trouvait plus de 100 hectares de bruyères en bon fond, qu'il a défrichées presque en totalité, et, l'hiver suivant, le reste fut retourné, comme l'autre partie, avec une charrue Dombasle renforcée attelée de six bœufs. M. Béraud ne mélange que 4 hectol. de noir animal à la semence de seigle qui forme sa première récolte sur premier labour; elle lui donne de 20 à 25 hectol. de seigle. Après la récolte il laisse la terre en repos jusqu'au printemps, et il donne trois labours et bon nombre de coups de herse et de rouleau pour bien ameublir la terre; il y sème en automne du froment avec 300 kilogr. de guano; il met aussi du colza ou de l'avoine après le seigle, leur accordant 4 hectol. de noir. Il a, cette année, un champ de pommes de terre fort belles, qui n'a reçu que 300 kilogr. de guano.

M. Dubois, propriétaire voisin, qui a construit deux fours à chaux pour en vendre les produits, ayant fait une fouille dans un pré pour y trouver de la mine de fer, n'a découvert qu'une excellente marnière de 4 mètres de profondeur, ce qui a décidé M. Béraud à faire un puits dans un champ contigu; mais, son terrain étant en côte, il n'a trouvé la couche de marne qu'à 11 mètres de profondeur. Son puits traverse une couche d'excellent minerai de fer de 1 mètre d'épaisseur; il va exploiter ces deux trouvailles, et fera faire des fouilles dans diverses parties de sa terre; car on exploite, dans ces environs, bien des couches de minerai pour les grandes forges de plusieurs parties de la France, où le canal du Cher le transporte à bon marché. Plusieurs propriétaires des environs en ont déjà vendu pour des sommes assez considérables. M. Béraud paye 6 fr. par mètre en profondeur, pour les puits qu'il fait faire; mais, lorsqu'on traverse des couches de pierre, le prix double.

M. Béraud a vendu dernièrement 300 moutons qu'il avait payés 22 fr. la paire, et dont il a obtenu juste le double, après les avoir engraissés. Il m'a fait voir un petit champ de lupins blancs, semé pour s'en faire de la graine, et j'en ai aussi aperçu quelques autres pièces près de Lignières; ils étaient assez beaux et n'avaient pas été fumés.

M. Galicher, un autre voisin de M. Béraud, a loué du duc de Maillé une ferme de 100 hectares, qu'il chaule, et 200 hectares de bruyères, qu'il défriche au moyen du noir animal.

Il a acheté un petit champ sur les bords du canal du Berry, qui contient de la bonne pierre à chaux ; il y a construit un four pour 400 fr. et a loué ce four et sa carrière à un chaufournier aux conditions suivantes : de fournir chaque année une grande quantité de chaux, à raison de 50 cent. l'hectolitre, ainsi que de lui payer 1 fr. pour chaque mètre cube de chaux qu'il vendra à d'autres. Cet homme fait venir par eau des escarbilles de plusieurs grandes usines ainsi que de l'anthracite de Commentry. Cette entreprise de culture et de défrichement que fait M. Galicher est dirigée par un homme de confiance, car M. Galicher demeure à Bourges et ne vient à sa ferme que de temps en temps.

M. Durand m'a conduit le 11 octobre à Châteauneuf-sur-Cher chez le duc de Maillé, qui nous attendait pour nous faire visiter le drainage le plus remarquable que j'aie encore vu ; il vient de terminer cette belle entreprise en moins d'une année. Le duc, voyant la cherté du pain, s'est décidé, afin de fournir de l'ouvrage aux ouvriers des environs de son château, et aussi pour donner l'exemple de cette grande amélioration, à faire drainer un étang de la contenance de 70 hectares, qu'on avait desséché il y a une vingtaine d'années ; il voulait le cultiver et ensuite en faire des prés. On l'avait, dans cette intention, entouré et traversé en tous sens de larges et profonds fossés, dont les bords avaient été plantés de blancs de Hollande et d'autres peupliers, qui sont morts pour la plupart et dont les survivants ne sont pas plus gros que le bras d'un homme. Cet immense terrain, malgré toute cette dépense, est resté complétement improductif; il n'était même pas susceptible de former une pâture passable. Il a fallu, pour pouvoir tirer un parti quelconque de ce sol rebelle, donner issue à une énorme quantité d'eau qui se trouvait séjourner à diverses profondeurs; la plus profonde et la plus abondante de ces sources était située à une profondeur de plus de 7 mètres.

Voici comment on a procédé pour arriver à cet heureux résultat : on a choisi une perche de la longueur convenable pour arriver au fond de la fondrière, on l'a unie en l'amincissant suffisamment, pour y enfiler des tuyaux de drainage, ayant 5 ou 6 centimètres de diamètre; la perche garnie d'un bout à l'autre, on enfila des tuyaux d'un plus grand diamètre par-dessus les autres, de manière que leur milieu fût placé vis-à-vis la jointure des plus petits qu'ils recouvraient; on a garni ainsi cinq perches, qu'on a enfoncées verticalement dans la fondrière, de manière à former un carré parfait ayant la cinquième perche dans son milieu; puis on a retiré les cinq perches avec précaution, afin de ne pas déranger les tuyaux de la ligne perpendiculaire ; une fois les perches retirées, l'eau monta et forma une espèce de puits artésien quintuple dont l'eau, lorsque nous l'avons visité, coulait par les cinq rangs de tuyaux, malgré l'extrême sécheresse qui régnait depuis trois mois. Le plan de ce drainage si remarquable, conte-

nant une vingtaine de sources du genre de
celle que je viens de décrire, a été tracé par
un ingénieur de la Société générale de drainage, qui s'est formée à Paris il y a quelques années, et le drainage a été exécuté
sous la direction de M. Prosper Barbillon,
qui est devenu un excellent draineur, en faisant, dans la terre de M. Lupin, une centaine
d'hectares de drainages bien réussis, dont le
commencement date de l'été 1846. M. Lupin
avait alors fait venir une machine à faire des
tuyaux, inventée par Aynslie.

M. de Maillé a pu déjà, au printemps dernier, cultiver un certain nombre d'hectares,
qui, fumés avec du fumier ou du guano, ont
donné de superbe maïs, fourrage, vesces,
pois, d'énormes betteraves et carottes. On
était occupé, pendant que nous visitions l'é-
tang, à repiquer d'énormes replants de colza.

Le duc a déjà construit une belle et grande
ferme sur l'emplacement de l'ancienne ferme,
qui contenait 50 hectares de terres, parmi
lesquelles se trouvaient quelques hectares
de prés; cette ferme, dont le loyer était de
1,200 fr., jouissait en outre de l'étang desséché comme pâture à moutons; maintenant
qu'il s'y trouve 120 hectares en culture, le
duc va en faire sa réserve, qu'un de ses amis,
M. de Saint-Maurice, dirigera.

M. de Maillé s'occupe dans ce moment de
faire monter l'eau du Cher jusqu'à son château, lequel est situé sur une hauteur qui
domine cette rivière de 35 mètres. M. Durand et moi sommes allés de là coucher à
Bruères, près Saint-Amand, chez M. Anclerc,

riche et fort intelligent cultivateur, qui, depuis une vingtaine d'années, travaille à introduire dans le Berry toutes les améliorations agricoles qui viennent à sa connaissance,
telles que de bons instruments de culture,
les prairies artificielles, luzernes, trèfles incarnats, lupulines, sainfoins, trèfles blancs,
ray-grass d'Italie; il obtient les plus belles
betteraves que j'aie jamais vues, leur consa-
crant 100,000 kilogrammes de bon fumier. Il
cultive le maïs pour graine et fourrage avec
grand succès.

M. Anclerc a été chercher, il y a quinze ou
seize ans, un taureau durham au haras du
Pin; il s'est formé avec lui et des vaches
charolaises ou de pays une très-belle et excellente vacherie, des meilleures qu'on puisse
trouver en France. Son fils unique, jeune
homme qui marche sur les traces de son
père, est devenu un bon connaisseur en fait
de bétail; il est allé cet été en Angleterre et
en a ramené de chez un fameux éleveur,
M. Tanqueray, une superbe vache pleine et
une génisse de dix mois. La vache, qui a un
très-bel écusson, est âgée de trois ans et
six mois; elle était pleine du taureau dit le
duc de Glocester; elle a coûté 2,756 fr. et
vient de faire un très-beau veau femelle; la
génisse, âgée de dix mois, a coûté 1,925 fr.;
les frais de voyage de Londres à Bourges se
sont élevés à 125 fr., ces bêtes ayant séjourné
à Boulogne et à Paris. On est allé les chercher à Bourges avec une voiture de leur
ferme. M. Anclerc a aussi acheté pour M. de
Scitivaux, de Nancy, un jeune taureau, âgé

de huit mois, coûtant 1,700 fr., et une génisse de neuf mois pour 2,050 fr. M. de Scitivaux était allé en Angleterre avec M. Anclerc, mais n'avait pu rester assez longtemps
pour pouvoir terminer cette acquisition. Ce
jeune homme a passé un mois en Angleterre
à visiter bon nombre d'éleveurs de Durhams,
avant de se fixer au choix qu'il a fait. Il a été
obligé de payer ses bêtes un prix plus élevé
qu'on ne les lui avait faites trois semaines
auparavant, et, en ayant demandé la raison,
on lui répondit que l'arrivée de marchands
de bestiaux américains avait fait hausser les
prix.

Ces messieurs ont commencé, il y a quatre
ans, à introduire chez eux l'usage de la
sape pour moissonner les froments, et petit
à petit ils sont parvenus à l'introduire aussi
dans six de leurs neuf métairies.

Vingt-cinq piqueteurs, comme on les dé-
signe dans le Nord, y ont fait complétement
la moisson dernière. Plusieurs propriétaires
des environs s'occupent aussi de l'introduction dans leurs métairies de cette véritable
amélioration, en attendant qu'on arrive aux
machines à moissonner. J'ai admiré on ne
peut plus une douzaine d'hectares garnis des
plus grosses disettes et carottes blanches à
collets verts qu'on puisse voir, deux hectares
de très-beaux rutabagas et une petite étendue d'énormes topinambours. Une partie de
ces superbes betteraves et carottes avait été
faite dans des terres récemment achetées et
qui n'étaient pas dans l'état de fertilité de
leurs autres terres. Ils leur ont donné une

fumure de 180 mètres cubes par hectare, afin de les amener tout de suite au même état que les autres. Ils ne cultivent que 56 hectares, dans lesquels il n'y a que 250 ares de prés irrigués. Une partie des terres est très-sablonneuse et caillouteuse; mais la plus grande partie de la ferme est composée de terres d'une grande fertilité naturelle, que ces messieurs ont singulièrement augmentée par leur excellente culture; ils nourrissent sur cette petite étendue 75 têtes d'une espèce de gros bétail ressemblant parfaitement à des durhams de pur sang; ils vendent des taureaux de douze à quinze mois, de 500 à 800 fr., et des génisses de 250 à 500 fr.; ils font castrer tous les ans de cinq à six jeunes mâles, les moins beaux, pour en faire des bœufs de travail une fois arrivés à l'âge de trente mois, et les engraissent à l'âge de cinq ans; quoique ces bœufs aient tous au moins trois quarts de sang durham, ils les préfèrent, comme travailleurs, aux bœufs marchois ou charollais, espèces qu'on trouve dans les foires voisines; ils en ont vendu six gras, au prix moyen de 600 fr. Leur poids de viande nette est de 500 à 550 kilogrammes; les jeunes bœufs qu'ils engraissent âgés de trois ans, sans les avoir fait travailler, n'arrivent pas tout à fait à ce poids, mais peu s'en faut. Une partie des vaches sont fort bonnes laitières; communément elles donnent au moins une douzaine de litres pendant les premiers mois après le vêlage.

Ces messieurs prennent 5 fr. pour la saillie de leurs taureaux; cependant il n'y a que

18

peu de personnes qui ne trouvent pas ce prix trop élevé, tandis que les plus petits métayers de Maine-et-Loire, du côté de Château-Gontier, même sur une culture de 8 hectares, dont ils partagent avec le propriétaire les produits par moitié, conduisent leurs quatre vaches aux taureaux durhams, ce qui leur coûte 10 fr. par bête. En Angleterre, M. Tanqueray, chez qui M. Auclerc a acheté sa belle vache pleine du taureau appelé *duc de Glocester*, ne laisse pas opérer ce dernier, pour un étranger, à moins de 1,000 fr.

MM. Auclerc ont des cochons berkshires, mais ils attendent un verrat new-leicester pour améliorer leur porcherie. Ils ont fait venir, il y a quelques années, deux oies de la plus grande espèce de Toulouse; elles sont plus faciles à engraisser, sont plus sédentaires que celles du pays, qui prennent souvent leur vol pour aller s'abattre dans les champs de froment; ils en avaient garni leurs domaines; comme elles leur parurent avoir dégénéré, ils en ont fait revenir une paire de la même ville, dont la femelle a pondu en un an 58 œufs très-gros.

MM. Auclerc ont eu en 1853 une sorte d'épidémie dans leur basse-cour, qui a sévi aussi bien sur les poules que sur les canards; quatre-vingts pièces ont péri; ils ont des cochinchinois et des grands canards barboteurs de Normandie. On voit qu'ici tous les genres d'amélioration marchent de front. Ces messieurs ont fourni à un chaufournier un emplacement pour construire son four à

(1) Voir le n° du 5 septembre, p. 214.

chaux, à côté d'une grande carrière de
pierres calcaires, dont les débris embarras-
saient les carriers; le chaufournier les a
donc pour rien, à côté du four; il fait
venir de l'anthracite de Commentry, qui
produit pour un hectolitre 5 hectolitres de
chaux. Ces messieurs lui payent l'hectolitre
de chaux 80 c.

Ils possèdent à une lieue et demie de chez
eux une assez grande étendue de prés marécageux sur un fond de tourbe, dont ils ne
tirent presque aucun produit; je pense qu'ils
devraient les drainer si la chose est faisable,
les écobuer et les mettre en culture, ce qui
se fait beaucoup, et avec le meilleur résultat, dans les fonds tourbeux de l'Ecosse. Un
propriétaire des environs de Lille a prié
M. Auclerc de prendre son fils en pension
chez lui. pour en faire un bon agriculteur; il
lui achètera plus tard une ferme en Berry.
Ce jeune homme remplit là les fonctions de régisseur avec beaucoup de zèle et lit pour son
instruction théorique de bons ouvrages d'a-
griculture. Ce genre d'instruction agricole
me semble le meilleur pour former un bon
cultivateur.

Je me suis rendu le lendemain matin
chez M. Charles Malingié, dans la grande
ferme de Verrière, à 12 kilomètres de Bourges; il était absent; mais son régisseur,
M. Lefèvre, ancien élève de la ferme-école
de la Charmoise, m'a fait parcourir une partie de cette immense ferme, qui s'étend sur
550 hectares de terres ou prés; ces derniers
m'ont paru mauvais. La propriété contient

en outre une centaine d'hectares de bois taillis, qui fournit à M. Malingié son chauffage
et les bois de charonnage dont il a besoin.
Les bâtiments de la ferme principale sont
très-beaux et considérables. Cette propriété
se trouve partagée en trois parties, dont
M. Malingié en occupe une ; les deux autres
sont cultivées par deux métayers. M. Malingié est fermier du tout et a payé pendant les
deux premières années 6,000 fr. Mais ce
loyer est augmenté ensuite chaque année
de 1,000 fr., jusqu'à ce qu'il atteigne le
chiffre de 12,000 fr.

Le propriétaire, M. Vignat, qui habite Orléans, a acheté cette terre en 1848 pour
400,000 fr. ; il a prêté à M. Malingié, à raison de 4 pour 100, le capital qu'on a jugé
nécessaire pour pouvoir bien cultiver l'ensemble de la propriété. M. Vignat partage
avec M. Malingié le bénéfice net, après que
M. Malingié a prélevé pour lui 2,400 fr. Ce
partage du bénéfice net devra durer jusqu'à
ce que M. Malingié ait remboursé le capital
avancé par le propriétaire. Si trois années se
passaient sans que l'intérêt du capital avancé
et le loyer de la terre aient pu être rem-
plis, M. Vignat pourrait forcer M. Malingié à
résilier ; le bail est fait pour dix-huit années.
J'ai parcouru 6 hectares de betteraves parfaitement cultivées et placées dans un champ
d'excellente terre à sous-sol calcaire. Ces
racines avaient reçu 45 mètres cubes de
fumier par hectare ; la sécheresse et l'épuisement de la terre n'ont pas permis aux racines de devenir grosses. J'ai examiné avec

intérêt 2 hectares de très-beaux topinambours, qui n'ont pu être plantés qu'en juin 1853, M. Malingié n'ayant pris la culture qu'en mai de la même année. Il n'a eu que le temps de labourer un champ de terre calcaire en friche depuis plusieurs années, après avoir donné 15 mètres cubes de fumier par hectare, et le produit, malgré cette plantation tardive et cette triste préparation du sol, a suffi pour donner pendant cinq mois à 280 brebis 280 litres de topinambours par jour. Au printemps, on a mis de nouveau 15 mètres de fumier sur chaque hectare; trois charrues ont été employées à enterrer le fumier; elles étaient suivies par des femmes, ramassant les plus gros tubercules échappés à l'arrachage, qu'elles déposaient dans chaque troisième sillon; on a ensuite butté à la charrue double versoir les lignes de topinambours, dès qu'ils eurent atteint une certaine hauteur, afin d'éviter que ce buttage n'enterrât les plantes destinées à rester, et pour recouvrir les plantes provenant des petits tubercules échappés, qu'il est essentiel de traiter comme de la mauvaise herbe en les détruisant de cette manière. En fumant chaque année et en sarclant deux fois les topinambours bien soigneusement, on peut les garder pendant vingt années dans la même terre, si cela convient, et avoir de très-bons produits. J'ai vu 6 hectares plantés en choux branchus de Poitou, qui n'ont reçu chacun que 1,000 kil. de chiffons de laine, ayant coûté 70 fr. le mille, et 12 hectares de colzas semés à la

volée et ayant reçu la même dose d'engrais.
Je pense que la grande sécheresse, l'épuisement de la terre et la petite quantité de
chiffons, qui souvent ne se décomposent bien
que pour la seconde récolte, sont la cause
que ces deux plantes sont restées fort petites et misérables. On voit de fortes touffes
de colzas partout où les chevaux ont uriné,
ce qui prouve que ces récoltes pourraient
être profitables si on leur avait encore consacré 300 kilogrammes de guano par hectare;
cette avance serait rentrée avec un grand
bénéfice en moins d'une année. Tels qu'ils
sont, ils pourront faire un pâturage pour le
troupeau au printemps, au moment de monter en fleur.

La récolte de froment que M. Malingié
vient de rentrer avait reçu, dans les parties où
l'on avait semé des prairies artificielles (luzernes, sainfoins ou trèfles), 1,000 kilogrammes de chiffons de laine et on y avait
ajouté 500 kilogrammes d'engrais musculaire par hectare, coûtant 11 fr. les 100
kilogrammes; elle a été belle et les prairies
artificielles promettaient de bien réussir. Une
partie des froments, qui n'avait reçu que
1,000 kilogrammes de tourteaux, a été plus
belle que celle qui avait reçu du fumier de
moutons, dont je ne connais pas la quantité.
D'après ce qui a déjà été battu, le premier
engrais a produit 25 hectolitres, et le second 23 par hectare. On a récolté de fort bel
escourgeon, de l'orge de printemps et de
l'avoine. Les avoines d'hiver, qui avaient été
faites sur des terres restées en friche pen-

dant plusieurs années, ont produit, sans aucune fumure, 36 hectolitres. M. Malingié compte planter une dizaine d'hectares de ses moins bonnes terres calcaires en topinambours, qui ont rendu un si grand service à ses 280 brebis, dont il a eu 280 agneaux ; car il y a eu un assez grand nombre de doubles parts, pour remplacer ceux des agneaux qui ont péri. Les agneaux sont fort beaux ; ils ont reçu, âgés d'un mois, un demi-litre de son ; plus tard, on a ajouté un peu d'avoine, et, lorsqu'ils ont été sevrés, 100 grammes de tourteau de lin.

M. Malingié n'a vendu cette année qu'une douzaine d'agneaux pour faire des béliers et en a conservé le même nombre pour être vendus antenais. Ses métayers se sont servis de ses béliers, aussi de race charmoise, et ils sont enchantés du résultat de ce croisement. M. Malingié a de beaux attelages de juments et de bonnes vaches de pays. Il espère pouvoir bien nourrir 1,200 brebis et leur suite ; Il vendra ses antenais, après leur engraissement, vers l'âge de 15 à 18 mois. Il a reçu, à son entrée dans la ferme, 12,000 fr. de cheptel et l'a déjà augmenté de beaucoup.

Voici la manière dont il sème ses betteraves, dans lesquelles je n'ai pas vu de manques : il forme des billons à la Northumberland ; on y dépose le fumier, et, ayant reformé ces billons sur le fumier, il fait passer un léger rouleau ; chaque billon est suivi par un homme qui pose d'abord son pied à plat et enfonce ensuite son talon à l'endroit où la pointe du pied s'était imprimée, et continue

ainsi d'un bout à l'autre; une femme suit et
dépose dans chaque trou trois ou quatre
graines de betteraves; puis vient une autre
femme portant un panier rempli d'un compost très-fertilisant, dont elle dépose une
poignée sur les grains. On sème de la même
manière le maïs, le sorgho de Chine, les haricots, les pois ou les féveroles.

Je suis allé de là visiter la remarquable
fonderie de Mazières, construite, ainsi que
son charmant village, à la porte de Bourges,
il y a quelques années, par le marquis de
Vogüé, qui s'intéresse tant à son œuvre, qu'il
vient la visiter tous les mois.

L'avenue de cette fonderie a une direction
perpendiculaire à la route; elle est bordée de
vingt jolies maisons d'ouvriers très-conforta-
bles et isolées les unes des autres par des
jardins; on y trouve aussi une caserne, et
le tout peut loger 300 ouvriers. On coule
dans cette usine les fontes pour charrues ou
autres instruments agricoles, dont on envoie
les modèles. J'ai demandé combien on faisait payer les disques de rouleaux Croskill;
on m'a dit 40 fr. les 100 kilogrammes, cela
m'a paru bien cher.

Je me suis rendu le même jour à la Folie-
Bâton, à environ 4 kilomètres de l'autre côté
de Bourges, chez M. Radat, qui a loué, il
y a trois ans, une petite ferme, près Bourges,
et y a établi une vacherie de 35 bêtes pour
fournir du lait en ville; il fait aussi d'excellents fromages. M. Radat vient de louer
une seconde ferme, près la Folie-Bâton; elle
contient 80 hectares, dont le quart est en

prés. Il paye 8,000 fr. de loyer. Une partie
de ces prés sont tourbeux, et ils sont tous
fréquemment inondés. Les terres n'ont pas
beaucoup de profondeur; elles sont très-
calcaires. M. Radat a labouré ses prés pour
les cultiver en betteraves, et il va monter
une distillerie. J'ai vu de fort belles racines
dans les parties du pré assez élevées pour
avoir échappé à l'inondation du mois de juin
1854. Plusieurs attelages étaient occupés à
transporter des terres, prises dans les champs
où se trouve une plus grande épaisseur de
terre; on la répandait sur les parties tourbeuses des prés, et les mêmes tombereaux
remmenaient des vases, curures ou berges
de fossés, qu'on mettait sur les parties les
moins bonnes des champs. Ce serait une excellente opération pour un propriétaire aisé,
mais elle me paraît bien coûteuse pour un
jeune fermier qui paye un loyer très-élevé
pour le Berry et le genre de terre qu'il a
loué.

M. Radat compte employer les bonnes
terres à produire des betteraves, et celles
qui ont peu de fond des topinambours. Le
propriétaire, M. Perraut, avait construit une
vacherie très-commode; il y tenait vingt et
quelques vaches flamandes et hollandaises
d'une grande beauté. M. Radat m'a dit qu'il
avait loué cette ferme si cher pour se débarrasser de la concurrence que M. Perraut
lui faisait comme nourrisseur. M. Perraut
augmente les étables de manière à pouvoir
loger 50 vaches. Le lait se vend en ville de
de 15 à 20 centimes le litre. Le propriétaire

18.

a construit un grand bâtiment qui sera occupé par la distillerie et va faire faire une
habitation pour le fermier, voulant se réserver sa maison d'habitation. M. Radat ne
veut tenir que de bonnes vaches de pays,
qui lui coûtent, en moyenne, 240 fr. Elles
lui fournissent, en 365 jours, une moyenne
de 7 litres de lait ; les flamandes, dit-il, arrivent à une moyenne de 12 litres, mais elles
coûtent de 500 fr. à 600 fr. Parmi celles de
M. Perraut, que M. Radat a reçues en cheptel,
quelques-unes donnent de 25 à 30 litres à
nouveau lait ; il n'élève pas, mais il engraisse
les vaches qui ne donnent pas assez de lait.

Je me suis rendu le lendemain 12 octobre
à la colonie pénitentiaire de la Loge, station
de Bengy, sur le chemin de fer de Bourges
à Nevers, dont M. de la Marlière, un ancien
élève de Grignon, est le directeur. Il était
malheureusement absent. Madame eut la bonté
de me donner un contre-maître de culture,
qui me fit visiter une partie des terres et les
bâtiments.

Cette ferme s'étend sur 700 hectares, dont
la plus grande partie est en terres calcaires
pierreuses, et ayant peu d'épaisseur. L'ūsage
du pays est de faire au moins quatre récoltes
de céréales de suite, jusqu'à ce que les terres
soient complétement épuisées, puis on les
abandonne à leur malheureux sort, sans
rien y semer, et elles servent de triste parcours aux moutons.

La meilleure partie de la propriété que
M. Arnaud a louée, à moitié perte et profit,
à M. de la Marlière, est un ancien étang d'une

étendue d'environ 200 hectares qu'on a mis, il y a longtemps, en prés, dont 150 hectares se fauchent, et le reste sert de pâture. Ces prés, étant très-souvent inondés par la petite rivière qui les parcourt, ne donnent pas de bon foin; aussi n'engraisse-t-on pas de bétail sur cette immense ferme, dont près du tiers est en prés. Il y a cinq ans que M. de la Marlière, bien jeune encore, s'est chargé de cultiver cette ferme comme colon partiaire. Le propriétaire a profité de l'inexpérience du jeune cultivateur, sorti depuis peu de Grignon, pour lui imposer des conditions très-dures. M. Arnaud prend moitié de tous les grains et graines récoltés dans la ferme; il reçoit 60 kilogrammes de beurre, 12 canards, autant de dindons, 48 poulets et 2 litres de lait tous les jours de l'année, ainsi qu'un attelage de deux chevaux et leur conducteur nourris par le fermier, quoiqu'ils travaillent toute l'année pour M. Arnaud. Les nombreux cochons qu'on élève ici doivent tous être vendus pour en partager le prix de vente.

M. de la Marlière n'a le droit d'engraisser chaque année que trois cochons, qu'il est obligé d'acheter, ne pouvant pas les prendre dans ceux qu'il a élevés. C'est le propriétaire qui se charge de la vente et de l'achat des bestiaux. M. de la Marlière ayant voulu élever bonne partie des veaux, vu la grande cherté du bétail, M. Arnaud s'y oppose, parce qu'il préfère vendre des veaux de boucherie. Il ne consentirait à l'achat d'un taureau durham, de béliers southdowns et de verrats anglais, qu'autant que le fermier les achète-

rait de ses propres deniers ; il en est de même
pour l'achat du guano ou d'autres engrais.
Lorsque M. de la Marlière vit l'impossibilité
de se procurer les journaliers indispensables
pour sa culture, la ferme se trouvant fort
éloignée des villages qui l'entourent, il eut
l'idée d'établir une colonie disciplinaire;
M. Arnaud ne consentit pas à partager les
frais de constructions, qui se sont élevés,
jusqu'à cette heure, à la somme de 25,000 fr.
Le travail des 120 colons profite pour moitié
au propriétaire, qui ne contribue en rien à
leur entretien ; il ne consent même pas à ce
qu'on prenne du bois sur sa propriété pour
le chauffage des colons.

Le cheptel se compose de 6 chevaux, autant de mulets, 12 bœufs, 30 vaches, peu
d'élèves et 1,200 bêtes à laine. On vend les
bêtes de réforme du troupeau en même temps
que les antenais. J'ai vu une douzaine d'hectares en récoltes sarclées, très-bien cultivées
et propres. On m'a dit que les pommes de
terre réussissaient fort bien et n'étaient point
gâtées. Les colons battent les céréales du
fermier au fléau ; le propriétaire a monté une
machine à battre à la vapeur de la force de
5 chevaux ; elle emploie 12 ouvriers payés à
1f.25, et elle consomme 8 hectolitres de
charbon coûtant 1f.75, pour battre de 25 à
30 hectolitres de froment en 12 heures de
travail. Le contre-maître est du Poitou, comme
M. de la Marlière, il m'a dit qu'il n'y avait
guère sur la propriété qu'une vingtaine d'hectares susceptibles de produire de la luzerne,
mais qu'on avait une grande étendue en sain-

foin qui se fauchait pendant deux ans, et qui servait de pâture pendant le même espace de temps ; on le sème dans un froment de mars qui vient après un froment d'hiver, lequel a reçu 25 mètres cubes de fumier par hectare, ce qui est bien peu ; mais dans une ferme aussi étendue, prise dans un état d'épuisement complet, et avec aussi peu de bétail, comparativement à l'étendue, je conçois qu'on n'ait pas plus de fumier à donner aux terres. Il n'y a, dans une pareille position, que le guano, les chiffons de laine et l'engrais musculaire achetés pour de fortes sommes, qui pourraient aider à remettre une telle propriété sur un bon pied de culture. Il faudrait ajouter à cela une grande quantité de tourteaux pour bien nourrir le bétail, en augmenter de beaucoup le nombre, et faire considérablement de bon fumier.

Je comprends que MM. Malingié et de la Marlière, n'aient pas pu, étant fermiers partageants avec leurs propriétaires, employer des engrais achetés, ces derniers ne voulant pas contribuer pour leur part à cette dépense ; mais je regrette que ces deux jeunes cultivateurs n'aient pas au moins fait des essais en petit des divers engrais qu'ils pourraient se procurer, et surtout du guano, car les résultats de cet engrais merveilleux et ceux des chiffons de laine, aussi un des meilleurs engrais connus, eussent, je pense, prouvé aux propriétaires qu'il était de leur intérêt de consentir à cette dépense. Les terres fumées à l'usage des fermiers du Berry, qui rendent au plus 12 ou 15 hectolitres de froment par hectare, en donneraient au moins 24 si on avait ajouté 200 kilogrammes de guano à la fumure ordinaire, sans du reste rien changer à la culture usuelle.

Il y a dans cette propriété 150 hectares de terres calcaires et pierreuses, ayant peu de fonds; on ne les fume jamais, d'abord parce qu'on n'a pas assez de fumier pour les autres terres, ensuite parce qu'elles sont situées aux extrémités de la propriété, et à une très-grande distance. On les laboure tous les 6 ou 8 ans pour y semer de l'orge, qui ne produit guère que la semence; cela sert de pâturage aux bêtes à laine, qui gagnent plutôt de l'appétit en s'y rendant qu'elles ne s'y rassasient. Si l'on semait avec l'orge 300 ou 400 kilog. de guano et un pâturage composé de sainfoin, de trèfle blanc, du rouge, de la lupuline, du ray-grass anglais et de la fétuque ovine, ce pâturage nourrirait fort bien le double ou le triple de bêtes à laine, et l'orge donnerait du profit au lieu de porter préjudice; on renouvellerait cette semaille d'orge et de pâturage tous les quatre ans, en changeant les semences destinées à produire la pâture pour que la terre ne s'appauvrisse pas. Les chevaux de M. de la Marlière, qui sont bons et forts, reçoivent par jour un double décalitre d'avoine et autant de son, tandis que les mules, qui, à la vérité, ne sont pas de même taille que les chevaux, ne reçoivent qu'un double décalitre de son et sont cependant en bon état.

Les bâtiments de la colonie, construits par M. de la Marlière, sont faits pour loger 150

colons et 10 employés. Il existe 8 cellules
pour les récalcitrants, des hangars contenant
des ateliers de menuiserie, charronnage et
forges ; les 8 employés à la colonie comme
surveillants sont nourris, logés, blanchis et
ont 400 fr. Il y a un jardinier, un menuisier,
un charron, un forgeron, un boulanger, deux
maîtres d'école, un cuisinier, un tailleur et
un meunier, car la petite rivière fait tourner
un petit moulin, qui moud tout le grain consommé par ce nombreux personnel, lequel
reçoit 3 livres de pain en moyenne ; il faut
3 hectolitres de grain par jour. Un comptable
est à la tête de la colonie.

De là je suis allé coucher chez M. Louis
Massé, le fameux éleveur de Chorollais, qui
demeure au château de Marteau, à 2 kilomètres de la petite ville de la Guerche : toutes
les personnes qui lisent les journaux d'agriculture connaissent cet homme distingué,
cet excellent cultivateur si fin connaisseur en
bétail ; chaque fois que j'ai le plaisir de le
visiter, je trouve des animaux encore plus
remarquables que ceux que j'avais tant ad-
mirés lors de ma dernière visite. M. Massé
m'a fait voir trois jeunes bœufs, âgés d'environ 30 mois, destinés au Concours de
Poissy ; ils sont énormes et déjà fort gras,
quoique rentrés récemment de l'herbage ;
ils m'ont paru avoir des formes admirables,
particulièrement un d'eux ; un autre, qui
n'est pas si bien fait, sera d'un poids extraordinaire ; il l'estime déjà à 600 kilog. de
viande nette, et les deux autres à 500 kilog.
Son taureau et les 10 vaches de choix, qui

ne sortent de l'étable que pour boire, sont
d'une beauté extraordinaire; il s'en trouve
parmi elles qui mesurent 0ᵐ.66 d'une hanche
à l'autre. Ces bêtes, blanches comme neige,
grasses à pleine peau, méritent l'admiration
de tout amateur d'agriculture. On les lave
tous les jours depuis les reins jusqu'au bas
des pieds de derrière.

M. Massé vend les vaches de 8 ou 9 ans
aussi cher que si elles avaient été engraissées,
c'est-à-dire de 500 à 600 fr., à des propriétaires du pays, qui veulent améliorer leur bétail. La pleuropneumonie ayant été apportée
par des vaches venant de loin chez un de ses
voisins, qui ne fait qu'engraisser du bétail,
ces vaches infectées ont communiqué cette
terrible maladie à travers les haies des enclos, non-seulement aux vaches de M. Massé,
mais encore à celles de M. Tachard, qui est
bien connu pour son énorme et très-belle
vacherie durham, et dont un des herbages
touchait aussi celui du fermier dont l'étable
était infectée. M. Massé a perdu 2 vaches et
2 veaux, et il a été forcé de vendre 2 vaches
à perte à des bouchers, et de faire tuer
7 veaux chez lui, pour les envoyer à Paris. Il
m'a fait voir dans les herbages les 12 veaux
qu'il a pu conserver; ils sont fort beaux, un
parmi eux est si fort, quoique n'ayant que
8 mois, qu'il assure qu'il donnerait, tel qu'il
est, 200 kilos de viande nette. M. Yvart a été
envoyé chez MM. Massé et Tachard par le
ministre de l'agriculture, lorsqu'il eut appris
que la pleuropneumonie était dans leurs
étables, et M. Yvart a engagé fortement ces

messieurs à faire inoculer leur bétail lorsqu'ils sauraient que cette formidable maladie
existe dans les environs.

M. Massé engraisse une vingtaine de bœufs,
y compris les trois destinés au Concours
de Poissy. Il a toujours des cochons noirs
de race Essex et des volailles venues de la
Chine, qui ne sont pas tout à fait si grosses
que celles de Cochinchine, mais qu'il assure
être préférables, car on n'a pas besoin de les
tuer d'avance pour les manger tendres.

M. Massé vient de construire un four à
chaux contre la chaussée d'un grand étang
desséché depuis longtemps; ce four a près de
6 mètres de haut à l'intérieur, il doit lui
fournir 30 hectol. de chaux par 24 heures; il
va chauler toutes ses terres fortes à raison
de 150 hectol. à l'hectare. Il a si bien réussi
dans plusieurs essais de drainage, qu'il a
pris la résolution d'en faire drainer chaque
année 10 hectares. Un de ses voisins,
M. Ries, qui est du pays de Galles, où il va
de temps en temps, a apporté il y a sept ans
un peu de froment blanc à M. Massé, avec
lequel il est lié. Ce froment, cultivé depuis
lors, a si bien réussi et produit tant, que
M. Massé n'en cultive plus d'autre; il en
vend chaque année une grande quantité
comme semence, dont une partie lui est de-
mandée de fort loin; cet automne il en a
vendu plus de 300 hectol. pour être semé;
il en a récolté 800 hectol. sur 22 hectares,
ce qui fait plus de 36 hectol. par hectare en
moyenne; il assure qu'il lui en donne habituellement au moins 30 par hectare. Ce fro-

ment blanc, à paille rouge, est très-beau, a peu de son et verse très-difficilement ; il supporte donc de fortes fumures.

M. Massé a acheté une machine à battre de Cumming, d'Orléans, qui coûte, prise sur place, 1,800 fr. Il va acheter une machine à faner et un râteau à cheval, car la main-d'œuvre est devenue si rare et si chère depuis quelque temps, qu'il est nécessaire d'avoir recours aux bonnes machines. Les faucheurs ont gagné 4 et même 5 fr. et nourris par jour ; la moisson faite à la faucille lui a coûté 48 fr. en ne comptant pas la nourriture des 12 hommes qui abattaient un hectare par jour ; cela fait 60 fr. pour moissonner un hectare. Cette augmentation excessive des journées est due à l'immense extraction de minerai de fer qui se fait en Berry. On sera forcé d'en arriver à avoir des machines à moissonner, qui sont depuis longtemps d'un usage général dans l'Amérique du Nord. M. Massé a été forcé de payer ses faneuses 1 fr. et de les nourrir. Il espère pouvoir faire faire désormais sa moisson par des piqueteurs à la sape.

J'ai vu chez lui 12 hectares de fort belles betteraves, dont une partie donnera bien 50,000 kilogr. à l'hectare ; le reste de cette culture produira de 30 à 36,000 kilogr. Il ne compte donner à ses bœufs, en dehors de ceux de concours, que du foin et des betteraves. Il leur en faut, dit-il, dans le commencement, 100 kil. par jour, mais plus tard ils n'en consommeront plus que 60 kilogr. et 7^{kil}.5 de foin. Ceux de concours mangent moins de racines,

mais reçoivent 4 kilogr. de tourteaux de
colza, 2 kilogr. de farine, et des rations
égales de féveroles et d'orge.

M. Massé a un petit rouleau squelette; je
l'ai engagé à en faire faire un gros de Kros-
kill, car ses terres sont très-fortes. Il a eu au
Concours de Paris, pour les reproducteurs,
un premier et second prix pour les vaches
charolaises, et le premier prix pour son
taureau de même race, tant à Nevers qu'à
Paris. M. Adolphe Massé, son neveu, qui est
avocat à Bourges, se trouvant chez son on-
cle, voici ce que j'ai appris de cet habile
arboriculteur : il s'occupe depuis longtemps
de cette partie fort intéressante et se trouve
en correspondance avec un assez grand
nombre de célèbres horticulteurs. Il m'a dit
qu'il mettait dans chaque trou d'arbre qu'il
plante 2 kilogr. de chiffons de laine qu'il fait
mélanger avec la terre avec laquelle on rebouche le trou; il en donne chaque année 1 kil.
aux pêchers et autres arbres privilégiés.

Nous sommes allés, M. Massé et moi, faire
une visite à M. Tachard, à la Guerche, où il
habite, tout en cultivant une grande ferme
principalement en herbages, à près d'une lieue
de cette ville; il était absent. La pleuropneumonie l'a forcé de vendre 6 bœufs sur 10 qu'il
préparait pour Poissy, il en a perdu 1, et il
ne lui en est resté que 3 pour le Concours.
Il a également perdu deux vaches dans ses
herbages; la pleuropneumonie existe encore
dans le pays, dit-on, et on n'inocule pas !
Combien les meilleures choses ont de la peine
à prendre !

M. Massé m'a conduit ensuite chez M. Ries,
qui dirige les hauts fourneaux de la famille
Boigne de Fourchambeaut, depuis 30 ans.
Ayant été cet été dans son pays, il en a encore rapporté plusieurs échantillons de froment qui lui ont été très-recommandés.
M. Ries aimant beaucoup le jardinage, a créé
un grand potager planté de fort beaux arbres
fruitiers, dans des terres abandonnées et de
la plus mauvaise qualité, qu'il a su rendre
très-productives en les faisant défoncer, et
en les couvrant avec des composts formés
de cendres de houilles mélangées de chaux
et des vidanges de ses ouvriers; il a garni
son jardin de tonneaux défoncés, placés verticalement en terre, dans lesquels il a amené
les eaux provenant de sa machine à vapeur,
ce qui lui permet d'arroser facilement. Il s'est
construit une serre peu coûteuse, composée
de trois murs formés de moellons, qui sont
recouverts d'une toiture en chaume et d'un
vitrage. M. Ries améliore tous les ans une
certaine étendue de terre, qu'il cultive après
l'avoir fumée avec le compost dont il vient
d'être question.

Je suis allé coucher à Nevers, d'où je me
rendis le lendemain matin, 16, à la magnifique sucrerie de Plagny, qu'une société formée d'habitants du département du Nord vient
d'ériger à 5 kilom. de la ville. Elle est connue
sous la raison de MM. Bernard, Lequin et Har-
pigny; on m'a dit qu'elle pourrait employer
par an 50 millions de kilogr. de betteraves, si elle parvient à se les procurer,
tant pour en fabriquer du sucre que pour

la distillation. Un des directeurs pria un
des employés de me faire parcourir cette
belle usine, qui pourra, m'a-t-il été dit, râper
120,000 kilogr. et distiller 40 hectol.
d'alcool par 24 heures. Cette année, on
ne fera que distiller, car on n'a pas encore
pu obtenir une culture de betteraves assez considérable ; lorsque les deux fabrica-
tions marcheront ensemble, on emploiera
250 ouvriers de jour et autant de nuit. Les
hommes gagneront ici 1 fr. 50 et les femmes
85 centimes, à partir de demain, jour où
M. Dubrunfaut, qui est attendu, doit mettre
la distillation en train. On m'a dit que cet
établissement avait coûté plus d'un million
et demi. Je n'ai vu qu'un énorme appareil de
distillation, avec plusieurs rectificateurs ; les
tonnes pour la fermentation des jus sont couvertes. Je n'ai aperçu que six toupies pour la
séparation des mélasses d'avec la cassonade,
et n'ai point vu de grandes toupies qui servent chacune à purger en une demi-heure
une quarantaine de pains de sucre. J'ai
aperçu beaucoup d'appareils à faire sécher les
cossettes de betteraves. L'habitation a un
rez-de-chaussée et un premier ; c'est un bâtiment double qui a 12 croisées à chaque
étage de la façade. Les betteraves qu'on
amoncelait dans les cours et celles que beaucoup de voitures que j'ai rencontrées sur la
route transportaient à la sucrerie m'ont paru
généralement petites ; la grande sécheresse
de l'été, qui persévéra en automne, et le peu
d'habitude de cultiver des betteraves dans ce
pays, devaient en être les causes. J'ai vu une

étable faite pour contenir une quarantaine de bêtes, destinée, je suppose, aux bêtes de trait.

J'ai repris le chemin de fer pour retourner sur mes pas, et je me suis arrêté à la dernière station avant d'arriver à Bourges, pour visiter la colonie pénitentiaire de Moulin-sur-Yèvre, établissement très-considérable que M. Lucas, inspecteur général des prisons, a formé dans un marais tourbeux placé entre deux plateaux de terres très-calcaires; les beaux bâtiments sont faits pour loger 350 garçons; il pourront bientôt en loger 50 de plus. M. Lucas, habitant en été une terre qu'il possède à quelques lieues, est remplacé ici par un directeur, qui était allé à Bourges; le jardinier, M. Michel Ramier, qui est le chef de culture, car jusqu'à ce jour on y a fait plutôt de l'horticulture en grand que de l'agriculture, m'a fait voir 8 hectares de très-belles carottes et à peu près la même étendue en betteraves moins bien réussies, une forte récolte de haricots qui donnera environ 80 hectol., devant être consommés par les colons. J'ai visité 14 hectares de colzas repiqués, une grande étendue de ray-grass d'Italie, un fort beau champ de citrouilles, de quatre variétés, les unes plus belles que les autres.

Ce qui m'a le plus frappé dans cette propriété, c'est la manière d'employer une espèce de marne, ou plutôt de terre mêlée de petites pierres calcaires, qu'on prend des deux côtés de cette vallée, au moyen de deux petits chemins de fer qu'on a établis en po-

sant des barres de fer larges de 0ᵐ.06 et d'une
épaisseur de 0ᵐ.015 sur des traverses dans
lesquelles les barres se trouvent enfoncées
de 0ᵐ.03; on se sert, pour transporter ces
terres, de petits waggons qui contiennent
1ᵐ.50. Trois de ces waggons sont attachés
ensemble, et lorsqu'ils sont pleins, un garçon
monte sur le dernier, qui est armé d'un frein,
au moyen duquel le jeune conducteur enraye
à volonté s'il trouve que le train va trop vite,
ou lorsqu'il est arrivé à l'endroit convenable
pour arrêter; le signal donné, on ôte les
pierres qui calent les roues, et le train descend la petite pente jusqu'à la rivière, si on
ne juge pas à propos de l'arrêter plus tôt,
pour le décharger; ces trois waggons ne peuvent se décharger que d'un côté. Sur mon
observation, que j'en avais vu en Campine
occupés à la formation de prés qui devaient
être irrigués, waggons qui avaient le mérite de
verser leur charge aussi bien d'un côté que
de l'autre, on m'a dit que les trois qui sont
placés sur l'autre chemin de fer, qui existe
sur la rive opposée de l'Yèvre, sont faits ainsi.
Lorsqu'on a garni les deux côtés du chemin
de fer d'une suffisante quantité de terre calcaire mêlée de petites pierres, pour former une épaisseur de 0ᵐ.015 à 0ᵐ.020 on
amène de la bonne terre pour couvrir la
première de 0ᵐ.03 ; 3 hommes démon-
tent le chemin de fer et vont le reposer à la
distance convenable pour améliorer une nouvelle bande de ce marais tourbeux. Ces 3
hommes peuvent, en une journée, démonter,
transporter et reposer 100 mètres de ce che-

min de fer. On sème ensuite, en temps convenable, sur cette terre rapportée, de la graine
de foin pris dans les greniers du pays où il y a
du bon foin, et l'on y ajoute un peu de trèfle
rouge et blanc, ainsi que de la lupuline. On
ferait bien d'y mettre aussi du trèfle hybride
ou de Suède, qui est vivace, dure plusieurs
années et ne craint pas les terres humides.

Cette longue et coûteuse, mais excellente
opération, transforme des marais tourbeux
couverts jusqu'alors d'un pâturage aigre,
que le misérable bétail qu'on y met ne consomme que pour ne pas mourir de faim, et
qui contribue plutôt à faire tarir le lait des
vaches qu'à l'augmenter, transforme, dis-je,
ce terrain inerte en bons prés, car l'assainissement marche de front avec cette amélioration. Les colons ont déjà défriché, en bêchant
ou par écobuage, près de 100 hectares de ce
marais ; il en reste encore autant à améliorer. Comme il est très-poreux, des garçons
de 10 à 12 ans peuvent le bêcher profondément L'assolement adopté avant le marnage
est le suivant : 1re année, haricots plantés
sur une forte motte de fumier qu'on recouvre de tere ; 2e année, colza repiqué sur une
fumure de 30 mètres cubes de fumier, qui vient
en grande partie du quartier du régiment
d'artillerie en garnison à Bourges, lequel est à
près de 12 kilomètres de la colonie ; 3e sole,
carottes, betteraves, panais, pommes de
terre et potirons; le chanvre y viendrait a
merveille, si on lui allouait 600 kilogr. de
guano par hectare ; enfin, dans les 4e et 5e
soles, du ray-grass d'Italie, auquel on donne

40 à 50 hectolitres de cendres lessivées; il
vient très-beau. On a fait venir ici des marais
du Poitou qui, après dessèchement, sont devenus très-fertiles et forment d'excellents
prés, un taureau et des vaches d'une grande
espèce, qui font une fort triste figure lorsqu'on les chasse malgré elles sur les maigres
pâtures tourbeuses non encore améliorées.
Maintenant qu'on paraît pouvoir bien les
nourrir, depuis qu'on a des racines, des potirons et d'excellent ray-grass sans oublier le
foin des nouveaux prés, on ferait bien de
faire comme M. Bouscasse, directeur de la
ferme-école de Puylboreau, près la Rochelle,
qui a donné à ses vaches des marais du Poitou un taureau bien écussonné de race Durham, et qui a une quinzaine de vaches croisées, dont la moindre donne à nouveau lait
12 litres et la meilleure 30 ; on ferait bien
ensuite de s'en tenir au premier croisement,
c'est-à-dire de donner aux génisses de demi-
sang un taureau bien écussonné du même
croisement, ou bien un beau taureau de race
du comté d'Ayr à celles de ces vaches croisées durham qui ne donneraient pas assez de
lait, comme le fait avec succès M. Rieffel,
directeur de la ferme régionale du Grand-
Jouan.

On ferait bien d'adopter ici la culture
des choux branchus de Poitou et celle des
topinambours, pour aider à la nourriture
des vaches, car il est essentiel de faire beaucoup de fumier sur place. Non-seulement le
transport de ce fumier qu'on fait venir de si
loin le rend trop cher, mais encore il est im-

19

possible d'en approcher autant qu'il en faudrait dans cette grande propriété, qui vient
d'être augmentée par une ferme assez considérable sur la rive gauche de la rivière. On devrait
donner à ces choux et au colza du noir animal, cela les ferait très-bien venir, et acheter
beaucoup de guano et de chiffons de laine,
car toute la propriété eût été défrichée il y
a déjà longtemps si les engrais ne lui avaient
pas manqué.

Je me rendis de là à pied à Bourges,
d'où la diligence, qui devait me conduire
encore ce soir fort tard au château de
Loroy, partait peu de temps après mon arrivée. J'ai visité le lendemain matin avec
M. Lupin la ferme de la Brossette, qui se compose de 180 hectares, dont 13 en prés; elle
est, ainsi que celle de la Fontenille, qui a
260 hectares, sous la direction de M. Grenier,
un ancien fabricant de sucre et distillateur
belge des environs d'Ath. Cet excellent cultivateur est occupé de monter deux distille-
ries, l'une à Loroy et l'autre à la Brossette, où
il réside : celle-ci a pour moteur une machine à vapeur de la force de huit chevaux,
et l'autre aura une chute d'eau : ces deux
moteurs, de genres différents, feront aussi
marcher les machines à battre et autres accessoires d'une ferme bien montée, sans oublier une paire de meules pour la farine à
pain, et une autre pour moudre les grains
destinés à la nourriture du bétail des six
fermes que fait valoir M. Lupin. On a fait
cette année une soixantaine d'hectares de
betteraves à sucre pour être distillées ;

mais on compte en doubler l'étendue l'an
prochain, sans oublier les topinambours,
qu'on cultivera dans les terres trop légères
pour les betteraves. J'ai visité avec plaisir
à la Brossette une étable contenant 30 belles
vaches et génisses normandes, ou croisées
durham, 1 taureau de cette dernière race,
400 brebis provenant presque toutes du croisement southdown-crevant. M. Lupin a tiré
un bélier de la bergerie de lord Ducy, et les
autres de celle de M. Saxby. Ce dernier a
vendu les siens 250 francs la pièce. On tient
encore dans cette ferme 6 belles truies de
sang mêlé essex-napolitain, new-leicester et
berkshire, dont une partie a été acquise au
château de la Motte-Beuvron, qui a plusieurs
races de cochons anglais, et qui les vend
40 francs la paire.

M. Lupin a l'intention de faire revenir les
betteraves tous les quatre ans sur ses meilleures terres, en leur donnant 30,000 kilogrammes de fumier et 300 ou 400 kilogrammes de guano. En Ecosse, on met de
30,000 à 50,000 kilogrgrammes de fumier
et de 300 à 500 kilogrammes de guano,
suivant la qualité des terres. Plus on fume
les récoltes sarclées, plus on récolte. On
tient sur cette ferme 14 chevaux : je
pense que, pour une culture intensive, il ne
faut compter que de 8 à 10 hectares par tête
de cheval, car, si on se trouve une fois en
retard pour les travaux de culture, on ne
peut plus rattraper le temps perdu, à moins
d'augmenter les attelages, et je crois que
pour ne pas se trouver surchargé de chevaux

en hiver, où l'on a de la peine à leur trouver un emploi utile, on devrait acheter, au moment de la récolte des colzas, des bœufs de travail de manière à en avoir quatre par charrue, deux faisant une longue attelée le matin, et les deux autres celle du soir; de cette manière ils peuvent, étant bien nourris, se mettre en chair tout en travaillant et s'engraisser facilement pendant l'hiver; car, en culture, il est très-essentiel de faire tout à temps, et pour cela il faut être bien attelé. Nous avons été, M. Lupin et moi, visiter le lendemain matin la ferme de la Fontenille, où j'ai vu une vingtaine de fort belles vaches venant aussi en partie d'un croisement durham.

Il existe dans cette ferme, qui a bien des terres assez légères et saines, beaucoup de luzernières; on compte faire dans les plus mauvaises des topinambours pour être distillés. Il y a à la Fontenille un troupeau de 600 brebis provenant en majorité de croisement southdown, et le reste de béliers dishleys. Dans ce moment, on se sert aussi de béliers southdowns - dishleys; le troupeau d'antenais et celui d'agneaux y sont encore considérables, et les nouveaux agneaux commencent à venir le 18 octobre. A Loroy, non loin du château, pour obtenir une chute suffisante, on est occupé à creuser un canal souterrain, qui aura jusqu'à 4 mètres de profondeur; on y met des tuyaux en terre cuite, dont le diamètre intérieur est de $0^m.28$, et la longueur de $0^m.30$; ils coûtent, pris sur place, 83 centimes, car ils ont été faits à la

main et s'emboîtent les uns dans les autres.
Il y a dans la ferme du château une quarantaine de fort belles vaches durham, dont 5
ou 6 sont de pure race, et le reste croisé.
M. Lupin a fait venir d'Angleterre un taureau durham de couleur blanche, qui descend d'un taureau du fameux M. Bates de
Kirkleavington-Yorskhire ; ce très-bel animal a sailli depuis son arrivée la plus grande
partie des 100 vaches qui existent sur la
propriété, et j'ai vu une trentaine de veaux
de sa façon qui promettent beaucoup.

M. Lupin élève depuis bien des années des
chevaux de luxe provenant d'étalons de pur
sang avec des juments normandes qui font
les labours. Il a obtenu cette année une vingtaine de poulains, et a une quarantaine de
juments qu'on croit pleines. On a profité de
la grande et très-longue sécheresse de l'été
et de l'automne, pour beaucoup marner, car,
dans diverses parties de cette propriété d'environ 1,300 hectares, il existe d'excellentes
marnières à ciel ouvert, dans une seule desquelles on peut faire des galeries souter-
raines ; on met ici 50 mètres de marne par
hectare dans les champs peu éloignés des
marnières ; dans les autres, on chaule à raison
de 100 hectolitres. M. Lupin, n'ayant pas de
pierre calcaire sur sa propriété, ni près de
là, a acheté un petit champ le long de la
route qui conduit à Bourges ; il est à 12 kilomètres de chez lui. Il contient une immense
quantité de bonne pierre à chaux grasse ; il
y a construit un four dans lequel on fait une
cinquantaine d'hectolitres de chaux par vingt-

19.

quatre heures, qui ne lui revient guère qu'à
65 centimes l'hectolitre, quoiqu'il y ait encore 16 kilomètres du four à chaux à Bourges, où il lui arrive de temps en temps un
bateau entier chargé d'anthracite venant de
Commentry.

M. Lupin a construit dans les deux dernières années quatre très-grands bâtiments
servant de bergeries ou de granges, qu'il a
fait couvrir en papier appliqué sur la volige
à partir du bas de la toiture : d'abord la
première feuille d'un pignon à l'autre, la
seconde posée comme la première, mais en
recouvrant à moitié celle-là, et ainsi de suite
jusqu'au faîte de la toiture; lorsque l'autre
côté est garni de même de papier, on met
deux feuilles l'une sur l'autre, et, étant en-
duites entre deux de goudron de gaz, à
cheval sur le faîte, en sorte que la moitié
descend sur un versant et l'autre moitié sur
l'autre.

On donne ensuite deux couches de goudron de gaz, la seconde, lorsque la première
a eu le temps de sécher; et chacune doit
avoir reçu de suite après la couche de goudron un peu de sable de rivière; on doit
donner par la suite, chaque année, une nouvelle couche de goudron de gaz et la saupou-
drer de même. Un perfectionnement veut
qu'on donne à chaque feuille de papier
taillée de la longueur de la toiture, prise en
travers de ladite toiture, une couche de goudron, et qu'on applique le côté goudronné à
l'instant sur la toiture garnie de voliges, la
seconde feuille aussi goudronnée recouvrant

la première à moitié, et ainsi de suite jusqu'en haut ; le toit, étant recouvert du papier
goudronné en dessous, reçoit ensuite la couche de goudron par-dessus, et, après, le
sable, les bandes de papier sont fixées au
moyen de clous à larges têtes ; de cette manière, on peut faire des charpentes infiniment plus légères, par conséquent, des toitures bien moins coûteuses que si l'on
employait de la tuile ou des ardoises. Il
existe des toitures en papier goudronné, depuis une vingtaine d'années, à l'Entrepôt des
douanes, à Paris.

Le propriétaire d'une machine à battre
mue par la vapeur est venu, l'année dernière et celle-ci, battre les grains dans ces
environs. Il fournit la machine et deux hommes, et reçoit 45 fr. par jour ; le cultivateur
nourrit les deux ouvriers, fournit l'huile pour
les engrenages, le charbon de terre et une
trentaine d'hommes ou femmes, et on bat
ainsi environ 1,000 gerbes par jour, ce qui,
avec du bon grain, peut faire 60 hectolitres :
cela est plus cher, je crois, que le battage
fait par les machines Lotz, de Nantes, qui
battent plus de 100 hectolitres par jour ; le
prix de loyer dans l'une et l'autre, au nombre
d'hectolitres que chacune est annoncée battre, ressort à 75 centimes l'hectolitre ; mais
celle qui bat au moins 100 hectolitres n'exige
pas plus d'ouvriers que celle qui n'en bat
que 60. M. Bret, le régisseur des quatre
fermes qui ressortent du château de Loroy,
m'a dit qu'ayant appris que le claveau s'était
déclaré dans plusieurs troupeaux du voisi-

sinage, il avait fait inoculer trois vieilles brebis avec du pus pris sur un mouton ayant
le claveau, qu'il s'était servi du pus pris aux
boutons des bêtes inoculées pour inoculer
ses nombreuses bêtes à laine, et qu'il avait
eu la chance de n'en pas perdre. Il donne à
chacun de ses veaux sevrés deux litres de
farine de graine de lin, qu'on fait moudre en
y mêlant du son ou de l'orge, dont la farine
boit l'huile qui s'échappe de la graine de
lin; lorsqu'on n'a pas de moulin à sa disposition, on peut faire tremper la graine de lin
pendant vingt-quatre heures dans de l'eau
froide; on la fait bouillir ensuite jusqu'à ce
qu'elle soit toute crevée; on assure, dit-il,
qu'elle ne crèverait pas si l'on ne l'avait pas
trempée. M. Bret a appris cette recette dans
son dernier voyage en Angleterre, lorsqu'il
est allé acheter le taureau et les béliers
southdowns.

En passant par Vierzon, je suis allé visiter
M. Gérard, ouvrier mécanicien lorrain, qui,
par son intelligence, son activité et son économie, est depuis quelques années à la tête
d'une manufacture de machines à battre dans
laquelle il emploie 15 ouvriers. Il y a deux
ans qu'il a commencé par établir des machines à battre mues par un seul cheval assez
fort, qui, étant placé sur un plan incliné,
fait tourner en marchant ce plan incliné sous
lui; il en a déjà vendu 40 sur ce modèle à
raison de 900 fr. Elles battent, au moyen de
2 chevaux qui se relayent toutes les deux
heures, de 20 à 25 hectolitres de froment
par jour. Il en fait maintenant de perfec-

tionnées qu'il vend 1,200 fr. M. Gérard vient
de faire confectionner par MM. Renaud et
Lotz, à Nantes, une machine à battre allant
par la vapeur, de la force de 4 chevaux, qui
lui a coûté 5,000 fr. ; il y a fait faire plusieurs changements différents du modèle que
ces messieurs établissent habituellement. Il
loue cette machine aux cultivateurs de ce
pays en recevant le treizième des hectolitres,
et l'on m'a dit que 28 personnes, les chauf-
feurs compris, battaient en huit heures de
travail 100 hectolitres, sans qu'il reste du
grain dans la paille, ni que le grain soit
brisé. Il m'a dit qu'il allait la louer à raison
de 5 hectolitres pour 100 de battus : c'est
lui qui fournit l'huile et le charbon ; il va y
attacher un tarare qui nettoiera le grain à
mesure qu'il sera battu. M. Gérard fabrique
un excellent tarare qu'il vend 120 francs.

Je suis reparti par le chemin de fer pour
la Motte-Beuvron, voulant visiter les drainages qu'on exécute dans cette terre, achetée
par l'Empereur il y a quelques années, et
qui maintenant est administrée par la liste
civile : j'y ai trouvé une dizaine d'ouvriers,
paysans des environs, occupés au drainage
d'un champ sablonneux, dont le sol très-
imperméable avait fait une espèce de marais.
L'endroit m'a semblé très-bien choisi pour
faire voir la puissance du drainage ; dans
une des rigoles, on voyait couler l'eau en
abondance ; j'ai été étonné de voir bien des
rigoles en partie bouchées par des éboulements : ayant demandé aux ouvriers pour-
quoi l'on ne plaçait pas, dans un terrain telle-

ment saturé d'eau, et qui est si sujet aux éboulements, les tuyaux au fur et à mesure qu'on achève une petite étendue de rigoles, ce que j'ai vu souvent faire lorsque le terrain n'est pas solide, et, notamment, dans la Flandre belge, et chez M. Mariotte à Trécy, près Romorantin, ils me répondirent qu'ils travaillaient deux ensemble à leur tâche, qu'il leur fallait un temps assez prolongé pour terminer une longue rigole, et que l'ordre était de les laisser ouvertes jusqu'à entière confection, pour qu'un ouvrier de confiance vînt poser les tuyaux, ce qui se fait ici sans manchons, contre l'usage général adopté en Angleterre et dans plusieurs autres contrées, surtout lorsqu'il s'agit de terres sablonneuses ou à fonds tourbeux.

« L'ouvrier de confiance, me fut-il dit, a soin de mettre une poignée d'argile sur la jointure des tuyaux; les rigoles éboulées sont plus difficiles à remettre en état qu'à les faire : ces tâcherons ont de 10 à 15 centimes par mètre courant pour creuser les rigoles et les reboucher, suivant la difficulté de la terre. »

On m'a dit qu'il y avait déjà une quinzaine d'hectares drainés, et qu'on était dans l'intention de continuer cette première des améliorations pour les terres humides. J'ai rencontré le chef de culture dans les champs, n'ayant pas trouvé le régisseur à la ferme. Il m'a dit être des environs de Versailles, où il a été employé pendant vingt-sept ans dans la ferme de Sartory; il était à Rambouillet lorsqu'on l'a envoyé ici. Il m'a

dit avoir eu de fort belles récoltes d'avoine,
de betteraves, rutabagas et carottes; il a
semé du trèfle incarnat. La ferme est de
120 hectares; il a 1,500 francs, est logé,
chauffé, mais n'est pas nourri. Il gagnait à
Rambouillet, sous la direction du baron Dan-
rier, 1,200 francs et sa nourriture. Il avait
demandé pour 6,000 francs de guano comme
chose indispensable, et n'en a obtenu que
pour le tiers de cette somme. J'avais vu dans
la basse-cour 8 truies anglaises et 2 de l'espèce du pays : ces dernières étaient là pour
faire apprécier le mérite des autres; elles
étaient venues de la Grillière, autre terre
achetée par l'Empereur, laquelle est à 12 kilomètres de la Motte-Beuvron. Il y a dans
cette porcherie plusieurs verrats d'espèce
new-leicester, coleshill et berkshire. Lorsqu'on désire se procurer ici des jeunes cochons pour la reproduction, il faut désigner
l'espèce; et l'on doit s'attendre à n'être servi
qu'à son tour d'inscription. Comme on ne les
vend que 20 fr. la pièce, âgés de six semaines, on reçoit beaucoup de demandes.
On ne tient ici que 6 chevaux de travail et
12 bœufs pour les labours. Je me suis rendu
de là pour une quinzaine au château de
Chissay, près de Montrichard, chez le comte
de Baillon, gendre de ma femme. J'y ai appris que, dans cette commune composée de
250 feux, et pas tout à fait de 1,200 âmes,
il n'y avait que très-peu de familles qui
n'eussent un peu de propriété, qu'il y existait un paysan qui jouit d'une fortune de
plus de 200,000 francs; beaucoup de familles

ayant de 50 à 60 et même 80,000 francs
de fortune; environ 100 familles ayant des
propriétés valant de 20,000 à 30,000 francs,
et une cinquantaine qui possédaient de 10,000
à 12,000 francs. On ajoutait que, dans la
commune de Saint-George, qui se trouve sur
la rive opposée du Cher, où l'on peut se rendre par un pont suspendu, laquelle a environ
500 feux, il se trouve quelques familles ayant
plus de 100,000 écus de fortune, mais que
la population y est généralement moins aisée
que celle de Chissay; on dit que cette aisance
est le résultat de bonnes récoltes de vin faites
depuis une quinzaine d'années, jointe à une
économie extrême.

J'ai appris avec satisfaction que M. Carré,
un habitant de Montrichard, avait fait venir
du guano employé dans un champ de betteraves, et qu'il en avait été très-content; que
M. Rance, membre du Conseil général du
département de Loir-et-Cher, demeurant
aussi dans cette ville, M. Lemaitre, un des
riches propriétaires de Chissay, et quelques
autres propriétaires de ces environs, en
avaient fait venir cet automne pour mettre
sur leurs récoltes de froment; j'espère qu'il
y produira de si bons effets, qu'il ne faudra
pas beaucoup d'années pour que ce merveilleux engrais y devienne bientôt d'un
usage assez général. M. Lemaitre en a employé 150 kilogr. comme essai sur ses froments; il compte aussi en faire l'essai sur
ses vignes. M. de Baillon en essaye aussi.
J'en ai fait cadeau de quelques sacs le long
du Cher, afin de le faire connaitre, pensant

par là rendre service dans ces divers endroits.

M. Lemaitre, qui est l'adjoint de la commune de Chissay, vient d'arracher quelques
hectares de vignes pas très-florissantes, pour
les replanter à la manière du sieur Denys
Lussaudeau, de cette commune, qui, depuis
environ une vingtaine d'années, s'est créé
une fortune d'environ 60,000 francs, en
plantant des vignes en lignes distantes de
8 à 12 mètres, et les ceps à 2 mètres les uns
des autres dans les lignes : ce brave homme,
dont j'ai décrit la méthode dans mon *Voyage
en France de* 1852, lequel n'a été imprimé
qu'en 1855, obtient autant de vin sur 8 ou
10 lignes de ceps, qui occupent environ la
cinquième partie d'un hectare, et qui est
seule cultivée à la main, tandis que les 4/5
du sol, placés entre les lignes de ceps, sont
labourés et semés alternativement en froment et en prairies artificielles : celles-ci
doivent fournir une coupe, être labourées,
hersées, roulées avant la Saint-Jean, de manière à permettre d'étendre sur ce côté, à
un pied de terre, les sarments longs de 3 à
5 mètres des deux rangs.

On ne doit cultiver ainsi que les espèces
de cépages qui ne produisent bien que sur
du vieux bois, comme est l'espèce connue
dans ces pays sous le nom de Coo ; elle a,
en outre, le mérite de donner le meilleur
vin de cette contrée. Les ceps, ayant une
grande étendue de terre pour y envoyer
leurs racines, ne s'affament pas, comme cela
arrive dans les vignes entièrement complan-

tées, ce qui force à fumer les vignes en bon
fonds tous les huit ou dix ans, et celles plantées sur terrains sableux et maigres tous
les quatre ou cinq ans. Cela ne se fait pas à
moins d'une dépense de 600 à 800 francs.
Un autre avantage de ce genre de culture de
la vigne, c'est de ne point exiger d'échalas,
puisqu'on allonge les sarments sur des petits
bois ayant au plus 0^m.40 de longueur, qu'on
fiche en terre après leur avoir fait une en-
taille au haut bout, sur laquelle on pose le sarment. Les 80 ares de terre situés entre les 8
ou 10 lignes de ceps d'un hectare, étant fumés
tous les deux ans pour la récolte de froment,
donnant une coupe de fourrage et recevant
une demi-jachère, étant cultivés de cette
manière, peuvent donner tous les ans de
bonnes récoltes, si le temps ne s'y oppose.
Beaucoup de personnes de ce pays adoptent
cette méthode de culture de la vigne lorsqu'elles ont une vigne à planter, et approu-
vent, on ne peut plus, l'invention du sieur
Denys Lussaudeau, qui mériterait bien d'obtenir une médaille d'or pour le service
qu'il a rendu à son pays, ainsi que pour
l'extrême activité qu'il a toujours mise et
continué à mettre dans ses travaux d'agriculture et de viticulture.

La mi-novembre approchant, je suis revenu à Paris pour employer mon hiver à
lire les nombreux journaux d'agriculture que
je reçois de divers pays, à rédiger des ex-
traits des choses les plus remarquables que
j'y trouve, et à mettre au net mes notes de
voyage, jusqu'à ce que la belle saison me

rappelle à mes pérégrinations agricoles, faites avec le désir et l'espoir d'être utile aux agriculteurs que leurs précieux travaux retiennent chez eux.

FIN.

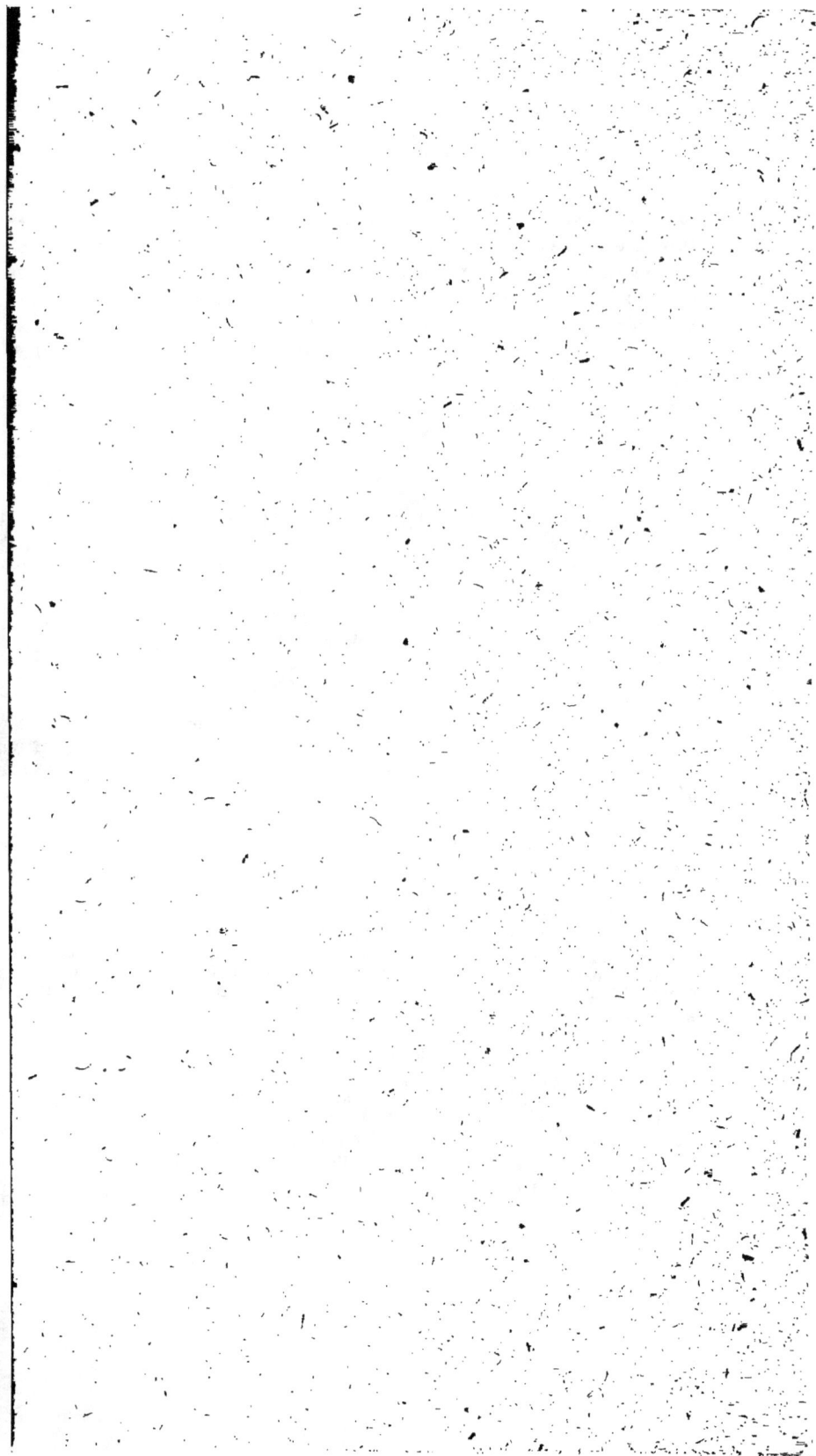

OUVRAGES DE M. DE GOURCY

EXTRAIT DU CATALOGUE DE LA LIBRAIRIE AGRICOLE

PARIS. — IMP. SIMON RAÇON ET COMP., RUE D'ERFURTH, 1.

Prix 3 fr 50

Paris

www.ingramcontent.com/pod-product-compliance
Lightning Source LLC
Chambersburg PA
CBHW061117220326
41599CB00024B/4070